马克思主义理论研究
和建设工程重点教材

人类学概论

《人类学概论》编写组

主　编　周大鸣

副主编　何　明　刘夏蓓

主要成员

（以姓氏笔画为序）

马翀炜　色　音　刘志扬

刘朝晖　陈庆德　范　可

秦红增

高等教育出版社·北京

二维码资源访问

使用微信扫描本书内的二维码,输入封底防伪二维码下的 20 位数字,进行微信绑定,即可免费访问相关资源。注意:微信绑定只可操作一次,为避免不必要的损失,请您刮开防伪码后立即进行绑定操作!

图书在版编目(CIP)数据

人类学概论/《人类学概论》编写组编. -- 北京:
高等教育出版社,2019.1(2024.12重印)

马克思主义理论研究和建设工程重点教材
ISBN 978-7-04-050889-5

Ⅰ.①人… Ⅱ.①人… Ⅲ.①人类学-高等学校-教材 Ⅳ.①Q98

中国版本图书馆 CIP 数据核字(2018)第 245152 号

责任编辑 张婧涵　　　封面设计 王 鹏　　　版式设计 于 婕　　　责任校对 张 薇
责任印制 赵 佳

出版发行	高等教育出版社	网　址	http://www.hep.edu.cn
社　址	北京市西城区德外大街 4 号		http://www.hep.com.cn
邮政编码	100120	网上订购	http://www.hepmall.com.cn
印　刷	北京中科印刷有限公司		http://www.hepmall.com
开　本	787mm×1092mm　1/16		http://www.hepmall.cn
印　张	19.5		
字　数	330 千字	版　次	2019 年 1 月第 1 版
购书热线	010-58581118	印　次	2024 年 12 月第 13 次印刷
咨询电话	400-810-0598	定　价	38.00 元

目　　录

绪　论

　　什么是人类学？简单来说，人类学是一门研究人及其文化的基础学科。人类学研究我们身边最熟悉的事象（婚姻、家庭、亲属等），也研究我们的日常生活（衣食住行），还研究这个世界上多样的文化（宗教信仰等），旨在消弭文化间的误解，架起文化沟通的桥梁；同时，人类学还不断地超越自我，与多个学科形成了跨领域的合作，共同探索日益变迁的世界。

　　要了解人类学，首先需要理解人类学的定义、学科的起源和发展以及学科的属性，即明确人类学的学科定位和存在的意义。如果说上述几个方面是学习人类学的门槛，迈进门之后则需要进一步深入学科，熟知学科的研究范畴（研究范畴涵盖研究对象）、学科分支以及一直以来人类学学者孜孜不倦地对本学科研究领域的拓展；深入领悟人类学的学科精神，体会人类学的科学价值是探索人类学的第三步，感知人类学研究里的人文关怀则是明确本学科价值的精髓所在。随着学科的不断发展和研究的深入，人类学被应用于诸多领域，学科的实践价值也得以彰显。必须说，人类学的应用是学科未来发展的重要方向之一。

　　本书旨在为读者提供开启人类学世界大门的钥匙。人类学学科视角下的世界，是一个色彩斑斓的多样化的世界，有太多有趣的文化现象值得介绍，有很多的少数群体需要被了解和关怀，还有许多的误解、歧视和冲突亟待消弭。在这里，如何看待不同文化，如何用人类学的理念去理解不同的文化是学习人类学的关键。

第一节　人类学的概念

一、人类学的定义

　　人类学（Anthropology）一词，起源于希腊文"Anthropos"（人）以及"Logia"（研究），从词源上看，人类学是一门研究人的学科。人类学作为学科的名称首次出现于德国哲学家亨德 1501 年的作品之中。当时它有特定的含义，只和人体结构有关。

　　人类学作为一门真正的学科是与开启对文化多样性研究的进化学派同时诞生

的。英国人类学家泰勒于 19 世纪 60 年代开始从事人类学的调查研究，1883 年正式接受了牛津大学的聘书，荣膺世界上第一个学术意义上的人类学家头衔。此时的人类学在对人的体质研究的基础上扩大成为对人类生理和文化研究的学科，直至今日，人类学这门仅一百多年历史的年轻学科已经不断壮大，其所研究的主题和领域涉及人类社会生活的方方面面，而学科在日常生活中的应用和实践也渐趋成熟。因此，人类学可以定义成一门从文化属性和生物属性的层面对人类及其过去和现在进行研究的学科。其研究对象包括人类及其他灵长类。人类学的主题非常广泛，可分为体质人类学、文化人类学、考古学和语言人类学四个基本分支。

人们研究人类自身的历史，则起源很早。在远古时代，人类对不能解释的一切自然现象和人类本身的谜不断进行着探索，比如天地是怎样生成的？人的起源是什么？人究竟是什么东西？为什么人类有不同的体质（肤色、毛发、血型）？人种又是怎样形成的？等等。比如，亚里士多德以材料为基础，按着科学的方法研究，得出了初期人类学的理论；古代埃及人就把人类按照皮肤颜色分为赤、黄、白、黑四种人，对每种人的来历都有大量的神话传说；中国甲骨文中就有商民族原始信仰的材料，有公元前 15 世纪前后少数民族的记载；等等。人类学起源于欧洲，后传播到世界各地。由于人类学在发展过程中形成了不同的传统，因而不同国家、不同地区对"人类学"的概念界定并不完全一致。在英国、美国等国家里，人类学指研究人类体质、社会和文化的综合性学科，强调人的生物属性和文化属性的并行研究以彰显人类学的整体性；英国人将其称为社会人类学，美国则称文化人类学。而在德国、俄罗斯等国家中，人类学指的是有关人类体质的研究，而有关文化研究的部分，则称为民族学（Ethnology），将人类学和民族学看成并列的学科。

民族学、社会人类学、文化人类学等名称看似多样难解，但研究内容方面存在诸多交叉，都是研究人类社会文化的学科，对这三个名称的详解有助于深入了解人类学的定义。

在三个名称中，民族学的研究内容是前述人类学定义中的"各个不同群体的文化"，这是非常容易理解的，因为不同文化的群体主要是以族的（ethnic）群体相区分的。1926 年，蔡元培在《说民族学》（《一般》1926 年第 1 卷第 4 期）一文中认为，民族学是一门考察各民族的文化而从事记录或比较的学问。偏于记录的，名为记录的民族学，西文大多数作 Ethnographie，而德文又作 Beschreibende

Völkerkunde。偏于比较的，西文作 Ethnologie，而德文又作 Vergleichende Völkerkunde。①《中国大百科全书·民族》一书把"民族学"定义为：民族学是以民族为研究对象的学科。它把民族这一族体作为整体进行全面考察，研究民族的起源、发展以及消亡的过程，研究各族体的生产力和生产关系、经济基础和上层建筑。《苏联大百科全书》中对于民族学的词条定义如下：民族学是一门研究民族的社会科学，研究民族的起源、风俗习惯、文化与历史的关系，基本对象是形成该民族面貌的民族日常文化的传统特征。《日本国语大辞典》认为民族学是对各民族的语言、宗教、社会制度、法制、艺术、生产技术等生活方式和全部文化的特点进行研究的学科，是对人类文化的产生、发展和传播进行比较研究的学科。上述定义都涵盖了文化研究的方面，但苏联对民族学的定义更强调对"民族"的研究，指针对某个特定人群的研究，而日本对民族学的定义则是以"文化"为研究主体的。从定义上来讲，日本对民族学的定义更接近于现代人类学的内涵。

（一）从学科发展史看人类学与民族学的关系

关于人类学与民族学的关系，可以从如下几个方面来看：一是从学科发展的阶段看，民国时期，对人类学与民族学的提法均有，但建立起的学术机构普遍以"人类学"相称。新中国成立初期，中国的社会学、人类学被归类为西方的资本主义学科而取消，唯存民族学；而当时中国民族学的发展又受到苏联的影响，将斯大林关于民族的定义引入国内，即民族是人们在历史上形成的一个有共同语言、共同地域、共同经济生活以及表现于共同文化上的共同心理素质的稳定的共同体，在我国制定民族政策、民族识别等方面发挥了重大的作用。1979 年以来，人类学与民族学几乎同时得到恢复并取得长足发展。作为对自然科学和社会科学发展具有支撑作用的母体学科，人类学经过几十年的发展已经形成了以历史人类学、政治人类学、经济人类学、宗教人类学、生态人类学、医学人类学等分支学科组成的研究集群，作为核心的人类学的地位是任何其他学科都取代不了的。在中国现

---

① 蔡元培先生《说民族学》一文中"民族学"德文的正确写法是：偏于记录的为 "Beschreibende Völkerkunde"，偏于比较的为 "Vergleichende Völkerkunde"。但在《蔡元培选集》（中华书局 1959 年版，第 255 页），《蔡元培全集（第五卷）1925—1930》（中华书局 1988 年版，第 103 页）和《蔡元培全集（第五卷）1923—1926》（浙江教育出版社 1997 年版，第 441 页）中，这两个词组均误写为 "Beschreibende Volkerkunde" 和 "Vergleichende Volkerkunde"；而在《蔡元培民族学论著》（台湾中华书局 1962 年版，第 1 页）和娄子匡教授主编的《国立北京大学 中国民俗学会〈民俗学丛书〉专号②民族篇》（中国民俗学会景印 1976 年版，第 1 页）中，这两个词组的书写是正确的。

行的学科体系下，人类学归属法学门下的社会学和民族学。出于当前国际学界对人类学的学科定位的经验，结合中国人类学、民族学发展的实际情况，费孝通曾经提出人类学、社会学、民族学三科并列，互相交叉，各得其所，共同发展。这样的倡导同今天发展人类学的社会服务功能、体现应用价值的目标是一致的。

(二) 从国际发展看人类学与民族学的关系

人类学诞生于西方走向世界的时代，服务于西方的全球化进程。经过百余年的发展，人类学已经逐渐发展成为一门国际性的学科，拥有独立的学科体系和遍布世界的学科建制。在西方著名的高等学府中，人类学都是重要的优势学科。仅以美国为例，据美国人类学会年报数据，全美共计有 800 家人类学系所，从事人类学的专业人员约 1.8 万人。此外，人类学学会在许多有人类学研究传统的国家中发展迅速。例如，亚洲的日本、韩国、马来西亚、中国等都设有人类学会，会员人数都在稳步增加，专业从事人类学研究的学者越来越多。相比之下，以民族学命名的专业协会则较少，而且其中的相当一部分也已经改名为人类学会，如英国、日本、俄罗斯等。

从国际发展看，人类学的研究与当今世界的联系越来越紧密，人类学对于许多学科的现象和社会问题，例如环境危机、气候变化、互联网发展、食品安全等都能迅速做出反应，体现了人类学极强的学术敏感度和洞察力。

人类学与民族学的发展之所以在不同国家表现出相当具体的差异，是由于人类学与民族学在建制上经历了一次由合而分的过程。法国在 1839 年成立了世界上第一个民族学会——巴黎民族学会，宣告建制的民族学会诞生。英、法两国在 19 世纪 30 年代至 40 年代成立的民族学会，在研究内容上既研究文化，也研究人类体质，后来的体质研究和种族研究从民族学中分出来，分为人类学会和民族学会。英国在 1863 年于民族学会之外成立了伦敦人类学会，由此人类学会开始和民族学会分离。尤其是近二十年，人类学的发展无论是在西方还是东方，都十分迅速，这一分离趋势愈加明显。2004 年，日本民族学会改名为"日本文化人类学会"。东欧许多国家，如俄罗斯也是将科学院中的"米克卢霍-马克莱民族学研究所"更名为"米克卢霍-马克莱民族学和人类学研究所"。中国目前仍将人类学和民族学并列使用，这是由于一方面，两个名称同时从欧洲大陆和美、英两国传入中国。其他历史上的殖民地国家也有类似的情况。另一方面，在中国学术语境中，民族学本身偏向民族理论、民族政策、民族语言、民族文化等方面的研究，同时也包括藏学等在内的专门性研究，其与文化人类学的研究侧重和研究视角还是具有一定的差异的。

社会人类学是英国采用的学科命名，由弗雷泽于 1908 年提出。英国的人类学以着重研究社会组织为特点。作为老牌殖民帝国，为了更好地统治殖民地，英国在殖民他国的时期需要了解殖民地土著民族的社会组织、政治制度、婚姻家庭、法律、道德、礼仪、宗教等，故其人类学后来偏向于研究部落社会的组织制度、社会结构等。英国的人类学家如马林诺夫斯基、拉德克里夫-布朗等都很注重"社会"这个概念，并推动了英国传统的人类学理论发展。

在美国，人类学更强调"文化"的概念，文化人类学一词由美国考古学家霍姆斯于 1901 年创建，当时意指人类的文化史研究。1920 年以后，美国人类学初步形成研究体系，扩大了应用范围，分成四个领域，即考古学、民族学、语言学、体质人类学，这一分类也体现在美国大学人类学系的专业设置上，一直沿用至今。1920 年前后，由"美国人类学之父"博厄斯倡导的印第安人调查直接推动了美国人类学的学科建设。当时的人类学以没有文字的土著群体为研究对象，主要研究原始文化，这一研究涵盖的范围极广，包含了对于印第安人的体质测量、语言谱系的调查编写、历时性的考古调查以及其他庞杂的印第安文化现象和社会现状调查。相对于英国"社会人类学"只注重对当下的共时性的全貌式社会研究，美国的"文化人类学"还重视对人类文化的历时性研究。

人类学的定义看似简单，实则内涵丰富，但无论是民族学、社会人类学还是文化人类学，它们的研究对象、方法、知识结构和理论体系都是相近的，都是研究人类群体的社会文化及其发展规律，采用的调查方法也都以实地调查（田野调查）为主，进行不同文化的比较研究，它们共同创立和使用人类学的理论，不同学派之间的交流、对话一直未曾间断。今日的人类学，其研究领域和范围进一步扩大和深化，学科名称早已没有了明确的分界。

二、人类学的缘起

人类学是研究人及其文化的学科，对于人类自身及文化的关注成了人类学家首要的研究主题。梳理西方人文传统与人类学学科相关的知识谱系，就可以发现，作为人类学名称肇始的古希腊时期已经有关于人类学知识的记载活动。那时的学者记录了古希腊、古罗马及其周围地区一些民族的地理分布和风俗习惯，探讨人类文化发生和发展的规律。古希腊史学家希罗多德留下的人类学资料记述之作《历史》和古罗马史学家塔西佗的《日耳曼尼亚志》都是后世认为具有人类学研究色彩、接近现代民族志的作品。

进入 15 世纪，完成资本积累的欧洲国家开始了向世界其他地区的探索，当时的强盛帝国如葡萄牙、西班牙等纷纷派出船队前往亚洲、非洲等地区。通往印度的新航路的发现、美洲的发现、环球航行的成功以及其他航海探险活动的兴盛使这一时期被称为"地理大发现"时期，这也是人类学作为一门独立学科的萌芽期。如前所述，人类学缘于人类对自身的好奇心，此时欧洲对人类的好奇心体现在他们对于异域文明的探索上。与世界各地区多文明的接触使得欧洲人开始记述异文化并形成传统，这时的异文化记述者多是传教士和探险家，这些人与异文化有着亲身的接触和体验，并且常出现不同文化间的比较记述，可以说此时的异文化记述是人类学研究的雏形，也为后期的人类学研究提供了文献资料上的积累。值得注意的是，此时的异文化记述没有形成成熟的理论体系，异文化的相关记载中有着明显的猎奇取向，对异民族的许多文化现象产生曲解的现象比比皆是，如将土著民族的舞蹈形容为癫狂的野兽行为，将祭祀图腾神灵视为凶恶卑鄙的行径。

到了 18 世纪，启蒙运动席卷欧洲，理解人性成为思想的主流。启蒙思想家将前期的异文化记述看成了解人类社会起源和发展规律的来源，而随着资本主义的发展，欧洲强国正式开始了殖民扩张，为了顺利地实现征服和统治的目的，他们希望更为系统地了解殖民地的社会结构及其文化，人类学在此时作为一门与政治需求联动的学科得到鼓励。虽说人类学创立的本意是发掘人性的普世规则和定理，但当时的西方人类学者永远盯在非西方的"原始"地区，目的在于填充西方人对自己的了解中所存在的沟壑，填充的方法就是对当地人政治机构和社会文化的全面研究，以便能够看到西方世界的过去，从而更好地了解西方人自己。当时人类学的这个"直接而实用的目的"与殖民政府统治的目标有一定的"统一性"，因此人类学的调查基本都会得到殖民政府的支持。举例来说，英国在大肆扩张和开发自己的殖民地的同时也意识到了加深对土著人的了解是更好地管理殖民地的重要方式，所以，殖民地的长官有与人类学家密切合作的必要；在英国的属地内，如非洲的黄金海岸、尼日利亚、巴布亚与"新圭亚那的委任统治领土"等处，均派遣了"人类学专员"，驻在非洲殖民地的军官和候补军官，也都必须在牛津、剑桥两所大学补修人类学相关课程。人类学显然颇受殖民政府的青睐。泰拉·阿萨德关于人类学之所以会被殖民当局所看重的解释是，人类学式的田野调查在西方的话语体系中有着不可置疑的客观性，因此，人类学在殖民地所做出的调查结果能够使人们更加信服西方世界试图呈现出的由他们的权力所带来的生活方式。这个时期是人类学作为独立学科的起始和壮大时期，人类学者们在以往民族志知识积累和比较研究方法确立的基础上，通过对殖民地民族及其文化的实地研究和理论探索，逐渐形成了一套规范的学科概念和操作方法，理论体系也在此时初具雏形。许多人类学的理论范式如进化论、传播论和功能论等都成型于此时。

由于这一时期与殖民统治的密切配合，人类学的学科价值在第二次世界大战以后受到挑战。受到后现代思潮和后结构主义的冲击，人类学经历了从学科产生背景和意义遭受质疑，到学科关键词如"他者（异文化）""文化"等被消解，再到民族志这一根本表述方式遇到危机三个阶段。20世纪60年代之后，现代人类学思想发生重大转变，功能主义的修正、进化论的新生、法国结构主义的勃兴都表明人类学一直在寻求新的理论范式。然而，结构主义这一被雪莉·奥特纳称为"60年代之后唯一真正的新范式"很快被解构主义所挑战。70年代之后的人类学不再明确划分理论学派，正如一学者所说："我们不再互相谩骂。我们不再以派别来划定我们之间的界限，或者说即使我们能够划定派别的界限，也不知如何为自己定位。"① 自此，人类学进入了一个使用新方法、树立新观念、建立新学派的阶段。

现代人类学缘起于人类对自身的好奇心，脱胎于地理大发现的异文化记述，壮大于殖民统治时期的政治需求，成熟于20世纪60年代后的批判和转型。现代人类学的研究承袭着传统人类学研究对"异文化"的兴趣，同时也将目光转向人类自身所在的社会文化。人类学在研究人类文化的同时，也是人类文化的组成部分，随着人类历史背景的沿革，文化的持续变迁，人类学也随之变化，但无论如何，未来的人类学将继续关注人类自身与社会、文化的互动，回应社会现实，沟通不同文化。

三、人类学的学科属性

人类学在庞大的学术体系中应当怎样进行学科定位？这门学科的研究如何区别于其他学科？有怎样的特殊意义？对上述问题的回答，就是人类学作为一门学科的学科属性。

必须首先重申并强调的是：人类学是一门研究人类自身的学科，即研究人类体质和社会文化的学科，其真正作为一门学科产生和发展的时间只有一百多年。从人类的科学史上来看，人最先研究的是距离人本身最远，对人类行为影响最小的现象，因此物理科学最早形成，之后到生物科学，最后才到与人类社会、行为最密切相关的社会科学。人类学的研究无疑属于对人类行为影响最强大、最直接

---

① 王铭铭：《社会人类学与中国研究》，生活·读书·新知三联书店1997年版，第189页。

的经验领域，由于对社会文化的密切关注，相对于自然科学，人类学长久以来被划分到社会科学的范畴内，但与其他的社会科学不同，事实上人类学也关注着人类的体质、生态和环境。恩格斯认为人类学是"从人和人种的形态学和生理学向历史过渡的中介"①。对这句话的简单解读应当是，人类学的研究联结了人的生理研究和人的行为研究，具有非常重要的意义。更深一步来讲，人类迄今为止所钻研的所有学科都与人类本身相关，而这些学科被划分成研究自然界现象及其发生过程实质的自然科学和研究人类社会现象、社会事物本质及其规律的社会科学。自然科学与社会科学之间存在着明确的划分，而人类学的特殊性在于这门学科沟通了自然科学与社会科学。

人类学的研究范畴和领域与许多其他学科重合，如社会学、心理学、政治学、经济学、历史学、生理学，甚至文学、哲学等都是研究"人"或者"人类行为"的学科。这些独立学科的历史远比人类学长久，发展得也更为成熟。但是，必须要说明的是，人类学关注着人类及其文化的整体，而其他所有的学科所研究的都是人类及其行为的某一方面。鉴于这个特征，人类学十分适合与其他学科形成跨学科的合作并将这种合作转化成人类学本身的研究方向，迄今发展成熟的跨学科合作已有经济人类学、心理人类学、政治人类学等，不一而足。

第二节　人类学的视野

一、人类学的研究对象

人类学，顾名思义，是一门研究人的科学。在当今的科学发展中，研究人的学科不在少数，对人的研究可谓庞杂，小到人身体的细胞、基因，大到人群组织、全球化，无不涉及。而人类学对人的研究是如何区别于其他学科的？这取决于人类学对"人"的定义。

在各种各样的学科中，"人"这个概念会有着相当多的词义。不同学科从其各自的研究领域出发对人作了不同的定义。例如，动物学将人定义为一种灵长类动物，通过将人与其他近人类动物相比较研究人的属性。哲学中定义的人则与动物学恰好相反，其并不关注人的动物属性，而是将人看成一种物、智慧和自由的实体，侧重考察人思考的能力。作为人类学研究对象的"人"与上述两学科定义的

---

① 《马克思恩格斯文集》第 9 卷，人民出版社 2009 年版，第 428 页。

人相比，定义更加宽泛，从人类学的词汇意义上看，凡是人都要和某种文化保持密切关系。这是人类学定义的人之存在不可或缺的要素。由此人类学将对人的研究转移到文化这一概念的讨论上。

但在人类学学科内，对于"文化"的定义和理解一直有所变化。英国人类学家泰勒是第一个在科学意义上对文化下定义的人，他在《原始文化》一书中写道："文化或文明，就其广泛的民族学意义来讲，是一个复合的整体，包括知识、信仰、艺术、道德、法律、习俗以及作为一个社会成员的人所习得的其他一切能力和习惯。"① 这一定义可说是人类学对"文化"的经典定义，研究文化的学者一般都会引用这一定义。从这个定义来看，人类学研究的文化是一种复合的整体，其下包含一切人类行为。

人类学对于文化定义的流变反映了学科理论流派发展的脉络，文化的定义越来越细化，定义的侧重点也在不断变化。美国人类学家哈维兰对文化的定义也是人类学史上的经典定义之一：文化是一系列的规则和标准，当社会成员按其行动时，所产生的行为属于社会成员认为合适和可以接受的范畴之中。这就是将文化看成一种用来解释经验和行为，并为行为所反映的价值观念和信仰。事实上这也是美国人类学界一直以来对于文化研究的态度，即每个民族文化都有其自身的特殊历史，所以，只能在民族特有的文化情境下研究文化，毕竟特殊的文化产生特殊的"社会规则"。而霍华德将上述定义进一步细化，他认为文化本身是一种习俗性的态度，按照这种态度，人类群体学习如何协调行为、思想与生存环境之间的关系。因而，文化包含着行为、感性与物质三个方面。行为的要素指人们如何行动，尤其是那些与人们之间相互作用有关的行动；感性包括人们的世界观，以及人类通过学习而获得的一切行为方式与准则；物质则是人类所生产的物质产品。按照上述对于文化的定义，人类学的研究对象是具象的，容易把握的。随着人类学的进一步发展，20 世纪中期以后，学者们对于文化的理解从具象转向了抽象。

解释人类学代表人物格尔茨（又译"格尔兹"）将文化界定为"从历史沿袭下来的体现于象征符号中的意义模式，是由象征符号体系表达的传承概念体系，人们以此达到沟通、延存和发展他们对生活的知识和态度"。② 他认为人类学要做的不是建立某种演绎体系，而应当是一套解释体系，他写道，"我所采纳的文化的

---

① ［英］爱德华·泰勒：《原始文化》，上海文艺出版社 1992 年版，第 1 页。
② ［美］克利福德·格尔兹：《文化的解释》，纳日碧力戈等译，上海人民出版社 1999 年版，第 103 页。

概念本质上属于符号学的文化概念……我与马克斯·韦伯一样，认为人是悬挂在由他们自己编织的意义之网上的动物，我把文化看作这些网，因而认为文化的分析不是一种探索规律的实验科学，而是一种探索意义的阐释性科学。"① 因此，在解释人类学的研究系统里，人类学家要揭示行为背后的象征意义。

无论文化的定义如何变迁，文化始终是人类学的研究对象，人类学家们通过自己的亲身体验去研究一种文化，通过长期的、不间断的文化观察，与被研究文化的资料提供者进行交谈，从而找出一系列根本性的人类行为法则，并用来解释人类在特定社会中的行为和思维模式。

而讨论到人类学的另一分支体质人类学时，人类学的研究对象仍然是文化，毕竟人类学对于人类体质的研究也是将体质和文化结合起来，研究人类体质特征在时间上和空间上的变化，说到底，研究的落脚点依然在文化上面。

二、人类学的学科分支

第二次世界大战结束后，美国成为资本主义世界的头号强国，随着它的文化和教育的全球化播散，对其他地区产生了深远的影响。各地大学建立人类学系时，大抵沿用了博厄斯时代的学科分类，即体质人类学、考古学、语言人类学和文化人类学。

体质人类学，又称生物人类学（Biological Anthropology），主要研究作为生物有机体的人类的形态与行为，探讨人类生存与发展的生物习惯基础。哈维兰认为，体质人类学家的工作，就是试图通过对化石的分析和对现在的灵长目动物的观察，重建人类的祖先，以便理解"我们怎样、什么时候，以及为什么成为我们今天这样的那种动物"②，体质人类学同样也研究人类不同体质特征形成与分布的原理，研究人的生长和发育、人体的结构与生理机能、人类的遗传与变异等方面的问题。对体质人类学研究有着较大影响的基础理论包括施莱登和施旺的细胞学说、达尔文的生物进化论、孟德尔的遗传与变异理论、弗洛伊德的精神分析论、华生的行为主义理论、马斯洛和罗杰斯的人本主义理论以及人类的整体观和文化相对论等。体质人类学常常采用形态观察法、人体测量法等研究人类体质，近年来还采用了更多的先进方法如分子生物学的方法深入生物的基因层面，研究人类的进化和

---

① ［美］克利福德·格尔兹：《文化的解释》，纳日碧力戈等译，上海人民出版社 1999 年版，第5 页。

② ［美］威廉·A. 哈维兰：《文化人类学》（第十版），瞿铁鹏、张钰译，上海社会科学院出版社 2006 年版，第 9 页。

起源。

考古学是文化人类学的学科分支，泛指对古物、古迹等物质文化的研究，一般认为，考古学萌芽于18世纪末19世纪初，形成于19世纪中叶，并在第一次世界大战以后取得了快速发展，20世纪60年代以来，一个对"现存社会"（alive society）进行考古研究的学科分支应运而生。这个被称为"民族考古学"（Ethnoarchaeology）的学科分支，综合运用考古学方法、技术和民族志的研究方法，对前工业社会的物质遗存进行整体论研究，以理解这些社会的文化和行为方式。20世纪70年代以后，在美国、英国等西方发达国家，又先后出现了"行为考古学""后过程考古学""族群考古学""马克思主义考古学"等新的流派，进一步拓展了考古学的研究视野。如今，考古学被定义为是根据古代人类通过各种活动遗留下来的实物材料，研究人类古代社会历史的一门科学。考古学一般使用的方法是通过挖掘、研究古代人类的物质遗存来重构历史上不同文化群体的社会生活，探讨人类文化的形成和演变过程。

语言人类学，也称"人类语言学"（Anthropological Linguistics），是人类学和语言学的交叉学科。语言人类学者认为这是以人类学的视角研究人类语言问题的人类学分支学科，主张把人类的语言作为社会文化的一个重要组成部分进行研究，着重考察语言的起源、形成、发展及演变规律。语言学的研究，旨在通过研究语言活化石，借助语言学的成果，来达到深化认识人类文化的目的。在语言人类学者的眼中，族群语言、族群的社会结构、思维模式和宗教信仰等与社会生活内容密切相关，因而把语言看作一种社会现象以符合文化资源，认为语言反映了群体和个人的分类方式、思维特征和价值观，同时也反映了他们的行为方式和生活方式。尤为重要的是，语言人类学所研究的语言是社会构造的一部分，体现了人类的能动作用。

文化人类学，事实上与中国语境中的民族学的概念十分之相近，在人类学定义这一节中，我们已经有了大概的描述和介绍，结合前面几个分支来看，文化人类学专门研究"现在的人类文化"，此研究与主要研究"过去的人类文化"的考古学有着明显的不同，同时也有别于以语言符号作为主要研究对象的语言人类学。自马林诺夫斯基以来，从事文化人类学研究的学者，往往需要运用参与观察的方法，通过长期的田野调查，了解研究对象深层的观念系统和现实的社会行为方式。田野调查是文化人类学研究的根本方法论，只有这样，研究者才能深入体验研究对象社会生活的各个方面，整体了解其所研究的文化事项对于当地人的意义，尤其对于现在的人类学来讲，只有经历了田野调查，由翔实的田野资料组成的民族志才能算得上是严格意义上的文化人类学研究。

三、人类学的学科拓展

随着人类学的发展，学者们的专题性研究越来越深化，逐渐形成固定的研究领域，并具有专门名称，这类研究有人类学某个领域的独立研究，也有人类学与其他学科的跨学科交叉研究。总的来说，人类学一直在不断地扩大和深化本学科的研究领域并始终注重学科的拓展，相关分支学科已经超过 20 个。由于篇幅关系，以下从历史人类学、影视人类学、医学人类学、公共人类学等几个较为典型的学科拓展领域进行阐述。

历史人类学，顾名思义，是人类学与历史学通过跨学科的合作产生的交叉学科，指人类学从文化的角度考察历史，强调历史的文化解释和记忆对于历史形成的重要性。而有趣的是，人类学与历史学之间曾有不可逾越的界限，至少到 20 世纪中叶仍如此，当时流行的进化论、功能论等都不关注文化的历史形成过程，直到美国历史学派壮大，强调要了解某种文化，必须了解它的发展历史，也必须了解它与它所处的整体文化环境的关系，文化的历史形成过程才开始得到关注。20 世纪 60 年代以后，人类学通过对复杂社会的调查，更意识到历史学在人类学研究中的意义，对于历史学的了解与日俱增，从而最终形成了历史人类学这一后来迅速发展的学科领域，通过细读分析历史资料，以及把过程变成主题的历史论题来丰富人类学的话语。值得注意的是，历史人类学在中国这个拥有悠久历史的国家得到了最为充分的应用，中国人类学家尤其注意文化现象的历史成因，在研究中逐步形成了中国历史人类学研究的华南学派。

影视人类学的英文名称是 "Visual Anthropology"，"Visual" 在英文里是 "视觉的""看得见的""形象化"的意思，因此，影视人类学可以理解为是一种形象化的人类学，即通过照片、纪录片等展现一种文化事象，将这些可视化的资料当作民族志材料。影视人类学尝试以影视手段这种形象化的直观语言展现人类文化的多样性，在人类学者与观看者之间建立一种直接的交流，跨越不同族群的语言和文字差异，将人类学知识反馈到那些"目不识丁"的研究对象中去，以实现"分享"的人类学理念。影视人类学对于人类学这个母体学科来说，更像是一种研究手段，毕竟对于一个文化事象，直接的照片拍摄和影片的制作远比文字来得更为直观，也看上去更加"真实""客观"。但必须看到的是，不管是照片拍摄还是影片制作，背后的影视人类学家仍然在影响着影视资料的形成。影视人类学发展至今，已经产生了许多优秀的人类学影像资料，比如《虎日》《佤族》《苦聪人》等都是珍贵的人类学资料。

医学人类学是一个应用特性明显的分支领域，它包含了生物人类学与文化人类学在内的学科领域，医学人类学研究把健康、疾病和医治等要素综合起来放在社会文化的背景下，强调直接应用人类学理论和方法到具体的公共卫生领域中，如考察公共卫生项目受益者的文化多样性，在项目实施时如何获得社区成员的支持，指定满足不同群体的适宜的干预措施，确认具体的危险行为和可能引起这些行为的文化和价值观念。疾病防治和健康是人类社会和谐发展的终极目标之一，与人类生命福祉相关的医学人类学得到的关注与日俱增。医学人类学的应用表现在多个人类学与公共卫生合作的项目上，这些项目包括流行病的防治、贫穷地区的公共卫生以及传染病的传播预防等。总的来说，医学人类学是将人类学的具体理论和方法落实到人类健康发展的具体实践中去，同时也在人类学的框架内，用批判的眼光解决医疗体制中存在的问题。

公共人类学（Public Anthropology）指走向公共领域的人类学，是人类学将学术真正深入日常生活的一种尝试，是人类学试图在公共领域发声并以本学科特有的理念进行公共关怀而产生的学科分支领域。人类学家一直都没有停止过对社会现实的思考，博厄斯在 1929 年发表的《人类学与现代生活》中，其关注的议题就已经涉及种族、平等、教育、文化、国家主义与现代文明等诸多体现公共关怀的方面；2006 年，马库斯在论及《写文化》出版 20 年后的美国人类学发展时，也着重谈到公共导向性质的和面向公民的人类学已然成为目前人类学发展的一大主流。公共人类学一方面利用更为广泛的渠道参与公共事务，让更多的民众了解人类学的学科价值和意义；另一方面强调开放学科边界，让更多的学者与民众参与人类学的学科建设之中，通过双向、良性的互动，促进学科与社会的共同发展。

第三节　人类学的价值

一、人类学的人文关怀

人类学是一门极富魅力的学科，这种魅力不仅来自人类学家们对异文化事无巨细的记述和精彩的理论阐释，更来自这门学科的情怀所向，正如本章开头所述，人类学研究的最终目的是展现文化的多样性，消弭文化间的误解，架起文化沟通的桥梁。更进一步讲，自创立之始，人类学就致力于展现多样的弱势文化，留存人类多元文化，也一直关注着弱势群体并为他们发声，消除不同群体间的歧视、偏见和误解。这些就是人类学的情怀所向，是人类学人文关怀的集中体现。

然而，与人类学情怀相背离的事实是，人类学曾切实地为殖民政府服务过，并借此使这门学科成熟壮大。现在我们所拥有的许多珍贵的文献资料、优秀的民族志，乃至支持学科发展的理论体系和方法论皆脱胎于彼时的研究。客观来说，人类学当时的服务对象的确是殖民政府，并不可否认地直接或间接服务于殖民统治；但从学者的主观意识来看，彼时的人类学学者们将政府的殖民扩张看成一种研究原始社会和土著民族的借力，他们一般专心致力于学术研究，试图客观真实地呈现他们所研究的文化，无歧视、无偏颇、平等地对待他们的研究对象。不少人类学家在当时投入保护土著文化、反种族歧视和反奴隶制的队伍中，比如1838 年，英国成立了"土著保护学会"，1885 年，美国成立了"妇女人类学会"，这都是人类学家为殖民地土著社会谋求利益所做的努力；而美国著名人类学家摩尔根曾为塞纳卡印第安人的利益向白人地产公司提起诉讼并最终获得胜利。此外，还必须看到当时的人类学家针对世界上不同的文化收集了大量的客观资料，这种对于多样文化资料的收集、留存、展示和分析，尤其是针对在政治上属于弱势的文化的研究，是人类文明史上的宝贵资料，同时是人类学人文关怀的体现。

第二次世界大战之后，人类学在各方的批判质疑中反思本学科存在的目的及意义，经历了学科的表述危机并积极寻求转型，转型之后的人类学扩大并深化了自身的研究领域，人文关怀的价值体现得更为明显。

现代人类学依然贯彻着学科创立以来一直秉持的研究传统，试图通过研究多样的文化，加深不同文化间的理解，消弭偏见和误解，这一点在现代社会尤为重要。随着科技的发展，不同文化间的交流和碰撞越来越频繁，在这一过程中，不同文化之间常常不易于相互理解，因此常会产生偏见、误解乃至敌视和冲突。自全球化的进程开始以来，族群的矛盾与冲突已经成为世界纷争的主要原因，族群间的资源和利益争夺当然是彼此间争执的原因，但族群间的文化偏见也是重要的原因之一。要知道族群与族群之间经常对彼此文化互不理解，认为对方是落后、肮脏、野蛮、不可理喻，称之为"番""蛮""鬼子"等，这种误解与偏见形成了"刻板印象"，族群的敌视与冲突因此而易于触发。人类学最擅长的就是阐释这种文化间的"不理解"，文化相对是人类学学科的核心理念。人类学深知文化的形成是一个非常曲折的过程，各民族都要通过长时间与环境相互适应才形成现有的文化面貌。人类学者的研究，常常就是深入异文化里，通过长时间的参与观察，在理解一种文化的基础上再通过民族志向其他不同的文化群体展示该文化。在此方文化中觉得怪异难解的风俗习惯是彼方文化的习以为常，人类学致力于研究文化形成的原因，就是致力于研究不同文化间的偏见和误解，使这些偏见和误解得以容忍、理解，甚而转化成尊重和相互欣赏来化解族群间的冲突。

在此基础上，人类学更直接关注现代社会的各类现实问题和弱势群体，越来越多的人类学作品为弱势群体发声。人类学研究难以跟上现代化步伐的少数民族，研究现代社会特殊人群，如艾滋病患者、性工作者、吸毒者等，研究都市里的弱势群体。生活在中国东北的鄂伦春族是典型的狩猎民族，但近百年来的生态破坏、森林面积减少直接威胁了他们的生存，若鄂伦春人坚守狩猎文化，则必然导致民族的灭亡，而为了民族的存续，就面临着文化转型的问题，人类学者们对鄂伦春族的研究持续了几十年，不断地关注他们对于新的文化环境的适应，及时地发现他们在文化转型过程中出现的问题。对于这类少数民族来说，人类学者的相关研究起到了桥梁和信息传达的作用，让他们的问题被相关政策的制定者所了解，推动了相关问题的解决。而人类学对问题人群的研究是另一种人文关怀的体现，就艾滋病而言，人类学不只将艾滋病看作生理疾病，更将艾滋病从公共卫生层面、社会影响因素的层面及社会与文化建构的层面去关注和研究，人类学不仅看到生理上的艾滋病对个人造成的巨大伤害，而且也未忽略这类疾病带来的社会舆论、歧视和污名。

无论是在怎样的社会、人群、种族中，在人类学的眼里，首先看到的是"人"，"人"的问题永远是人类学研究的首要问题，致力于不同文化的沟通，关注少数群体、社会问题，都是为了消除歧视、偏见、刻板印象，使每个人都能够得到尊重、理解，得到平等的对待。这就是人类学的人文关怀。

二、人类学的知识体系

人类学的知识体系应当包括学科赖以存续的指导理念、学科的理论体系和学科的方法体系。对于人类学来说，较为重要的学科理念有三个，即文化相对论、文化整体观和跨文化比较观。

文化相对论是直接涉及文化价值判断的方法和理论，是人类学的核心。其认为任何一种文化都有自己的特征和个性，在过去、现在和将来，任何文化在价值上都是平等的，我们不能用普遍、共同、绝对的标准去衡量一种文化价值，人类学家用文化相对论来反对种族主义、欧洲中心主义和民族中心主义。文化相对论并不是无条件的相对论，文化行为仍然应当被放入具体的历史、环境和社会中加以评估。

文化整体观。人类学家把人类的体质和行为（包括体质、社会、文化，甚至心理）的所有方面联系起来加以研究，这种研究称为整体论（Holism），是人类学的一个基本点。人类学家强调一个特定的文化研究不仅包括对文化各个方面的逐项研究，还要把文化的各个方面与更大的生物环境和社会环境相互整合成系统来研究。不仅要看到事物的表面现象，更要看到事物的内在联系。

文化比较观。人类学的比较研究有三种形式：一是共时性比较，即对同一时代多区域的调查资料进行比较；二是历时性比较，对同一区域内不同时代的资料进行比较，揭示变迁的模式；三是跨文化比较，通过对所有收集到的不同文化的样本进行比较研究，从而得出跨文化比较的结论。跨文化比较的基本前提是把全世界各种不同的文化作为样本，对这些资料展开比较，以便验证对人类行为的假设。

人类学在长期的学科实践中形成了多种理论范式，这使得人类学的理论体系看似难以捉摸，但这些理论拥有一个单一的宏观框架，即对人类的理解是人类学理论体系建立的中心。这一既定框架内的理论观点常常相互对立，以进化论和传播论为例，进化论作为一种人类学观点，强调文化随着时间而越来越复杂，而传播论认为文化是从一个地方传播到另一个地方的，但这二者都解释的是同一件事，即文化的变迁，因此它们都是社会变迁理论的一部分。那么，如何整理人类学的理论体系？艾伦·巴纳德将人类学的理论分成历时性观点、共时性观点和互动观点，他将进化论和传播论归入历时性观点内，认为这类理论尝试厘清的是跨越时间的事物之间的联系；而功能主义、结构主义、阐释主义等被归纳为共时性观点，这一类观点试图在不涉及时间前提下解释特定的文化运作；第三类较大的观点包括后现代、后结构等"后主义"影响下的人类学理论，如新进化论、解释人类学、女性主义等，这部分理论拒绝共时分析的静态特性，也拒绝古典进化论和传播论中的简单历史假设。

相对于理论体系，人类学的方法论体系则简单得多，人类学用最直观的方法观察人类行为，通过介入式的经历以及不同社会的深入交往来研究一种文化。人类学家研究的基础是田野工作和"民族志"。民族志又被称为记述的民族学（Descriptive Ethnology），指在田野工作中对文化实况的观察与记录，另外，当这些活动在对历史文献的研究中出现时，也可以说是文化活动的记述。民族志要求观察的准确性，因此要求受过专门训练的人类学家在所研究的民族或地区生活一年或更长的时间，通过参与式观察和亲身体验来获取充分、翔实的民族志材料。

三、人类学的实践价值

人类学的特性——对人类的文化、社会行为、特有情怀的研究，以及田野工作方法等，都使得人类学成了一门非常贴近人类日常生活的学科，这样的一门学科，从一开始就存在着明显的可用于实践的特性，如前所述，人类学自学科成熟之始就被视为调和殖民政府和殖民地社会之间关系的工具。第二次世界大战之后，人类学迅速调整学科定位，应用人类学发展迅速，越来越多的人类学家把对人、文化、社会的知识和理论，应用于改善和改进人类社会生活之上，促进人类社会生活向前发展。人类学家们也以前所未有的程度参与社会规划和决策中去，处理与解决现实社会中的种种问题，促成社会有计划地变迁，这使得人类学的理论能够付诸实践和行动。

第二次世界大战之后，许多取得政治独立的原殖民地国家禁止人类学家进入，人类学也受到20世纪60年代后殖民主义、后现代主义等反思性思潮的影响开始反省自身学科，于是许多人类学家将目光放在本国的研究上，并更重视本国的各种社会问题，如经济发展与文化变迁、环境影响、民族特性、主流社会与少数民族的关系、都市问题等。第三世界的人类学家也较多地介入社会变革中，从事各种各样的应用人类学研究计划，包括20世纪60年代墨西哥的防治盘丝虫病运动等。这个时期也是应用人类学研究范围迅速扩展并产生了积极效果的时期。

而对于中国来讲，人类学的实践价值从很早就开始体现，可以说吴文藻等人在20世纪初期将人类学引入中国时就抱着"西学以中用"的期待，因此人类学在中国的应用实践在20世纪20年代就已经有所体现。当时一批在国外留学归国的青年学者注重实地考察，渴望深入现实社会，真正了解调查对象，从而了解文化全貌和社会真相，以找出中国现实问题的症结所在。吴文藻、费孝通等燕京大学师生就试图以社会人类学的方法和功能学派的理论研究中国的农村社区，而当时的沪江大学、燕京大学、金陵大学等教会学校和大夏大学等校开有人类学课程的系所纷纷建立试验区，进行社会服务和公众教育，当时的人类学家也同样在抗战动员、边政问题的解决上起着重要作用。新中国成立后的20世纪50年代，大量的人类学家投入民族识别工作中，这是一项政策性和应用性很强的社会活动，是人类学在新中国实践的开端。

而当代人类学者们更关注国家在发展中出现的各种现实问题，如人口增长、人口控制、公共卫生、文化教育、农业发展，以及都市化及工业化引起的问题，种族、族群冲突、吸毒人群、艾滋病患者等也是人类学家研究的对象。在这类研究中，人类学者们除了注重学术上的理论建构之外，还贡献于不良现象的改善和消失，也正由于此，人类学的实践价值在当今社会越来越得到重视。

　　学科实践价值的彰显还体现在人类学研究领域的拓展及与其他学科的跨学科领域合作上，比如说都市人类学就是在探讨都市起源和发展、都市的文化系统及内外关联的基础上研究都市化过程中产生的诸种问题；发展人类学则更是直接凭借学科优势，实地缓解和解决发展项目中因文化因素导致的社会、政治和经济问题，或是探索利用本土文化的可能，以实现发展项目的事半功倍；而与医学产生跨学科合作的医学人类学则强调直接应用人类学的理论和方法到具体的公共卫生领域中去，以起到疾病防治和促进健康的积极效用。

　　今天，越来越多的人类学家在更广泛的领域工作，在多个领域担任职位，比如社会评估员、投资分析家、文化经纪人、文化遗产保护专家、公共参与专家、市场咨询专员等。

思考题

　　1. 什么是文化？为什么人类学以文化为核心研究对象？

　　2. 人类学的基本学科理念是什么？这与人类学多元文化的研究有何关系？

　　3. 结合本章内容，谈谈你所理解的人类学的独特性。

▶ 答题要点

第一章　人类学学说发展与马克思主义对人类学的影响

从学科诞生迄今的一百多年历史里，人类学历经了诸多研究课题的变化与发展，形成了人类学学说发展的基本脉络，而马克思主义是其中至关重要的一环。马克思、恩格斯的人类学著作、摘要和论述，对人类学领域内的文化唯物主义、结构马克思主义、政治经济学派等学说的产生与发展有着深远影响。人类学的中国实践也被深深打上了马克思主义的烙印。其中，影响深远的两大实践应是民族识别与少数民族社会历史调查。尤其值得一提的是，中国的人类学家们不仅学习、借鉴西方理论开展具有自己特色的研究，而且还在具体的实践过程中加以创造性转化，从而形成具有中国特色的人类学。

第一节　早期人类学理论

大致说来，人类学学说发展史可以分为第二次世界大战之前与第二次世界大战之后两大阶段。从 19 世纪中后期到第二次世界大战结束的近百年，是人类学发展的重要阶段。一方面，在这一阶段，人类学逐渐发展成一门独立的现代学科，不仅确立了独特的研究对象与研究方法，而且还在本学科内出现了奠定根基的学术大师，培养了大批人类学家；另一方面，与第二次世界大战后理论阵营的复杂与分化不同，人类学在这一阶段有着清晰的理论脉络，经历了从 19 世纪末 20 世纪初以泰勒、摩尔根为代表的古典进化论，以及德国人文地理学家拉策尔影响下的传播论，到 20 世纪早中期以马林诺夫斯基为代表的功能主义、拉德克利夫-布朗为代表的结构功能主义、美国博厄斯为代表的历史特殊论，以及由博厄斯的弟子本尼迪克特、米德等人发扬光大的文化与人格学派。这些不同理论流派之间有着明确的区别，但也有着一些共性。这些学者分别就文化与社会提出自己的学说，都试图解释人类社会文化的脉络及其演变，以及彼此间的差异与共性。大部分的学者都尝试通过研究"他者"来理解自己。从这个意义上而言，在不同的社会与文化理念里求同存异，是人类学研究的精髓。

一、进化论与传播论

在某种程度上，人类学的兴起与殖民主义有一定的关系。作为人类学学说史上最早的两个理论流派，进化论与传播论的产生有着深刻的社会背景，殖民主义即其中一个主要方面。随着殖民地贸易的兴起，西方对于非西方国家与地区的殖民贸易和殖民统治也达到空前程度。西方人遇到了世界各地的文化之后，一系列显而易见的问题马上引起了他们的注意：世界各地为什么会有如此不同的文化？它们为什么与欧洲文明如此不同？它们的存在是否反映的是欧洲人的过去？等等。进化论与传播论分别从时间和空间的维度给予了解释。进化论通过历时的方式勾勒了发展的谱系，而传播论则试图把人类文化发展的谱系在空间上给予表现。两者都将欧洲文明置于人类社会文化发展序列的顶点，是为"欧洲中心说"。

进化（evolution）本是一个生物学词汇，指的是由一种状态逐渐有序地转变为另一种状态。对 19 世纪的进化思想影响深远的首先要属达尔文的生物进化理论。1859 年，达尔文的《物种起源》出版，该书有三个核心观点：第一，物种一直处于变化之中；第二，在变化过程中，自然选择（natural selection）对物种的进化起了关键作用；第三，自然选择是指物种在适应外界环境的过程中，会倾向于选择保留种群内适应的个体。达尔文进化论说明，物种就是在不断变化的外在条件下不断地调适，以至于出现分化与进化的过程。按照他的思想，进化主要是渐变的过程。

但是，首先明确提出进化论的却是英国著名的实证主义哲学家斯宾塞，他在《社会静力学》中首次反思了人类社会，提出了普遍的进化框架。作为社会学创始人之一，斯宾塞认为，随着社会的进化，社会范围不断扩大，从而导致社会结构的扩大和分化，以及社会功能的进一步细化，由此，社会进化经历了由简单到复杂的过程。

斯宾塞并不是一位人类学家，但是他的社会进化的思想被后来人类学者所继承，从而开创了人类学学说史上的第一个理论流派——古典进化论。古典进化论的第一位代表人物，是英国著名人类学家爱德华·泰勒。他的代表性著作有《人类早期历史和文明的发展研究》《原始文化》《人类学》等。在《原始文化》中，泰勒第一次给文化下了定义，从而为文化人类学的研究对象和范围勾勒出基本的轮廓，这一界定也成为文化概念的经典定义。然而界定概念只是第一步，泰勒要做的是探讨整个人类进化的过程。泰勒在他的著作里，提出了"心理一致说"（the psychic unity of man），相信人类无论如何不同，但在本质上没有不同，因此都能按照自己的速率演化。泰勒通过研究人类信仰观念与行为的发展指出人类在宗教信仰上经过了万物有灵—多神教——神教三个阶段。他的"遗存"（survival）概念则是他进行比较的方法论前提。世界上不同民族与文化都依据同样的进化路线，只是进化的速率有所不同而已，那些较慢的犹如现代文明的过去，故用"遗存"称之。

如果说泰勒主要从文化角度探究整个人类发展进化史的话，那么古典进化论的另一位代表人物，美国人类学家摩尔根则主要从社会角度来探讨人类的宏观进化过程，其代表著作有《易洛魁联盟》《人类家庭的血亲与姻亲制度》《古代社会》等。在《古代社会》一书中，摩尔根系统阐述了人类社会进化的具体过程，将整个人类社会划分为蒙昧—野蛮—文明三个阶段，又将蒙昧时代与野蛮时代分别细分出低级、中级和高级三个阶段，并且以物质生产资料即生产技术与生产工具的发明作为衡量每一阶段的具体标志。除此之外，摩尔根还从氏族制度、亲属制度、财产观念、居住方式等各个具体层面探讨其发展进化的过程，并将其与蒙昧、野蛮、文明三个阶段相对应。

在古典进化论者看来，由于人类的大脑结构都是相同的，因此全人类的心智能力是一致的，从而人类文化也具有一致性，具有一样的发展规律，每个民族也都必然经历同样的文化进化过程。因此，与欧洲人不同的文化是人类在进化过程中的"遗存"。而世界各族文化都是沿着同一条单一线路向前进化的，虽然进化有快有慢，但均处于这一线路的不同阶段，古典进化论也因此被称为单线进化论。文化进化的序列为蒙昧—野蛮—文明，这一序列明确以西方的进步性为前提，即欧洲或西方处于这一序列的顶端，而非西方的其他社会则处在蒙昧与野蛮阶段，正在朝向文明阶段而不断努力。古典进化论者关注的是全人类文化的总体进化，并不关注某一个具体社会、具体文化的内部特征与发展，采用"类比"方法，把各地不同现象进行排比，排列为高低不同的序列，从而归纳出全人类文化的进化过程。

传播论比进化论稍微晚些出现，主要来自于德国和奥地利，英国也有一部分学者持此立场。与进化论不同，传播论者在空间上勾勒人类文化与文明的发展谱系。所谓"传播"（diffusion），是物理学的词汇，原指扩散、弥散，传播论者用来泛指和描绘文化或文化特质从一地流传到另一地的现象。传播论学者的基本观点是：人类的创造能力或独立发明能力是有限的，因此人类文明只能在几个少数的地点产生；世界各地的文明则是由这少数的几个（甚至一个）文明中心传播、扩散的结果；传播是一个历史过程，各项文化特质从中心向四面传播而导致了文化的接触，从而引起文化变迁。

传播论的理论先驱是德国地理学家拉策尔，在其《人类地理学》和《民族学》中，他认为文化要素是随着民族迁徙而扩散的，并通过将文化要素标在地图上的方法，试图描绘出人类文化的分布图，从其相似形态来推测历史上的联系。拉策尔之后，传播论发展出德奥学派与英国学派两大分支。德奥传播学派的代表人物是德国人类学家格雷布纳尔与奥地利人类学家施密特等人。该分支主张文化多中心论，认为世界上有几个文化中心，各种文化形式的起源是由各种文化现象的交汇与互动引起的。英国传播学派的代表人物是里弗斯、史密斯等人。与德奥学派不同的是，该分支主张文化单中心论或埃及中心论，认为人类最初的文化来源于同一个文化中心（如埃及），世界各地文化都是由此中心向外扩散传播的结果。①

　　进化论与传播论看似截然不同，但实质上两者却有着若干相同之处：其一，进化论与传播论关注的均是全人类的整个文化与历史，其共同理想均是试图构建出一部全人类文化演进的宏大图景。在这一构建过程中，进化论主要从时间的维度说明人类文化的发展演化是一个从"过去"到"现在"的直线性的流动过程。传播论也是试图描绘总体人类文化的发展过程，但与进化论者不同的是，传播论者相信人类文化的发展主要是通过人类空间搬运的过程。其二，两者均站在欧洲中心主义的立场上，将非西方社会视作西方文明发展过程中曾经经过的不同阶段。但无论有多少问题，两者都是人类学最早的知识积累，而且人类学也因为它们而立足于世界学术之林。即便是传播论，在今天看来，它也有一定的积极意义。它追求的是人类之"同"，这在当下的全球化时代很值得提倡。人类无论在肤色和文化上有多么不同，我们共享的东西还是远超我们之间的不同与差异。

　　无论是进化论学派还是传播论学派，他们对于人类社会发展的理解都是非马克思主义的。在马克思看来，人类社会的进步是由生产力与生产关系矛盾运动所推动的。当生产力发展到了一定的阶段，必然要求有相应的生产关系，这就会导致社会变革的出现，社会也因此不断进步。但是，古典进化论没能很好地解决进步的内在机制与动力的问题。传播论者则完全不相信人类本身的能动作用，把社会发展建立在不断"偶然发生"的流动而导致的文化接触上，对人类社会的发展解释乏力。

二、功能学派与美国历史学派

　　20世纪以后，西方社会内部的分化与冲突日益凸显，第一次世界大战带给了人类社会前所未有的灾难，而正是工业化之后强大的生产能力才可能有如此巨大

---

① 关于德奥传播学派和英国的传播学派请参见：［挪威］弗雷德里克·巴特等：《人类学的四大传统——英国、德国、法国和美国的人类学》，高丙中等译，商务印书馆2008年版，第73—180页和第7—69页。

的破坏力。人们开始对西方文明的价值产生了怀疑，欧美思想界也逐渐放弃那种视欧美文明为发展顶点的偏见。与此相应的是，人类学者也放弃了那种勾勒人类社会文化发展宏大叙事的企图，微观研究应运而生，转向研究具体社会和文化。英国功能学派与美国历史学派即这一转向的代表。

1922年，英国出版了两本影响深远的人类学著作，一本是马林诺夫斯基的《西太平洋的航海者》，一本是拉德克利夫-布朗的《安达曼岛民》，这两本著作被后世誉为人类学功能学派诞生的标志，两位作者也成为功能学派公认的缔造者和代表人物。功能（function）的概念来自斯宾塞的社会有机体论，以及法国社会学家涂尔干及其外甥莫斯的思想。作为人类学学说史上一个影响深远的学派，功能主义兴起于20世纪20年代，鼎盛于30~50年代。同时，又因为对"功能"一词的不同理解，功能学派又分为马林诺夫斯基的文化功能主义与拉德克利夫-布朗的结构功能主义。

马林诺夫斯基原来学习的是物理与数学，因为养病偶然读了弗雷泽的《金枝》，遂对人类学产生了浓厚兴趣，并前往英国学习人类学。马林诺夫斯基的人类学思想可以用"需求"与"功能"这两个核心概念加以概括。在马林诺夫斯基看来，进化论与传播论通过文化遗存及文化亲缘性来建构文化发展历史的做法有着根本的缺陷，只有对文化的功能及其各要素之间的关系做深入分析，才有可能谈及进化与传播。马林诺夫斯基认为，人类的任何社会与文化现象都是为了满足某种现实需要而存在的，他指出，文化满足人类的两大需求，即基本需求（生物性需求）与衍生需求（精神与其他需求），人只有在满足基本需求之后才谈得上满足衍生的需求。

除了功能论，马林诺夫斯基的另一大贡献是建立系统性的田野工作方法。受到德国、奥地利经验批判主义哲学的影响，马林诺夫斯基有着强烈的整体论观照。他主张全面、科学、整体地考察文化，特别是深入具体地考察文化的现实功能，并提出了一整套系统的田野工作方法（field work），"参与观察"（Participant Observation）是他提出来的最重要的方法论概念。在实地考察中，人类学家应该与当地人同吃、同住、同劳动。他强调整体视角，认为应对某一地区文化的所有方面都给予研究；把握当地人的观念及其与生活的关系，了解他们对自己世界的看法；也强调要对某一地区社会文化制度的参与观察及民族志的方法。马林诺夫斯基提出的方法论成为现代人类田野工作的基本规范，因此他被认为现代人类学的奠基人之一。

与马林诺夫斯基主张文化的功能就在于通过文化来满足人的基本生理乃至心

理需求不同，拉德克利夫-布朗深受涂尔干的影响，主张研究社会现象不能从个人的生理或心理出发，而只能从社会出发。拉德克利夫-布朗是英国人类学家，先后在安达曼群岛和澳大利亚土著部落从事田野调查，代表作有《安达曼岛民》《澳大利亚部落的社会组织》《原始社会的结构与功能》等。与马林诺夫斯基的"需要"与"功能"相对，拉德克利夫-布朗的核心概念是"结构"与"功能"，即更强调社会是一个有着结构与功能的完整的有机体，认为只有明确了社会的结构，才有可能探讨构成结构各个部分的功能。正是在他的影响下，20 世纪 40 年代以后，曾有一段时间，结构功能论取代了文化功能论，社会结构的概念一时成为人类学的关键用语，而拉德克利夫-布朗的功能主义也被称为"结构功能主义"。

美国历史学派将"抢救"日渐湮没的北美印第安人文化作为自己的任务。他们将文化视为在特定地理条件下形成的区域性形貌，因此，文化可以被用以指涉特定区域内特定的群体。在此基础上，文化（culture）可以是复数的。人类学家的任务就是要深入研究每个群体，包括他们的过去、他们的语言、他们的体质以及他们的文化等。正是这样的取向奠定了今天美国人类学的四个分支，即文化人类学、体质人类学、考古学和语言人类学。历史学派不屑于建构宏大历史，他们认为，唯有具体的东西才是可靠的，因此提倡"历史的方法"，强调对具体事实的描述与记录。历史学派的代表人物是博厄斯及其弟子们。

历史学派的一个基本观点是历史特殊论或文化独立论。与传播论一样，美国历史学派受到了德国人文地理学的强烈影响。他们认为，人们的文化都受到了地理条件的制约，地理条件的差异是文化产生差异的主要原因。因此，每个社会或文化都有其独一无二的历史，有其独特的特点和发展规律。文化只有在各自历史脉络中才能明白其文化现象的真正意义，因此，为了理解和解释某一特定文化，最正确的做法就是重建该文化走过的独特道路，即"构拟"该文化的历史。历史学派也强调传播的重要意义，因为对北美印第安人社会与文化的研究使他们相信，传播毫无疑问存在于人类社会。但与上述提及的传播论不同的是，美国历史学派所关注的是有限的空间区域里的文化接触现象。

历史学派的另一个基本观点是文化相对论。针对美国社会的种族主义和人类社会普遍具有的"种族中心主义"（ethnocentrism），博厄斯在《原始人的心智》和《人类学与现代生活》等著作中给予了有力批判，并提出了文化相对主义的原则。在博厄斯看来，一切人种的体质构造特征都是一样的；任何一个民族的文化只能理解为历史的产物，其特性取决于各民族的社会环境和地理环境；任何一个文化都有其存在的价值，每个民族都有自己的尊严和价值观，各族文化没有高低优劣之分，没有绝对的评判标准，一切评价标准都是相对的。博厄斯不仅在理论上反对将文化做高低优劣的划分，而且在实践上身体力行坚决反对种族主义，呼吁种族平等。终其一生，博厄斯一直在同种族主义做斗争，第二次世界大战之前，他就已经不断提醒美国政界与社会对纳粹德国有所警惕。

功能学派产生于对西方文明的反思。第一次世界大战的浩劫导致了西方思想界许多有识之士对西方文明优越论产生了反思。功能学派和美国历史学派代表着这一反思所带来的改变，他们不再关注人类发展的宏观走向，而是聚焦于对小的社会的民族志研究，并强调社会本身具有其调节机制，能在国家权力不在场的条件下达到其动态平衡。这样的理论具有反帝国主义和反殖民主义的积极意义，但是却体现出一种对现实消极的逃避态度，这就与马克思主义的基本原则背道而驰了，这是我们应当注意的。

比起英国的功能主义，美国历史学派对社会的干预要多一些。美国社会赤裸裸的种族主义以及不公平地对待美国原住民，激起博厄斯等老一辈人类学家的激烈的批评。他们无疑是社会的进步人士，对殖民主义、种族主义的批判十分激进，但由于历史局限性，他们无法认识到资本主义制度本身就是产生这些罪恶的渊薮。

三、文化与人格学派

文化与人格（Culture and Personality）学派严格而言并非一个学派，而是博厄斯的学生们发展出来的一个研究领域，它依然延续了历史学派的基本理念。总体来说，这一领域的研究者相信，每一个人都被所处的文化所形塑。因此，个人的成长过程也就是文化的延续过程。文化与人格研究在第二次世界大战之后开始主宰美国人类学界的学术旨趣，由于强调文化对个人成长的形塑作用，"儿童养育"（Child Rearing）遂成为重要的学术课题。但是，这一研究旨趣的缘起却是在第二次世界大战之前。这一学派深受弗洛伊德理论的影响，运用弗洛伊德的"泛性欲"理论来考察不同文化的儿童养育方式是如何影响一个人人格的形成。这一领域成为一时之选，除了原先博厄斯的传统导向之外，还与美国政府在战争和冷战期间对敌对国家进行研究的要求有关。

人格（Personality），本是一个心理学概念，一般指个人的内在气质与性格。在文化与人格理论看来，文化对社会成员及其人格的形成具有决定性的影响，在研究文化与人格的关系时，由于文化是一个社会所共有的价值观念、行为规范，个人要遵循文化规范才能生活于社会中，因此人格与其所处的文化环境密切相关，偏重从文化流传的角度看待人格与文化传承的关系。该学派注重文化整合（Cultural Integration）与"濡化"（Enculturation），亦即儿童养育。这一学派后来转到所谓的"国民性"（National Characters）研究，现在基本失去生命力，转型为心理人类学或文化心理学。文化与人格理论相信，每一个人都按照文化或者社会所期待的标准成长，如果不是这样，那就是非常态。文化形塑个人，如何形塑？自然是从家里开始的，从一落地就开始了。父母如何带孩子，每个文化都有不同之处。这些不同就是当时人类学家的关心所在。

米德和本尼迪克特是最早进行文化与人格的研究者。米德重视的是"濡化"，本尼迪克特重视文化模式，尤其重视所谓的文化气质或者文化语法。林顿则有所不同，他与心理学家卡迪勒合作，采取了追踪研究的方式。他们在 1938 年开始一个项目的研究，通过收集儿童养育的田野资料进行分析，几年后再回到田野，通过追踪观察这些儿童的成长，来看文化对个人成长的影响。文化与人格研究虽然风光不再，但是，人类学在美国成为显学却主要因为曾经有过这个流派。米德和本尼迪克特的书成了畅销书，因为她们通过对异文化的展示与分析引领了美国人对自身的思考。

本尼迪克特和米德因为从事这方面的研究而广为人知。她们是美国人类学家中仅有的两位上了美国邮票的人物。人类学能成为显学与她们的贡献是分不开的。她们的作品都是畅销书，对推动人类学的发展起了巨大作用。本尼迪克特在这方面的主要著作有《文化模式》和《菊与刀》。她指出，"一种文化就像一个人，或多或少有一种思想与行为的一致模式"①，因此主张应该从整体上来研究某一文化的特性。而且，文化模式是相对于个体行为的，她认为，人类的行为方式是多种多样的，但一种人群只能选择其中的一部分，并演化成对自身社会有价值的风俗、礼仪、生活方式等，这一系列的选择，便结合成这一群体的文化模式。

另一位代表人物米德同样有着极大的影响力，且著述颇丰，最著名的有《萨摩亚人的成年》《新几内亚人儿童的成长》《三个原始部落的性别与气质》等。米德的主要观点为，一个人的成年人格的形成，深受其所处文化的影响，尤其是不同文化或社会的儿童养育方式，对人的个性形成有着关键性的影响。

带有文化决定论色彩的文化与人格学派的发展在第二次世界大战期间达到高潮，发展成探讨某一群体或国家"民族性格"的"国民性"研究，其中最为著名

---

① ［美］露丝·本尼迪克特：《文化模式》，王炜等译，读书·生活·新知三联书店 1988 年版，第 48 页。

的是本尼迪克特关于日本国民性的研究。但是,《菊与刀》与《文化模式》一样,虽然因例子有趣和作者的优美文笔,可读性很强,受到了一般读者的欢迎,它们却在美国学术界遭到了许多批评。本尼迪克特被批评为典型的印象主义者,她的田野工作的深入程度遭到了质疑。然而,这两本书或许也因这些争议反而不断再版,成为人类学史上的畅销书。

　　从马克思主义的观点来看,本尼迪克特和米德的这几本著作无疑存在着一些问题。本尼迪克特的《文化模式》显然无法贴切、全面地反映所研究的社会,她在缺乏对这些社会经济和物质条件基础进行分析的前提下,就对其文化面貌、气质等进行诠释与描述,因此不免有印象主义(impressionism)之嫌。而米德对萨摩亚人的研究也存在着同样的问题。她虽然想用萨摩亚人的案例来证伪西方社会关于青春期反叛是自然现象,但是却没有考虑到当时的经济"大萧条"与青少年反叛之间的关系。

第二节　马克思主义人类学

　　纵观整个思想界,恐怕没有第二个思想流派能够像马克思主义那样从理论与实践层面给这个世界带来如此巨大的影响与冲击。从实践上来说,马克思主义所提出的社会主义与共产主义理论以及国际工人运动极大地影响与改变了包括中国在内的许多国家的命运,也深刻影响了整个世界的格局;从思想的角度上,马克思主义的影响力又远远超出了某个单一学科的范畴,深刻影响了19世纪与20世纪包括经济学、法学在内的所有人文社会科学领域,人类学与民族学也不例外。一方面,马克思主义的社会形态理论的论说、历史唯物主义的立场、对于资本主义社会本质的深刻揭露与批判以及对于人类本质与未来社会的描绘,均成为整个人类学学说发展史上不可或缺的一部分并且占据举足轻重的地位;另一方面,马克思主义又从各个角度深刻影响了随后人类学的研究与理论学说的走向,形成了文化唯物主义、结构马克思主义、政治经济学派等诸多至今仍然活跃在人类学研究中的理论流派。

一、马克思主义的人类学思想

　　马克思的研究中心一直围绕在对其所处资本主义社会的本质、发展动力等问题的揭露、批判与否定上。不过,马克思在围绕此中心开展研究的过程中,意识到资本主义社会只是人类社会发展的其中一个阶段，要想达到对资本主义社会的深刻认识，对于前资本主义社会以及宏观社会变迁的研究就必不可少。从这个角度上，马克思的人类学思想可以分为狭义与广义两个方面。其一，从狭义上来说，主要表现在马克思关于前资本主义社会以及社会变迁的文献，包括散见于马克思各类主要著作中的文字，马克思晚年阅读《古代村社》《古代社会》等文献所做的笔记和摘要而形成的"人类学笔记"，以及恩格斯根据马克思阅读摩尔根《古代社会》的笔记和恩格斯个人的研究所写成的《家庭、私有制和国家的起源》一书。其二，从广义上来说，马克思对于人类本质的讨论、对资本主义社会的深刻分析以及对未来社会的勾勒描绘，都可视作马克思人类学思想的重要内容。

前文已提及，19 世纪的人类学是古典进化论思想居于统治地位的时期，古典进化论者深受 18 世纪启蒙主义运动的影响，勾勒出一条从蒙昧、野蛮到文明的人类文明史单线进化的图景。启蒙主义有关进步、理性的话语浸润着 19 世纪欧洲思想界，从而也深刻地影响了马克思对于社会发展的看法。在马克思看来，有生命的个体的存在以及必需生活资料的生产是人类历史的出发点，在《德意志意识形态》一书中，马克思根据所有制的不同形式，首次讨论了人类社会发展过程中部落所有制、古代公社所有制、封建所有制等不同的历史阶段，初步勾勒出人类历史进化的基本轮廓；在《政治经济学批判序言》中进一步提出了亚细亚生产方式的概念，并对这一进化序列做了清晰的阐述，指出"亚细亚的、古希腊罗马的、封建的和现代资产阶级的生产方式可以看做是经济的社会形态演进的几个时代"[①]。然而，马克思最为集中表达其人类学思想的，还要数马克思在其生命的最后阶段集中阅读柯瓦列夫斯基《公社土地占有制》、摩尔根《古代社会》、梅因《古代法制史演讲录》、拉伯克《文明的起源和人的原始状态》之后，所做的大量摘要、批注与笔记，有学者将其称为"人类学笔记"。因其内容极其丰富，也被称为"历史学笔记""民族学笔记"等。为了准确起见，我们将其概称为"马克思关于人类学问题的笔记"。在"笔记"中，马克思对于前资本主义社会的社会制度、生产方式、财产的概念等一系列问题做了探索。但是由于种种原因，马克思并没能将这些笔记整理归纳成系统的著作予以出版，1884 年，恩格斯以马克思对摩尔根《古代社会》一书的大量笔记摘要为基础，撰写了《家庭、私有制和国家的起源》一书，主要涉及了对生产技术、家族和亲属制度以及国家的进化过程的论述，成为最为系统地论述人类进化历程以及历史唯物主义的经典著作。

---

① 《马克思恩格斯文集》第 2 卷，人民出版社 2009 年版，第 592 页。

需要指出的是，马克思主义的人类学思想精髓并不应该被狭隘地视为仅仅体现在《家庭、私有制和国家的起源》等上述著作中，相反，马克思整个思想体系中对于人类本质的讨论、对资本主义社会的深刻分析以及对未来社会的勾勒描绘等，都闪耀着其人类学思想的光芒。

其一，马克思在对资本主义社会的研究中，特别是对整个人类历史与社会以及社会形态怎样进化的研究过程中，形成了其历史唯物主义理论。马克思认为，物质生活资料的生产活动是使人类从动物区别开来的首要的历史活动，也是人类赖以生存和发展的前提。历史唯物主义正是在劳动发展过程中，找到理解人类全部社会历史的钥匙。历史的关键是由生产手段以及人类劳动所构成的生产的力量，这种生产力总是处于一种社会关系系统之中，而在某种支配性生产关系之下的生产力的综合，就构成了一种经济体系或生产方式，正是这种生产方式建构了不同的历史进程。生产力与生产关系之间的矛盾、经济基础与上层建筑之间的矛盾，是推动一切社会发展的基本矛盾。在阶级社会中，表现为阶级矛盾和阶级斗争。这种矛盾和斗争是推动阶级社会发展的直接动力。

严格来说，正如学者指出的，并不能将唯物史观与马克思的人类学思想直接画等号，但毫无疑问的是，唯物史观构成了马克思人类学思想的坚实基础与依托，搭建起马克思对资本主义等一系列分析的理论大厦。

其二，正如前文所述，马克思对历史唯物主义以及对前资本主义社会的分析并不是为了研究它本身，而是为了对资本主义社会及其制度本质的剖析与揭露。对人类学而言，"异化"和"剥削"是马克思理论的重要概念。"异化"（alienation）源自拉丁文，有转让、疏远、脱离等意。该概念在德国古典哲学中被提到哲学高度。黑格尔用以说明主体与客体的分裂、对立，并提出人的异化。马克思主义哲学认为，异化是人的生产及其产品反过来统治人的一种社会现象。例如，在大工业过程中，工人成为生产流水线上的操作者，他完成的只是生产过程中的一道工序。在劳动强度高度增加的条件下，工人对自己的产品难以产生感情。因此，在资本主义大工业生产的条件下，生产者难以将产品视同己出，完全丧失能动性，人的个性也无法全面发展，与前工业化时代的工匠大相径庭。这就是马克思所揭示的产品反过来统治人的现象。产生异化的主要根源是私有制，最终根源是社会分工固定化。

马克思以前所未有的洞察力揭示了资本主义制度的本质。马克思主义认为，在"利润平均化规律"的作用下，一般生产过程所产生的价值增长量（即剩余价值量）与所投入的价值总量（包括劳动力的价值量和生产资料的价值量之和）成正比。这就必然形成一个自然的剩余价值分配规律：一般生产过程所产生的价值增量（即剩余价值量）将会要根据各主体所投入的劳动力价值量或生产资料价值量的比例来进行分配。因此，谁拥有并且投入生产过程的生产资料越多，谁就会分配到更多的剩余价值量。劳动是价值的唯一源泉，任何价值增量都由劳动者创造，都来源于"活"的劳动价值，由于生产资料中所内含的劳动价值是一种"死"的劳动价值，并没有对价值增量产生贡献，生产资料的投入者并没有付出劳动，却得到了剩余价值，这是一种"无偿占有"，是一种"剥削行为"。马克思的剥削理论是马克思主义的重要组成部分，他欣赏苏格兰启蒙主义思想家对于历史的唯物主义解释。在《哥达纲领批判》一书中，马克思确定了社会主义和共产主义财富分配的原则，亦即按劳分配和按需分配。在这两个原则中的任何一个实现之前，人类社会都存在着剥削。

总之，在马克思看来，人类本应能够自由地控制其劳动及劳动的外在条件，但是在资本主义社会里，工人失去了对其自身劳动的控制，成为一种被异化的、毫无意义和目的的空虚个体；剥削是资本主义社会的本质，在《资本论》中，马克思详细分析了剩余价值的产生与分配，并将剩余价值视作资本主义社会及其剥削的秘密之所在。

其三，马克思指出，社会历史首先是物质资料生产者的历史。人民群众是历史的创造者和推动社会前进的决定性力量，人自身的发展既决定于社会的发展，也决定着社会的发展。社会的发展和人自身的发展是辩证的历史的统一。社会的发展是一个自然历史发展的过程，无论哪一种社会形态，在它所容纳的全部生产力发挥出来之前，是绝不会走向灭亡的，而新的、更高的生产关系在它的物质条件成熟以前是绝不会出现的。既然人类的本质在资本主义社会中被如此扭曲且不能实现，那么，从长远来看，资本主义并不是一种稳定的、永远充满生机的生产方式，资本主义社会必将被一种全新的、不同的生产方式，即真正自由、平等、没有异化、剥削与阶级统治的社会——共产主义社会所取代。在共产主义社会中，人类的潜能与使命能够完全得到实现与满足，那时，压制人类及其劳动的力量与剥削都将不复存在，人类的解放也才能真正到来。

马克思和恩格斯的人类学论述虽然散见于众多的著作当中，但内容极为丰富。19世纪，资本主义经济危机首次出现，工人运动自40年代以来风起云涌，殖民主义迅速扩张，这些都是马克思和恩格斯对社会进行分析诊断的重要事件。在具体的分析当中，马克思和恩格斯的《共产党宣言》、马克思的《政治经济学批判》和《路易·波拿巴的雾月十八日》、恩格斯的《英国工人阶级状况》等著作，都是人类学研究的典范，都是国际上人类学教学上的必读书目。马克思和恩格斯在这些著作中对农民阶层和工人阶级的分析阐发了他们的历史唯物主义和辩证唯物主义思想。

由于民族国家在事实上成为当时国际强权瓜分世界、制定国际秩序的基本单位，马克思和恩格斯显然对此是持批判态度的。马克思和恩格斯在《共产党宣言》中提出："工人没有祖国"①；两位革命导师甚至断言工人阶级是一个"民族"，主张工人阶级的利益是共同的，无论他们来自哪一个国家，从而将阶级属性置于国籍认同之上。因此，对于马克思、恩格斯而言，无产阶级革命应该是国际性的，所以国家、民族这类范畴在他们看来是历史范畴，在各种条件成熟之后，都会退出历史舞台。今天，虽然各方面条件都与马克思恩格斯生活的 19 世纪大不相同。但在新自由主义泛滥的当今世界，马克思和恩格斯的学说，依然显示出深刻的历史洞察力。

在马克思主义经典作家著述里，恩格斯的《家庭、私有制和国家的起源》一书是一本历史唯物主义人类学著述。这本书成书于马克思去世之后，是恩格斯在马克思阅读美国人类学家摩尔根的《古代社会》一书所做的笔记和他本人的阅读和研究的基础上写成。恩格斯认为，摩尔根的史观与马克思殊途同归。换言之，摩尔根对社会发展演化的每个阶段都以特定的生产技术的发明作为标志，这不啻是强调了生产力在历史发展过程中的主导作用。与摩尔根不同的是，恩格斯尤其注意私有财产的出现所带来的社会结构革命性的变动。占有财产的欲望导致了财产继承制度的出现，这又导致了婚姻形态的改变。恩格斯从中看到了国家的起源。他对国家起源的分析为人类学界所广泛接受。直到今天，恩格斯的这部著作依然在欧美人类学教育当中占据着重要的位置。

对人类不平等制度的追溯和批判必然导致马克思主义经典作家写下大量有关社会变革的理论。他们对社会平等的追求贯穿在他们文章的字里行间。我们看到，在众多的著述里，经典作家强调了阶级利益的一致性，因此，作为工人阶级的成员，不应当对代表剥削阶级利益的国家存在着幻想。这点在列宁的著作里表现得很明显。在《国家与革命》以及其他著作中，列宁犀利地分析了国家的性质、帝国主义的本质，指出帝国主义是资本主义发展的最高阶段，革命可以在资本主义链条的薄弱之处发生，为被压迫国家与被压迫人民的解放提出了他的见解。列宁甚至指出，"革命的阶级在反动的战争中不能不希望自己的政府失败，不能不看到

---

① 《马克思恩格斯文集》第 2 卷，人民出版社 2009 年版，第 50 页。

自己的政府在军事上的失利会使它更易于被推翻。"① 这一具有革命性的观点有助于我们分析国家及其代理人的性质。

分析马克思主义对人类学的影响时，中国马克思主义者的宝贵思想是不能不提的。毛泽东早在 20 世纪 20 年代就写下《湖南农民运动考察报告》《中国社会各阶级的分析》《才溪乡调查》等作品。这些作品在方法论上对人类学研究很有启迪。美国有些大学的人类学训练也将上述毛泽东的著作作为阅读教材。毛泽东所强调的"实事求是"和"没有调查就没有发言权"，许多学者都耳熟能详。

毛泽东有关农民问题的理论对于人类学的乡民社会研究尤其具有指导意义。在深入调查的基础上，他提出旧中国存在着四种系统性权力，即政权、族权、神权、夫权，将它们比喻为长期束缚在中国人民，尤其是农民身上的四大绳索。关于农民问题，马克思、恩格斯、列宁都曾有过一些科学论断。毛泽东继承了他们的思想，又根据中国的具体实践有所发展，强调了农民不仅是中国革命的主力军，而且在国家建设中占据着重要地位。

从上述提及的经典作家的论述中我们看到，经典作家强调了革命的重要意义。虽然社会变革也可以有较为平缓的改良一途，但经典作家对革命的强调可以提醒我们必须注意社会的不平等，只有对不平等现象进行责无旁贷的抨击，才能推动社会的良性运行。今天，国际人类学界强调人类学家走出象牙之塔而有所担当，我们看到，在学术界，对殖民主义、对霸权主义批判最有力的学者都是人类学家。此亦足见马克思主义的精神活力和对人类学的深远影响。

二、马克思主义对人类学的影响

第二次世界大战以后，特别是 20 世纪六七十年代以来，随着人类学界对人类学本身的反思及理论流派的多样化与复杂化，社会局势的动荡与社会运动的风起云涌，马克思和马克思主义被人类学界"重新发现"且影响日益深远。

提及马克思主义的人类学流派不能不想到闻名遐迩的法国结构马克思主义人类学。该流派除了受到马克思主义的影响之外，也具有强烈的结构主义倾向。结构马克思主义的代表人物是法国思想家阿尔都塞。尽管阿尔都塞拒绝承认其本人是结构主义者，但他的确发现马克思主义和结构语言学之间存在着亲缘性。他认为，"正统马克思主义取向"难以应用于研究前资本主义社会，因为这如同将涂尔干的"部落社会"与"机械团结"（mechanical solidarity）联系起来。而苏联的

---

① 《列宁选集》第 2 卷，人民出版社 1995 年版，第 526 页。

"正统马克思主义人类学"（在苏联称为民族学）甚至没有超越摩尔根的阶段性划分。阿尔都塞还认为尽管法国马克思主义人类学钟爱摩尔根和马克思本人的人类学笔记，但对于马克思或者恩格斯如何理解前资本主义社会，实际上不是太清楚。为此，阿尔都塞试图通过深入研究马克思来寻求能够同时运用于阶级社会与无阶级社会的分析工具。于是，"生产方式"成为他的分析概念。

受到阿尔都塞影响的法国人类学家主要有戈德里埃、特莱、梅拉索克斯、莱伊等。这些人构成了法国的结构马克思主义人类学学派。戈德里埃可能是这些人当中唯一试图调和结构主义与马克思主义的学者。戈德里埃在1964年进入人类学领域，原先他学的是经济学和哲学。他很快成为列维-斯特劳斯的助手，并因此深受结构人类学的浸润。从他的早期学术生涯和所处的环境来看，他的取向并非完全来自阿尔都塞。当他已经开始研究人类学时，阿尔都塞尚未成名。所以，戈德里埃实际上在新马克思主义领域里有自己的影响力。

戈德里埃相信，马克思主义与结构主义之间存在着某种相似性。辩证法在二者之间都是立论和分析的工具。更为重要的是，二者对变化（transformation）都有着共同的兴趣。变化与结构相联系，无论是在列维-斯特劳斯所言的思维方式或是马克思所说的生产方式那里，都是如此。在思维方式和生产方式的例子里，列维-斯特劳斯的思维方式中的结构为社会心理所决定，而马克思的生产方式则为生产关系所决定。由于思维方式和生产方式后面的结构是社会行动者，也就是当事人，所无法意识到的，因此，列维-斯特劳斯和戈德里埃在他们的论证过程中都有着反经验主义的立场。其实，我们也可以在马克思主义里发现这种立场。根据他们的观点，没有什么比经验主义更为错误的了，因为它往往将当事人所说的或者所声称的当作最终的社会事实。这就是为什么列维-斯特劳斯和马克思主义人类学者喜欢通过演绎来寻找例子证明结构的存在。在列维-斯特劳斯那里，结构存在于人们的头脑里，而在马克思主义人类学那里，结构存在于社会状况里。这些并不是仅仅靠经验就能发现的。

戈德里埃认为，社会系统的变化并不一定来自其内在矛盾（这恰恰是马克思主义所强调的生产力与生产关系、经济基础与上层建筑的矛盾），而可能来自其他内部因素的改变或者外来影响。他也不同意用阶级的观点来分析前资本主义社会。虽然这些社会可能存在着性别、年龄和亲属地位的不平等，但他认为这类不平等不是马克思意义上的阶级。他的论点遭到了莱伊和梅拉索克斯的批驳。他们认为，如果考虑人口再生产的模式时，女性的生育力量完全被整个亲属制度的男性所控制，因此，女性实际上成了从属于男性的"类阶级"（quasi class），即一些男人控制了女性的生育和劳动能力。这与生产关系的道理是一样的。

戈德里埃比其他马克思主义人类学者更关注宗教方面的问题。宗教对他而言，有着比意识形态上层建筑更多的内涵。他以印加文明（Inca Civilization）作为例子说明，印加虽然神化统治阶级以便获取被统治者的剩余价值，但是他们的整个生产方式则是由宗教制度及其机构组织。这就是说，它们不仅是生产意识形态、上层建筑，同时也是经济基础的一部分。

比起戈德里埃，莱伊、特莱、梅拉索克斯与马克思主义的接近要甚于与结构主义的关系。他们直接将马克思有关生产方式的概念和阶级的概念应用到前资本主义社会甚至前阶级社会。他们并不相信原始共产主义的存在，通过对前阶级社会内部和移民与移入地社会的等级分析，主张剥削同样存在于这些过去认为"原始"的社会里。由于在这类社会里，所谓的阶级并不是建立在对生产资料的占有和是否参加生产的标准上，而是建立在对权力的控制上。因此，这些学者都认为，在这样的条件下，阶级是相对的，因为个人可能因为年龄的增长或者其他因素发生地位的转变。是以，他们倾向于将亲属制度视为意识形态的上层建筑，而不是经济基础。在这一点上，他们与戈德里埃对宗教的看法走到了一起，即亲属制度可以是生产方式的一部分，同时也是意识形态。

结构马克思主义人类学的崛起表明了马克思主义巨大的影响力，也说明了马克思主义掌握和分析问题的强大力量。同时，我们看到，马克思主义的丰富内涵是人类学进行研究与分析各种社会事实的宝贵资源。结构马克思主义人类学的实践推动了人类学学说的发展，使对于前阶级社会的研究出现了前所未有的景观，极大地丰富了人类学的学说与思想宝库。

但是，必须指出的是，结构马克思主义并非严格意义上的马克思主义，它是伴随着西方左翼知识分子试图通过马克思主义经典来理解和批判当代资本主义社会而出现的。由于当代资本主义社会出现了一些与马克思生活的19世纪的资本主义社会所不同的特征，这些新马克思主义者试图对此进行解读，但由于时代的局限性，他们在实际运用马克思主义时给予了过多的诠释，这就无法保证不发生曲解。例如，他们中的一部分人相信不存在人人平等的原始共产主义社会，认为在那个时代里性别、年纪都带有阶级的意义，这就对马克思主义的阶级概念进行了歪曲——这些，都是我们在阅读结构马克思主义人类学的文献时所必须注意的。

被马克思主义强烈影响的另一个人类学派别是政治经济学派。政治经济学范式同样可以追溯到启蒙主义传统。在19世纪，这一传统嵌入包括马克思主义在内的各种哲学思想中。在现实社会政治的层面上，这一传统强调国家社会的经济与政府政策之间的关系。然而，20世纪70年代之前，政治经济学取向的人类学家不太注意马克思有关生产关系和意识形态的论述。他们尤其注重分析不同社会的分配体系，这显然同波兰尼的影响有关。波兰尼任教于哥伦比亚大学，是一位对政治经济学范式的形成做出贡献的学者。

马克思主义在美国人类学产生直接且巨大的影响是在20世纪60年代。其时，美国卷入越战不能自拔，美国政府的政策受到普遍的质疑与批评，并被与帝国主义和殖民主义相提并论。① 马克思主义理论以它特有的一些概念以及隐含的社会文化进化的机制，为人类学家提供了另外一种看世界的方式。20世纪以来被古典经济学分开的政治和经济变得可以结合在一起。这就使人类学家回到了马克思的立场上来——在马克思那里，政治与经济必然联系在一起。马克思的政治经济学概念使得人类学家得以通过宏大的社会政治经济的框架来聚焦地方与全球性霸权制度之间的关系。受到社会学家沃勒斯坦和弗兰克的世界体系理论和依附理论的影响和启发，人类学家意识到，随着整个世界日益卷入世界市场，以往那种与世隔绝的部落或者社区已经不复存在。受训于哥伦比亚大学的人类学家开始关注拉丁美洲殖民地的经济和政治。人类学家沃尔夫和西敏司等人，运用马克思主义的分析概念，如生产关系、生产方式、阶级剥削等，深入讨论了世界资本主义、殖民主义如何使殖民地国家被嵌入全球资本主义的体系中。② 政治经济学派坚持认为社会科学的主要任务是解释（explanation）。通过对现实世界中不平等的权力关系的剖析来解释产生这种不平等的因果关系，并由此提出具有普遍性意义的理论。概括来说，政治经济学派的出现，是因为当时国际社会科学界出现具有强烈马克思主义色彩的世界体系理论以及经济学里的低度发展理论。这些学派在研究内容与理论方法上呈现出与结构马克思主义及其他人类学流派不同的特点。如果说结构马克思主义人类学关注较小、分散的社会与文化，采用传统人类学的方式来揭示社会深层的结构形态，那么，政治经济学学派则主要集中于对较大规模政治经济体系的研究，更加侧重于对资本主义在世界范围内的渗透及其后果的分析与批判。政治经济学派主张，小型、分散的社会与文化也是整个资本主义世界体系的一部

① 参见［美］亚当斯：《人类学的哲学之根》，黄剑波、李文建译，广西师范大学出版社2006年版，第321—324页。

② 参见［美］埃里克·沃尔夫：《欧洲与没有历史的人民》，赵丙祥等译，上海人民出版社2006年版；［美］西敏司：《甜与权力——糖在近代历史上的地位》，王超、朱健刚译，商务印书馆2010年版。

分，受到国家与资本主义等外来因素的影响与渗透，因此，对非西方社会和文化的研究不能局限在对其传统社会文化模式的分析，还必须考察其被资本主义等外来因素所冲击、渗透、改造甚至消灭的过程。政治经济学学派在将研究视野拓展到世界范围的同时，也试图将田野工作与这种宏大的场景结合起来。政治经济学学派的贡献提醒我们，当今世界的各个角落已经不再孤立，它们在事实上已经连接在一起。

需要指出的是，包括文化唯物主义在内，无论是结构马克思主义人类学或者政治经济学学派人类学，都不是科学社会主义意义之上的马克思主义。这些理论并没有告诉我们什么样的社会制度是合理的、最符合社会发展规律的。但是这些理论都通过马克思主义的透镜来解释和批评各种在制度层面的不合理与不公平。

由于西方资本主义体系对于非西方社会的冲击与渗透是全方位的，除了政治、军事、经济领域，文化领域也概莫能外。换句话说，在殖民地纷纷获得政治上的独立建立民族国家之后，这些地区仍然在各个方面受到原有殖民主义的影响。因此，强调研究文化霸权、阶级意识、经济体系等领域，深受马克思主义影响的人类学，也对后殖民研究产生了巨大影响，这也是马克思主义对于当今人类学研究的另外一大贡献。此外，马克思对于劳动、实践以及不平等权力关系等的论述，也被视为20世纪80年代以来实践理论出现的影响因素之一。

马克思主义对人类学的影响自20世纪30年代已经开始，本节之所以特别介绍上述两个学派，是因为这两个学派直截了当宣称在思想渊源、传承和视角上，直接秉承了马克思主义传统。这两个学派之所以敢于如此宣称，再次表明了马克思主义的强大影响力和生命力。但毋庸讳言的是，这两个学派的一些看法并不全然来自马克思主义经典作家。例如，政治经济学学派受到沃勒斯坦世界经济体系理论的一些影响。沃勒斯坦虽然在社会学、人类学领域内是公推的马克思主义学者，但他的学说显然受到了托洛茨基的影响。而法国结构马克思主义在某种程度试图"修正"马克思、恩格斯的一些论说，在有些地方难免有曲解和夸大之处，这些都需要我们多加注意。

事实上，在20世纪60年代之后产生的绝大部分的人类学理论都受到了马克思主义的影响。[①]

以上我们讨论了马克思主义对人类学理论的影响。虽然有些人类学家在他们

---

① 例如，有学者将哈里斯的文化唯物主义归为马克思主义人类学。

的著述中大量地援引马克思主义经典作家，并宣称对马克思主义传统的继承，但实际上未必尽然。中国人类学要求以马克思主义为指导，这与上述受到马克思主义影响的学术流派是不一样的。我们要求的是以马克思主义的基本立场来看问题，用马克思主义的分析方法来解释问题。马克思主义的立场与方法体现在辩证唯物主义和历史唯物主义这一博大精深的思想体系中。在学术研究上，马克思主义经典作家阐明了历史唯物主义的两个基本观点，即社会存在决定社会意识，经济基础决定上层建筑；同时，上层建筑一旦产生，就具有相对独立性，会对经济基础发挥能动的反作用。中国人类学要进一步发展出自身特色，就必须坚持这两条基本原则。这两条原则实际上为我们理解与分析问题提供了社会经济语境，这与国际人类学界所强调的"语境化"取向是一致的。对于任何社会现象与社会问题的研究，首先都必须考虑这些问题与现象所处的政治经济学语境，考虑在这一特定的语境里，这些现象与问题的来龙去脉以及彼此之间的关联。只有这样，我们才能对问题与现象有深刻的洞察力和正确的解释。除此之外，中国人类学研究工作的推进和开拓，还离不开马克思主义政治经济学和科学社会主义的指导。在学科内部，生态人类学研究、经济人类学研究以及社会组织诸方面的研究，都需要从马克思主义政治经济学和科学社会主义理论中寻求思想上的引导和理论上的支持。

第三节　当代人类学理论

第二次世界大战结束后，一系列新的民族国家得以独立，然而这对于西方人类学家来说也导致了无法顺利进入原有殖民地开展田野调查的困境。但这一困境也带来了另一个机遇，即促使人类学家对理论的重新思考。正是在这一背景下，一个全新的理论范式——结构主义于 20 世纪 60 年代在法国诞生。结构主义一经产生，便在 20 世纪六七十年代风靡整个西方社会，结构主义浪潮远远超出了人类学的范围，对哲学、社会学、心理学、文学、艺术、生物学乃至时装设计、广告等领域都产生了深远影响。也许是因为受世界形势巨大变化的影响，结构主义产生前后，人类学理论的发展达到了一个前所未有的高峰。其中，影响较大的有新进化论、解释人类学，稍后又出现了以文化批评与反思为目标的后现代主义人类学。后现代主义人类学与其说是研究他者，还不如说是对既往的人类学进行反思，他们试图建立起一种调查者与被调查者共同发出声音的语境。从认识论的角度而言，后现代主义人类学对人类学学说的发展还是有所贡献的。

一、结构主义人类学

按照法国人类学界的看法，结构主义人类学创始人法国学者列维-斯特劳斯是莫斯最重要的追随者。列维-斯特劳斯在美国期间"发现"了莫斯的理论，后来进一步探讨了莫斯著名的交换概念。他认为，交换与其说是结构主义的理论，不如说是它的方法。列维-斯特劳斯一生著述颇丰，而奠定其结构主义理论的主要著作有《亲属关系的基本结构》、《忧郁的热带》、《结构人类学》两卷、《野性的思维》、《神话学》四卷（1964、1966、1968、1981）等。

列维-斯特劳斯的学术思想来源颇为驳杂，他早期受到弗雷泽和泰勒等人的古典进化论影响，而他对人类思维的兴趣明显地有弗洛伊德心理分析的影子。但他关于"无意识"的想法更多地受到语言学家索绪尔的影响。他关于深层结构与表层结构的讨论则建立在他自己所发现的黑格尔的辩证法以及马克思对黑格尔辩证法的发展的基础上。列维-斯特劳斯不是个马克思主义者，但是他自己承认，在他写作前阅读马克思是一种习惯。他觉得阅读马克思可以帮助他的思维进入一种合适的辩证状态。事实上，学术界对于"结构"（structure）的讨论由来已久，而对列维-斯特劳斯的结构主义产生直接影响的有以下三个方面。其一，现代语言学中对语言深层结构的讨论，以雅各布森为代表的布拉格学派所研究的结构语音学认为，音位和音素是区分词义的最小单位；世界任何语言均可归结为12个音位对立，每一个语言从中做选择；这些关系最基本的类型就是二元对立的结构关系，而且具有普遍适用性，可用于世界任何语言。其二，人类学理论中的结构思想，特别是莫斯的交换理论，以及某种程度上拉德克利夫-布朗关于社会结构的观点。其三，心理学中以弗洛伊德为代表的精神分析学派，弗洛伊德将意识分为潜意识、前意识与意识三部分，认为潜意识是人类心理最深层的结构。在上述研究的影响下，在列维-斯特劳斯的结构主义中，结构并不是社会关系的总和，甚至也不是一种经验实体或社会现实，而是在经验实体之下存在的一种深层模式。换句话说，列维-斯特劳斯与其他人类学家关于结构的根本不同在于，其关注的不是经验的社会结构，而是人类深层的思维结构。其他人类学的结构因社会文化的不同有所不同，而列维-斯特劳斯寻求的是人类共同具有的本质性的结构。

在列维-斯特劳斯看来，结构可以分为有意识模式、无意识模式、机械式模式和统计学模式四种，其中有意识模式是指当地人根据自己对当地社会的认识向人类学家提供的情况；无意识模式则是指人类学家不能直接观察到的、当地人也没有意识到的真正结构。人们一般所能认识到的社会现象只是浅层的结构，并不是真正的社会结构；社会的真正结构是人们所认识不到的、需经过人类学家分析概括才能发现的深层模式。换言之，人类学的主要任务是揭示社会文化表层下面所潜在的那个"无意识模式"。

列维-斯特劳斯认为，结构主义不仅是一种理论，而且也是一种方法，在人类的深层思维结构中，一切关系都可以最终还原为二元对立的关系，每个关系中的每个元素都可以根据其在对立关系中的位置被赋予各自的价值，因此应该尽可能找出各个现象的对立关系，从而才能了解这一无意识的深层结构。于是，列维-斯特劳斯用了很大精力分析亲属关系中的结构、神话中的结构以及原始人思维的结构。在其亲属关系结构的分析中，他界定了夫妻、兄妹、父子、舅甥这四组二元对立关系，指出这一正一反的对称结构是可能存在的亲属关系的最基本形式，也是普遍存在的"乱伦禁忌"的直接后果。在四卷本的《神话学》中，他通过对大量神话的比较研究发现，虽然神话多种多样、千奇百怪，但是却共同拥有一种普世性的二元对立的深层心理结构，而神话正是二元对立这个人类思维的基本结构的语言表现，表达的是原始人解决矛盾、了解周围世界的无意识愿望，是一种"文化的语法"。

概而言之，在列维-斯特劳斯看来，虽然世界各地的社会文化现象非常复杂多样，甚至极度无序，但人们都在思维方面体现了二元对立的法则，这是因为我们的大脑结构是一致的。在一定程度上，列维-斯特劳斯的结构主义建立在人类所共有的心性特质上，这些特质则是建立在相同的生理特质上。因此，无论文化是如何的具体或者不同，所有人们的思维都建立在二元对立的基础上，如生熟、冷热、内外，凡此种种。这也证明了生理学上人类所具有的相同的大脑结构，而这种相同性来自所有人类均属于同一个物种。列维-斯特劳斯认为，这正是人类自然与文化的交汇之处。例如，乱伦禁忌（incest taboo）具有普遍性，因此它是自然的，但是，每个社会对于乱伦禁忌的范围又有差异甚至不同，这说明乱伦禁忌又是文化的。所有的人们都通过交换——尤其是婚姻——这种社会工具，来超越乱伦禁忌，使其自然本质罩上了文化的外衣。

结构主义人类学在社会人文学科诸领域都产生了巨大的影响。更为重要的是，结构人类学在全球化的今天在认识论上有着十分积极的意义。它告诉我们，有着不同肤色、不同文化背景的人们无论有多么不同，他们共同享有一些本质性的东西。与其他人类学者不同，结构主义人类学更多地在寻求人类之"同"——或谓人类的"共性"。

二、新进化论

作为人类学学说史上的第一个理论流派，古典进化论遭到随后的传播论、历史学派和功能主义学派的猛烈抨击。但是，第二次世界大战结束后，一些人类学家重新重视进化论中关于社会文化进化发展的基本观点，并在此基础上对古典进化论做出一系列回应、修正与改进，因此这一新学说又被称为"新进化论"。总的来说，新进化论对古典进化论的创新及改进之处有以下几个方面：第一，新进化论引进了更多的自然科学概念与方法，如能量学说、文化生态学说、遗传学说等，从而为进化论开拓了新的视野；第二，在社会文化变迁的动力上，新进化论摆脱了古典进化论心智一致性解释的桎梏，对物质文化、能量、生态、遗传及象征符号等诸多因素进行了深入的讨论；第三，在文化进化的路线上，新进化论受到文化相对主义的影响，重视文化进化的多线性与特殊性；第四，在研究方法上，新进化论注重对具体的民族文化变迁的研究，在后来的文化生态学中，"适应"（adaptation）成为重要的概念。文化被视为人类适应生态条件和自然环境的工具。新进化论的代表人物主要有美国人类学家怀特、斯图尔德、塞维斯、萨林斯和拉帕波特。这一阵营有明确的师承关系，在广泛的意义上而言，哈里斯也可以视为属于这一阵营。

新进化论学派与怀特是不可分开的。怀特是密西根大学教授，早在20世纪30年代，怀特就孤身一人捍卫进化论的基本观点，其主要著作有《文化的进化》等。与古典进化论相同的是，怀特也认为人类文化是不断发展的，是从低级到高级的进步，全世界各种文化都必定经历几个相同的阶段。但是不同之处也非常明显：与摩尔根以食物和生产工具作为进化的标志不同，怀特以能源的获取作为进化标准。同时，怀特还特别强调文化发展的独立性或超有机体性。怀特认为，文化的主要特征是符号与象征。文化由使用符号而构成的思想、信念、语言、习俗、情感、制度等组成；没有符号与象征，就不会有文化的产生。怀特还引进了物理学上"熵"的概念，把文化进化的标准与社会所消耗的非人力能量的增加联系起来。根据获取能源手段的不同，怀特把人类文化进化分为四个阶段：依靠自身能源（自身体力）阶段，如狩猎、采集的原始共产主义社会；把畜力和阳光作为可以利用资源的阶段，如农业、园圃、畜牧业的古代文明社会；把煤炭、石油、天然气等地下资源作为能源的阶段，如近代工业社会；以及核能阶段。他主张文化是由技术、社会和意识形态三大体系构成，其中技术体系是基础，决定了另外两个系统的构成。

　　斯图尔德的进化论与怀特最大的不同，是强调每一个群体都生活在特定的地理空间里，因此，在进化上应该是多线的，不应当有共同的进化模式。斯图尔德的这一观点为他后来建立的文化生态学奠定了基础。

　　萨林斯在转向文化、结构与历史研究之前也是新进化论的代表人物。他的贡献是多方面的。在解释社会文化进化的问题上，他调和了他的两位前辈怀特和斯图尔德的看法，提出了特殊进化（specific evolution）和一般进化（general evolution）。塞维斯的重要贡献在于用进化论的视角提出了人类政治组织演进的观点，他的研究在政治人类学领域产生了巨大的影响。

　　另一位文化生态学或者新进化论的重要人物是拉帕波特。他生前一直在密西根大学任教，但也是哥伦比亚大学的博士。拉帕波特的著名研究是在新几内亚进行的，主题是有关当地的仪式与生态的关系。他以当地的猪作为例子，说明了作为祭品的猪与当地文化生态的关系，指出了宗教在人类生态中所具有的功能。[1] 他的民族志成了人类学的经典。他虽然没有直接讨论进化的问题，但是他的生态条件对于文化具有决定意义的想法实际上与他的老师斯图尔德的看法一致。

　　另一位与新进化论有着师承关系，但是自身所创理论与新进化论有所不同的学者是哈里斯。对哈里斯产生影响的学者很多，马克思当然是其中之一，除此之外，马尔萨斯等经济学家对他也有一定的影响。他汲取了怀特和斯图尔德的进化论思想以及文化生态学观点，另一方面又借用了马克思历史唯物主义的学说，坚持"存在决定意识"的基本观点，从而在该理论学派中开创了影响深远的支派——文化唯物主义。他的一个重要论点是，在前资本主义社会，人类每一次在技术上的创新，都是人口压力所致。从这里，我们可以看到马尔萨斯对他的影响。除了出版大量的研究论文之外，哈里斯还写下了大量有趣的人类学著作，这些著作吸引了大量的读者。从哈里斯的研究来看，功能仍然是他重要的解释工具。在其代表著作《人类学理论的兴起》和《文化唯物主义：为创立文化科学而斗争》等书中，哈里斯不仅从文化唯物主义视角反省、批判了包括新进化论在内的人类学理论，而且还系统阐述了文化唯物主义的立场、观点、概念及理论方法。哈里斯指出，文化唯物主义是整体和总体意义上的过程性的科学研究策略，同时关心历时与共时、长时段与短时段、主位与客位、行为与符号的现象；在解释各种分

---

① ［美］罗伊·A. 拉帕波特：《献给祖先的猪——新几内亚人生态中的仪式》，赵玉燕译，商务印书馆 2016 年版。

化与聚合以及平行的人类社会文化系统中，文化唯物主义优先考虑物质、行为、客观条件及其过程。哈里斯首先主张从被研究者本人角度的主位法（emic）与从观察者角度的客位法（etic）来观察研究社会文化现象，因为主位与客位都能对社会文化现象给予客观或主观的说明，这两种角度都是科学的。他认为，人是具有思想意识的动物，像自然科学那样，以纯粹的客观角度来研究人其实失之于主观，只有通过主位的视角来进行研究才能达到真正意义上的客观。其次，哈里斯将社会分为生产方式、人口再生产方式、家庭经济、政治经济和上层建筑五大类别，这五大类别又分别组成了基础结构（生产方式与人口再生产方式）、结构（家庭经济与政治经济）与上层建筑三个部分，而且三者之间的关系是作为客位的基础结构决定了客位的结构，客位的结构又决定了主位的上层建筑。这一基础结构决定论具有浓厚的唯物主义色彩。哈里斯承认，他的研究受到了马克思辩证唯物主义的影响。

三、从解释到反思

结构主义之后，也宣告了建构包罗万象宏大理论范式的终结，人类学进入纷繁的、理论多元化的时代。其中美国人类学家格尔茨就是其中的代表，其影响甚至超出了人类学范围，在文学、法学、经济学、政治学乃至哲学、宗教学等学科领域都广受关注，据统计，国际社会科学论文中对格尔茨作品的引用率已远远超过绝大部分人类学家。在格尔茨所有著作中，最集中、鲜明体现其解释人类学思想的是《文化的解释》《地方性知识》。

顾名思义，解释人类学的核心概念是"阐释"（interpretation）、"意涵"（meanings）、"理解"（understanding）。而这些概念背后，反映的是格尔茨对"文化"的不同理解。在《文化的解释》一书中，格尔茨明确指出，"人是悬挂在由他们自己编织的意义之网上的动物，我把文化看作这些网，因而认为文化的分析不是一种探索规律的实验科学，而是一种探索意义的阐释性科学。我追求的是阐释，阐释表面上神秘莫测的社会表达方式。"① 在格尔茨看来，文化不是封闭于人们头脑之内的某种东西，而是存在于象征与符号之中的，透过这些象征与符号，社会成员彼此交流世界观、价值取向、文化精神以及其他观念，并传承给下一代。那么，人类学家的工作就不是运用"科学"概念探讨文化的整体观，也不应该是像

① ［美］克利福德·格尔兹：《文化的解释》，纳日碧力戈等译，上海人民出版社1999年版，第5页。

结构主义那样研究作为人类共性的文化的深层结构或认知语法，而应该是解释象征体系对人的观念和社会生活的界说，从而达到对形成地方性知识的地方独特世界观等价值观念的深入理解。换句话说，解释人类学要做的，是理解象征体系如何通过人们的行动得以体现，以及人们的行动本身所产生的意涵。这是一种建立在解释之上的理解。

在方法论上，格尔茨采用的是所谓的"深描"（thick description）。在《深描：迈向文化的解释理论》一文中，格尔茨区别了两种民族志类型：浅描和深描。格尔茨借用了"眨眼少年"的例子，即同样是眨眼，有的是无意义抽动眼皮的眨眼，有的是用以示意的眨眼，有的则是滑稽地模仿对方的眨眼，有的甚至是作为排练而眨眼。然而，在"浅描"中，我们无法区别同样的眨眼动作中，究竟哪个是无意识的眨眼，哪个是有意识的递眼色。在"深描"的写法中，却能建构出一个分层划等的意义结构，建构出一个从无意识眨眼到有意识眨眼之间的文化层次，使民族志成为"一种具有厚度的记述"，从而才能厘清意义的深层结构。在格尔茨看来，人类学家的深描是显微镜式的，要从细小的事情入手。深描是把握文化的重要途径，而把握文化的出发点就是要从本地人的观点出发，因为人类学者观察的正是那些包括人类学者在内的、给予他们世界一定意义的人，而"深描"即是"理解他人的理解"，追求的是对被研究者的观念世界、观察者的观念世界以及观察者告知对象的观念世界的相互沟通，是"言说关于事物的言说"（saying something of something）。①

格尔茨将文化视为一种透过象征符号在历史上代代相传的意义模式，鲜明的将宗教界定为一个文化体系，是承载着意义的象征与符号的表述；而所谓文化的分析，就如同理解文本一样，通过深描法来挖掘其意义背后的解释。这些观点不仅开创了影响深远的诠释人类学派，而且还极大地更新了人们对于文化的理解与认识，格尔茨也常被称为是"反思人类学"（Reflexive Anthropology）的最早实践者。

提及"反思人类学"，其与后现代主义思潮密不可分。后现代主义崛起于20世纪60年代，最初出现于建筑，而后进入几乎所有的人文学科，最后进入社会科学领域。后现代主义具有强烈的反启蒙色彩，反对任何主宰性的权威（domination），质疑任何"现状"（status quo）。对于学术研究而言，在某种意义上，后现代主义带来了一缕清风，提醒人们从认识论的意义关注既往研究，因此

---

① ［美］克利福德·格尔兹：《文化的解释》，纳日碧力戈等译，上海人民出版社1999年版，第3—34页。

具有一定的积极意义。但那种脱离个人的历史局限性和历史语境的对前人作品的批评方式，则有相当的消极影响。另外，后现代主义人类学对过去民族志作品的有些批评也十分主观，有将自己的设想强加给作者之嫌。

在后现代主义思潮影响下，有些人类学家对传统的田野作业方式和民族志写作方式从认识论的角度进行反思、质疑与讨论，这一质疑在20世纪80年代形成了颇为嘈杂的"写文化"讨论，从而使后现代主义思潮在人类学领域达到高潮。《写文化：民族志的诗学与政治学》与《作为文化批评的人类学：一个人文学科的实验时代》因此被认为是后现代主义人类学的代表作。反思人类学的代表人物有克利福德、马尔库斯、费舍尔、布恩等人，其基本理论特点在于：一是从认识论意义上反对把人类学知识当成脱离于社会和政治经济体系之外的"纯粹真理"，承认人类学者在素材整理和意义解说上的主观创造性；二是在研究和写作方法上，质疑传统民族志的权威性，并对民族志的传统写法给予反思批判。这些叙述"写文化"的后现代主义人类学者提出了民族志作品的权威性问题有一定的积极意义，他们主张民族志的权威性不是由书写者一人说了算，必须要从中听到被研究主体的声音，提出了所谓的"多音""复调"等做法。因此，后现代主义的反思人类学提倡的民族志又被称为"实验民族志"。

但是，反思人类学中的一些极端后现代主义立场具有一定的虚无主义倾向和过度的相对主义，一直遭到众多学者的批评，如著名人类学家沃尔夫就曾经有十分精当的批评，他认为，人类学的知识和理论是积累的，人类学不断地挑战和否定旧的范式，但旧的关怀和概念却在一定的时候返回来或者被重置。如果每一代的学者都携带着砍向前辈的斧子，那么人类学必将如同荒芜的森林。沃尔夫还指出，写文化可能要求行文的技巧和风格，但解释（explanation）要求得更多，在寻求解释的过程中走向概念分析，这样才能洞察我们所了解的不同现象之间的关联。而需要指出的是，近年来，后现代主义已经全面退潮，但是它的一些积极影响依然保持了下来。后现代主义反思经过沉淀与吸收之后，那些最为激进的后现代主义人类学者回归到一种具有反思精神的建设性道路上来，他们提出了许多针对全球化的世界所应有的积极主张，并提出对当下人类学研究的项目与方法进行重新设计。此时，他们已不再是那些执斧砍向前辈的学者，而是冷静的、深思熟虑的思考者。他们认为，世界已全然不同，人类学固有的一些方法和概念必须重新加以调整。当下的人类学应该是一种目光宏大，走向有着宽广的视野与空间的人类学。

上述当代人类学理论基本上都是在20世纪60年代以后出现，或者从那个时候起开始产生影响并逐渐在国际人类学中占据重要地位的。这一时期的人类学理论有所发展和突破,马克思主义影响甚大。法国结构马克思主义人类学、美国的政治经济学派、文化唯物主义学派都从这一时期出现,并在日后的发展中逐渐显示出影响力。但是,我们应当看到,这些学者对马克思主义的理解不仅受到当时历史条件的局限,也因为他们的客观条件的不同,而有不同的认识。在他们看来,马克思主义仅仅是一种他们所青睐的学说,而不是研究工作的纲领性原则或者指导思想。因此,他们会根据自己的需要而解释和理解马克思的一些思想,甚至在一些方面大胆地曲解以支持他们自己的学说。例如,法国的结构马克思主义人类学就有这样的倾向。

我们也注意到,并不是所有在这一时期所出现的理论都受到马克思主义的影响。例如,美国的格尔茨所代表的解释人类学走的就是另外一条路。这部分人类学家受到韦伯的影响比较大。他们更多地注意人类社会生活中象征方面的意义,试图理解人类的行动是如何受到象征的影响,等等。对人类社会任何层面的讨论都必须始于对社会政治经济条件的分析,这是一种必然的要求。各种以象征作为分析对象来理解人类社会文化的做法,必然如同在沙滩上盖房子。西方一些令人眼花缭乱的人类学理论正有这样的问题。

第四节 中国人类学的发展

西方人类学于 19 世纪末 20 世纪初传入中国至今的百年里,从最初的翻译原著启蒙,到 20 世纪初一批学者远赴欧美留学取经并学成回国进行学科建设,直至涌现出大批研究成果,是为中国人类学发展史上第一个"黄金时代";与此同时,中国人类学界形成了以社区研究为中心的"北派"和注重对民族地区实地调查的"南派",呈现出蓬勃发展的局面。1949 年以后,人类学学科被取消,一大批研究者转向民族研究、民族史和历史学等领域;改革开放后,学科重新恢复,中国人类学迎来了新的前景,并呈现出鲜明的"中国特色"。

一、学科启蒙与早期发展

我国是人类学材料蕴藏最丰富的国家。在浩瀚的典籍中埋藏着不少珍贵的人类学材料,如《尚书》《逸周书》《竹书纪年》中有距今三千多年前的民族材料;《诗经》中也有不少民族学素材,开卷第一首就是淳朴美丽的谈情说爱的民歌;

《楚辞》中的《九歌》生动地描述了楚民族的原始信仰，《天问》提出了许多人类学的问题，《招魂》有不少民俗学材料；《山海经》不但可考祯祥变怪之物，还可见远国异人之风俗。秦汉以来，文献中有关人类学的材料，更是多不可数，散布在各类正史、地方志和个人著述中。这些人类学研究的素材，为后来中国人类学的产生和发展奠定了重要的研究基础，直到今天都是人类学研究的重要对象。

19 世纪末，在政治上内忧外患、思想上变法维新以及西学东渐的大背景下，作为人类学第一个理论流派的古典进化论和相关的种族概念成为当时中国思想界引介的主流，于是，从翻译达尔文、赫胥黎、斯宾塞、泰勒、摩尔根等人的原著开始，人类学开始了在中国的学科启蒙阶段。1898 年，严复翻译了赫胥黎的《进化论与伦理学》，并以《天演论》为名刻版印刷。《天演论》的出版或可看作人类学传入中国的一个标志性事件。[1] 随后，严复还翻译出版了斯宾塞的代表作《社会学研究》，即《群学肄言》；并于 1913 年发表《天演进化论》一文，详细阐述了进化论观点。与此同时，种族、民族的概念也被引入中国。

学科完整意义上的人类学著作的翻译，可追溯到 1903 年出版的林纾和魏易合作翻译的《民种学》，清末京师大学堂曾开设人种学课程，《民种学》被用作教材或主要参考书。此外，学者们对西方著作进行编译，出现了最早的人类学著作。例如，1916 年孙学悟在《科学》杂志上发表《人类学之概略》一文，介绍了欧美人类学的概况；陈映璜所著的《人类学》也于 1918 年出版。其中最有影响的要数 1926 年蔡元培发表的《说民族学》一文，文中指出，"民族学是一种考察各民族的文化而从事记录或比较的学问"[2]，蔡元培最早提出了民族学这一术语并为之定义，对民族学与人类学在中国的发展产生了重要影响。[3]

与此同时，人类学的学科建设与教育机构也纷纷开始设置，涌现出一大批科研院所、学会组织和学术刊物。较早在中国开设人类学、社会学课程的是教会大学。例如，1908 年，孟阿塞在上海圣约翰大学开设社会学课程；1913 年葛学溥在上海沪江大学开设社会学课程，并于 1915 年成立了中国第一个社会学系；燕京大学在 1912 年组建北平学生社会服务俱乐部，并对北京 320 名人力车夫进行调查研

① 参见张寿祺：《中国早期的人类学与中山大学对人类学的贡献》，载中山大学人类学系编：《梁钊韬与人类学》，中山大学出版社 1991 年版；也可参见胡鸿保主编：《中国人类学史》，中国人民大学出版社 2006 年版，第 30 页。

② 蔡元培：《说民族学》，《一般》第 1 卷，1926 年第 4 期。

③ 中国人类学早期历史部分，可参见王建民：《中国民族学史》（上），云南教育出版社 1998 年版，第 73—103 页；胡鸿保主编：《中国人类学史》，中国人民大学出版社 2006 年版。

究；金陵大学于1917年也开设社会学课程。国立大学也逐渐开设人类学相关课程、成立系所。例如，北京大学在早年即开设了人类学、社会学课程，蔡元培担任校长后，成立研究所，设立国学门、社会科学门等，1916年开设社会学班，1917年，北京大学开设人类学课程，1920年成立歌谣研究会，创办了中国的第一个民俗研究刊物《歌谣》周刊；1916年，武昌高等师范学校开设人类学课程；1922年厦门大学开设社会学课程；1926年厦门大学成立国学研究院，设有社会调查（礼俗方言）组、闽南文化研究组等。① 高校院系之外，一批科研机构、学会组织也随之成立，其中，1927年，中山大学历史语言研究所成立，是中国最早的人类学研究机构；1928年，与人类学密切相关的中央研究院历史语言研究所和社会科学研究所成立，成为一个标志性的事件，人类学由此摆脱了以介绍和引进西方理论和研究为主的时期，开始了中国人自己的研究。② 在学术团体方面，1922年中国社会学会成立，出版会刊《社会学杂志》；1928年东南社会学会成立，会刊为《社会学刊》；1930年在上海成立了中国社会学社；1934年，中国民族学会在南京中央大学成立。③

除此之外，20世纪初，一大批学者被派往日本、欧美等各国留学，学习研究西方的人类学理论，成了中国人类学的先驱性人物，他们或到欧洲大陆，或到美国，师从引领潮流的人类学大师，接受正规系统的人类学专业训练，为中国人类学的蓬勃发展做出了巨大贡献。学者们学成归国后，运用西方理论对中国的少数民族和汉人地区开展了一系列的调查与研究，涌现出一大批研究专著或调查报告。有针对台湾、黑龙江、湖南、广西、云南和四川等省区少数民族的调查，如林惠祥的《台湾番族之原始文化》、凌纯声的《松花江下游的赫哲族》、凌纯声和芮逸夫的《湘西苗族调查报告》、费孝通和王同惠的《花篮瑶社会组织》④、田汝康的《芒市边民的摆》和林耀华的《凉山夷家》⑤；也有针对汉族地区的人类学调查，代表性的有费孝通的《江村经济》和《禄村农田》、林耀华的《金翼》、张之毅的《易村手工业》和史国衡的《昆厂劳工》。同一阶段，学者们对西方人类学名著、理论、方法的翻译与研究也如火如荼地进行着。一大批关于进化论、传播论、历史特殊论、功能主义、结构功能主义的理论被翻译和研究。中国的人类学家也出

---

① 参见王建民：《中国民族学史》（上），云南教育出版社1998年版，第89—95页；胡鸿保主编：《中国人类学史》，中国人民大学出版社2006年版，第35—38页。
② 参见王建民：《中国民族学史》（上），云南教育出版社1998年版，第35—37页。
③ 胡鸿保主编：《中国人类学史》，中国人民大学出版社2006年版，第67页。
④ 花蓝瑶是瑶族的一个分支，其名称中的"蓝"字为"蓝天"的"蓝"，但此书书名商务印书馆1936年版和江苏人民出版社1988年版均为《花篮瑶社会组织》。
⑤ 此书书名商务印书馆1947年版和云南人民出版社2003年版均写为《凉山夷家》。

版了一批人类学理论著作，如林惠祥的《文化人类学》《民俗学》《中国民族史》等。20 世纪前期，在西方人类学的影响下，经过一大批人类学家的辛勤努力，中国的人类学初创成形。

二、学术共同体的形成

在中国人类学史上，学术界普遍接受了所谓的"南派""北派"之说。其实，所谓的南北两派并无学术上的分歧，区别只在研究的分工上。之所以形成南北分工，与学者们的训练背景和当时的交通地理条件的限制有关。南派学者多毕业于法、德两国，他们在这两个国家接受了民族学的训练，自然地会在学术生涯里关注与主体民族有着不同文化背景的人群。所谓北派的学者多接受英、美训练，而且有着强烈的社会学取向，关注的是"本社会"的问题。南方的学者多隶属于当时的中央研究院和中央大学，而国民政府当年也将边疆研究摆上议事日程。因此，他们的研究也就自然地与当年国家对边疆的关注相契合。当时的中国刚刚进入现代国家轨道，而且内忧外患，对主权的关注必然会超乎一切。这才导致了中央研究院和中央大学的人类学者偏重于研究少数民族，从而与北方有所不同。虽然有着具体的分工，但在许多问题上，无论身处南方或者北方，人类学者们都同样关注，并且感同身受。当年的"边政研究"便是证明。这一领域吸引了来自南、北方的学者，他们对国家的边疆问题各抒己见，而且在许多问题上有相同见解。他们都同意边疆稳定的前提在于改善当地的民生，认为只有边疆民族的生活质量和教育普及才是团结当地非汉民族之道。但这些只是粗略划分。在事实上，北方的学者也有研究少数民族的，而南方的学者也不是对汉族毫无研究。所以，李亦园先生才会提出南、北两派传统互易的看法[①]。这样看来，中国人类学的学术共同体在 20 世纪的 30 到 40 年代间已然形成。

但不同的分工必然也会形成不同的特色。以燕京大学为中心聚集了一批学者，其学术带头人是吴文藻。与南方不同，北方学者以"社区"研究为中心，强调对社会理论的概括及其应用，并且明确地提出了人类学中国化的学术思想，要使中国人类学社会学"彻底中国化"。吴文藻于 1929 年留学归国后，一直在努力探索如何把人类学与中国国情相结合的问题。为研究中国国情，吴文藻倡导研究社区，说明社区研究即对"一地人民的实际生活"即生活方式或文化的研究，并提出研

---

① 李亦园：《民族志学与社会人类学——台湾人类学研究与发展的若干趋势》，载潘乃穆等编：《中和位育——潘光旦百年诞辰纪念》，中国人民大学出版社 1999 年版，第 552—553 页。

究的方法，即用功能方法论进行实地调查研究。① 在其影响下，费孝通、林耀华、李有义等分别调查广西大瑶山花蓝瑶社会组织、江苏江村经济、福建福州义序宗族制度以及河北、山西等地的村镇。例如，以"认识中国""改造中国"为研究目的，费孝通致力于研究中国社会的现实问题，他的《江村经济》以江村作为微观研究的样本，透过江村看中国农村，说明中国农村各种社会制度之间的内在联系，成为人类学实地调查研究的典范；林耀华的《金翼》讲述了两个家庭的兴衰，揭露其变化进程和原因，从而对中国汉族社会的典型特征之一的家族制度进行了文化人类学研究。

总的来说，新中国成立前中国老一辈的人类学家将西方人类学传入中国，结合中国的实际，使人类学研究在中国开花结果。他们无论来自南方还是北方，无论是重视历史文献以及资料的搜集，或是采取社区研究的方法，都是在寻求中国人类学的发展道路。

中华人民共和国成立后，人类学在海峡两岸各自发展。自此，人类学在中国大陆的发展经历了曲折的道路，人类学和社会学在新中国成立之初，由于一些客观原因被视为资产阶级学科而受到批判，国内一些大学里的人类学系被取消。在照搬苏联模式的风气下，文化人类学一词作为学科名称不见使用，用人类学一词指体质人类学，研究人类社会文化的称为民族学。从1952年高等学校院系调整开始，燕京、清华等大学和原中央研究院的很多人类学家陆续集中到中央民族学院研究部，那里成为民族学研究的中心。可以说，在这一历史时期，人类学经历了深刻的学科转型，一方面由于受到思想禁锢和极"左"思潮的支配，中国的人类学逐渐远离了正常的学术发展轨道；另一方面，人类学的教学与研究集中在少数民族的调查研究领域。但在这一时期，学者们积极参加国家迫切需要的少数民族调查研究工作，其中对少数民族开展了两次全国性的大规模调查研究，一是民族识别，二是少数民族社会历史调查。这两项大规模的调查研究对于中国的民族学、人类学的发展以及民族政策的制定产生了深远的影响，也是这个历史时期中国人类学发展的成果之一。

三、学科重建与"中国特色"

1979年以后，一些人类学家开始倡导恢复人类学研究，使人类学、民族学在中国得到恢复和发展。于是，一批教学、研究机构相继建立，学术活动空前活跃。

---

① 吴文藻：《现代社区实地研究的意义和功用》，《社会研究》1935年第66期。

1979 年 3 月，中国社会学研究会（今名"中国社会学会"）成立；1980 年 10 月，中国民族学研究会（今名"中国民族学会"）也宣告成立；1981 年 5 月，首届全国人类学学术讨论会在厦门大学召开，正式成立"中国人类学学会"，从此，全国性的人类学学术研讨会、地方性的人类学学术研讨会频频召开。许多种定期刊物设人类学、民族学栏，为发表研究成果开辟园地。在教学机构方面，中山大学人类学系于 1981 年重新开办，该系设立民族学和考古学专业、人类学博物馆和文化人类学研究室；1983 年中央民族大学成立民族学系；厦门大学于 1984 年也建立了人类学系；1985 年由费孝通主持在北京大学成立社会学研究所（1992 年更名为"社会学人类学研究所"）。

随着学科重建的进行，在 20 世纪 70 年代末 80 年代初，学者们纷纷撰写文章讨论人类学和民族学研究的对象、范围、任务，两者的区别，与有关学科的关系，在社会主义建设中的作用等问题。在这一时期，学者们对人类学、社会学、民族学、民俗学的研究相互交叉。人类学的人才培养也进入了一个新阶段。1980 年以来，除中山大学、厦门大学和云南大学的人类学传统得以恢复发展外，北京大学、中央民族大学、中山大学、南京大学、中国人民大学、云南大学和厦门大学等都形成了硕士、博士的培养体系。西北、华东地区的人类学也开始形成一定的规模。北京大学牵头举办社会与文化人类学高级研讨班，每期都有国内外专家的讲座，研讨班培养了一批学术骨干。这一时期，人类学的介绍已同国外的人类学前沿接轨，人类学开始成为人文科学的基础课。同时，人类学各个新兴门类蓬勃发展，如政治人类学、生态人类学、教育人类学、旅游人类学等，人类学的应用色彩加强，中国人类学的发展进入一个新纪元。

不仅如此，经历了学科重建与蓬勃发展之后，当前的中国人类学研究呈现出鲜明的"中国特色"，主要有以下几个方面。

其一，对汉人社会的研究。可以说，中国人类学家早在 20 世纪 30 年代便开始进行汉族的人类学研究，取得了出色的成果。而在当今的人类学研究领域，对于汉人社会的研究呈现出更加蓬勃的趋势。中国人类学对于汉人社会的研究，从费孝通先生的《江村经济》开始一直延续至今，其研究传统在研究范围、研究方法论方面都有自己独特的贡献，也为研究本文化的人类学开辟出一个可能的路径。例如，对江村、黄村、凤凰村等汉人社会的追踪研究；对华北村落的再研究；台湾、香港的汉人社会研究等。

其二，对少数民族和民族关系的研究。中国是一个民族众多、文化丰富的国度，而不同的民族又都有其各自的悠久历史和灿烂文化。从民族识别与少数民族社会历史调查开始，中国的人类学对与中国境内的民族文化、经济发展、族群关系等各个方面开展了大量研究，积累了大量的资料，产生了一些有着一定影响的研究成果。例如，对民族学自"文化大革命"以来所作研究成果的整理与出版，相继出版了《中国少数民族》《中国少数民族社会历史调查资料丛刊》等"民族问题五种丛书"，该丛书共计出版 402 部，1 亿多字。[①]

其三，中国人类学产生了许多建立在本土思想资源上的作品。从费孝通先生开始，中国不少学者从本土文化中寻求思想资源，并对中国社会运行中一些富有特点的现象进行研究。例如，围绕闽台汉人村落的研究，汉人宗族的结构、功能及模式的研究，生计模式的传承研究，面子、关系的研究等，中国本土的思想资源对于人类学理论也存在一定的意义。

其四，人类学的应用研究。人类学是一门基础学科，同时也是应用性的学科。人类学在中国从一开始就致力于应用，新中国成立后曾为中国的社会主义革命和建设服务，可以说，人类学的应用在中国人类学的发展历程中有着悠久的传统，今后仍需要以本学科研究社会文化的专长为以经济建设为中心的社会主义现代化建设服务，为物质文明和精神文明建设服务。

第五节　马克思主义人类学在中国的实践

一、中国革命时期中国共产党人的人类学研究

中国共产党自成立之日起，就为中国人民谋幸福，为中华民族谋复兴。共产党人在奋斗的征程中，一是非常注重国情、民情、社情研究，开创了独具特色的调查研究这一认识国情的方法，与人类学的田野调查方法异曲同工；二是善于把马克思的人类学理论与中国的国情和民族状况相结合，在革命时期就开创性地积累了认识和解决中国农民问题、土地问题、民族问题的经验。两条路径为马克思主义中国化奠定了方法论基础，对中国共产党实事求是思想路线的形成具有重要意义。

早在 20 世纪 20 年代，一批共产党人如瞿秋白、蔡和森、李达和施存统等就曾在大学开设课程、撰写讲义，对马克思主义的人类进化和发展理论进行介绍。1924年，蔡和森编写《社会进化史》，介绍恩格斯《家庭、私有制和国家的起源》相关

---

① 《满族简史》编写组编：《满族简史》，民族出版社 2009 年版，总序第 2 页。

内容，在理论上对人类社会发展的普遍规律进行了系统介绍。

作为中国共产党人的杰出代表，毛泽东创造性地提出要读"无字之书"，寻求"大本大源""宇宙之真理"，自觉地在学习中国传统文化、运用西方社会理论的基础上，广泛深入开展社会调查，通过大量"实地调查""田野工作"，来认识社会变革、寻求革命真理。毛泽东认为调查研究极为重要，把调查研究看作一切工作的基础，经常深入一线搞调查研究。在土地革命时期，他就在农村专门做过十几个系统的调查。《中国佃农生活举例》《寻乌调查》《兴国调查》《东塘等处调查》《木口村调查》《长冈乡调查》《才溪乡调查》等，既有专题性调查，也有系统性调查，有的为分析具体问题，有的为总结典型经验，调查研究深入实际，"解剖麻雀"，为了解农村和社会实际情况、研究革命斗争中存在的实际问题、制定正确的方针政策，提供了丰富、翔实的第一手材料和重要依据。做寻乌调查期间，毛泽东就从理论上总结了调查研究与马克思主义世界观之间不可分割的关系。1929 年 12 月在福建古田会议上，毛泽东在强调调查研究的认识论意义的时候，提出了"一切工作在党的讨论和决议之后，再经过群众路线去执行"的思想。毛泽东同志在《反对本本主义》中明确提出没有调查就没有发言权，认为本本主义的社会科学研究法也同样是危险的，中国革命斗争的胜利要靠中国同志了解中国情况。1941 年，中共中央专门发出了毛泽东起草的《中共中央关于调查研究的决定》，明确提出系统的周密的社会调查是决定政策的基础。

延安时期，共产党人进一步掌握马克思主义在人类学民族学相关领域的科学论断和系统方法，逐步形成实事求是的思想路线，并在革命斗争和社会领域形成党的群众、民族、统战等工作路线。在这一时期不间断的战争实践中，共产党进一步团结一切可以团结的力量来达成革命目标，因此制定合适的民族政策、科学认识和解决民族问题以及如何进一步巩固统一战线的问题就成为革命斗争必须妥善解决的重要议题。

中国共产党根据形势发展的需要，在延安专门成立了民族问题研究会。研究会先后开展了对回族、蒙古族问题的研究，为抗日民族统一战线的建立与巩固、抗日根据地的发展壮大做出了贡献。相关史料整理表明，中共中央宣传部副部长杨松 1938 年开设"民族殖民地问题讲座"介绍苏联的民族理论。1939 年，中共中央在延安成立了西北工作委员会，内设民族问题研究室，开始了对国内民族问题，首先是对回族、蒙古族两个少数民族，的系统研究。作为研究成果的《关于回民族问题的提纲》和《关于抗战中蒙古民族问题的提纲》，对当时党的民族政策的制定和民族工作的开展起了重要的指导作用。1941 年，中国共产党又在延安开办了民族学院，并下设研究部，国内民族问题和民族理论成为这个学院的重要研究和教学内容。中共中央政治局会议还正式决定成立中央调查研究局，担负国内外政治、军事、经济、文化及社会阶级关系等各种情况的调查与研究工作，作为中央的直接助手，毛泽东亲自任局长和政治研究室主任。在延安成立的中央调查研究局第四分局，设立了调查处、边区研究室、友区研究室、少数民族研究室、军事研究室和办公室等，明确划分职责，并做了大量的研究，部分成果对正确制定政策发挥了积极作用；同时，西北局、中央青委、中央妇委、留守兵团等都派考察团深入基层，进行政治、经济、军事、文化及群众生产生活等方面的调查研究。

还有学者资料整理研究表明，1942 年年初，张闻天率领"延安农村调查团"深入陕北、晋西北农村开展了长期深入的田野调查。从 1942 年 1 月至 1943 年 5 月，调查团先后到陕北神府县直属乡 8 个自然村、米脂县杨家沟村、晋西北兴县二区 14 个自然村等地调查；调查的重点是陕北和晋西北根据地的生产力和生产关系。调查工作结束后，张闻天将自己一年多调查工作过程中的经验教训和总结写成《出发归来记》，调查团先后还完成了《贺家川八个自然村的调查》《碧村调查》《兴县十四个自然村的土地问题研究》《杨家沟地主调查》等报告。《出发归来记》运用马克思主义的立场、观点和方法，论述了调查研究是马克思主义基本原理与中国革命实际相结合的重要途径，强调了调查必须与研究相结合，必须善于抓住典型，学会分析与综合等。张闻天极为注意中国社会的复杂性，认为其具体表现为社会发展的不平衡性。他发现，陕甘宁边区，就有警备区与老边区之分，有土地革命地区与非土地革命地区之分，有中心地区与边界之分。这种社会发展的复杂性决定了在制定政策和决策时，要很好地预计和评估各个不同地区的实际特点，使所做出的决定带有原则性，在具体执行时，要充分尊重本地区的实际特点，只有这样，才能使上级的原则决定在各种不同的地区内能够具体执行。

1943 年中央调查研究局集中调查了减租问题，先后对佳县、米脂县、绥德县等进行了减租斗争的调查，并写了研究报告，在此基础上起草了《土地租佃条例草稿》《土地登记办法及说明》《土地所有权条例及说明》和与债权债务相关的文件。1944 年调查范围进一步扩大，涉及食盐统销、信用合作社发展、民主政权建设、工业与金融贸易关系等问题。边区研究室还先后编撰了《绥德、米脂土地问题初步研究》《"三三制"政权问题》《关于边区减租运动的研究》等调研报告。中央调查研究局西北局考察团根据两个多月的调查材料，编写了《绥德、米脂土地问题初步研究》一书，详细介绍了该地区农业生产概况、土地租佃关系、土地变动及趋势、土地纠纷和农村阶级关系。

一大批会聚在延安的知识分子，如张如心、张仲实、杨松、艾思奇、和培元等对马克思主义中国化问题进行了深入研究和探索。研究者认为，他们对当地民间文化资源的收集研究，旨在将民间文化的"平民主义意识"改造为适于革命的新文化形式。在文化改造过程中，这些知识分子广泛接触了与人类学知识近似的"地方性知识"，并做了详细的调查和研究，对后来新中国的民族政策制定起到了非常重要的参考作用。

二、新中国的民族问题研究

新中国成立后，人类学被归为资产阶级学科，中国人类学的研究传统在民族学研究的实践中得以延续。特别是民族识别与少数民族社会历史调查两大研究实践对国家政治和人民生活产生了深远影响。

（一）民族识别

新中国成立后，为了建设新的国家制度，发展政治、经济、文化事业，实行民族区域自治，促进各民族共同繁荣，需要确定中国究竟有多少民族，以保证各民族的政治和经济权益。然而，在1953年进行的新中国成立以来第一次人口普查中，上报的民族称谓竟超过了400个，远远超过原来预期的数目。因此，为了保障各民族在国家权力机构中都有其代表，进行民族识别就摆上了议事日程。民族识别的目的就是要明确中国究竟有多少民族，在具体实践上，民族识别基本上是一个"归并"的过程。换言之，就是由国家派出主要由学者组成的调查组到各少数民族地区进行调查，以确定各个不同民族的族属。

早在第一次人口普查之前，在中央民族事务委员会以及各省区政府的领导下，由人类学、民族学、语言学、历史学等专业学者以及若干党政干部组成了中央访问团到各地进行摸底调查。在调查工作中，一大批人类学家投入其中。第一次人口普查的结果，使中央政府决定对国内少数民族正式进行识别调查。按照规定，一个民族成分的确认必须经研究者充分调查研究后，提出有科学事实依据的研究报告，并由当地政府主持征求有关民族精英、代表人物和群众的意见，最后综合上报国务院，由政府最终确定哪些是单一民族并予以公布。

中国当前的55个少数民族中，除了一些是原先就已明确的之外，有40多个民族是经过调查研究以及识别之后才予以确认的。从时间上来看，民族识别工作可以分为三个阶段。第一阶段为1950—1954年，也是民族识别最为集中的阶段，经过识别，在这一阶段里共确认了38个少数民族，其中，除蒙古、回、藏、维吾尔、苗、彝、朝鲜、满、瑶、黎、高山等民族早已被确认之外，其他被确认的少数民族有壮、布依、侗、白、哈萨克、哈尼、傣、傈僳、佤、东乡、纳西、拉祜、水、景颇、柯尔克孜、土、塔吉克、乌孜别克、塔塔尔、鄂温克、保安、羌、撒拉、俄罗斯、锡伯、裕固、鄂伦春等。第二阶段为 1954—1978 年，该阶段确认了土家、畲、达斡尔、仫佬、布朗、仡佬、阿昌、普米、怒、德昂、京、独龙、赫哲、门巴、毛南、珞巴 16 个少数民族。第三阶段为 1978 年后，1979 年确认了基诺族为单一的少数民族。至此，中国的民族识别工作基本完成。

在如此大规模的范围内进行民族识别工作，在全世界都是前所未有的。一方面，人类学家们所开展的调查研究成为政府决策的依据以及新中国民族工作的应用范例；另一方面，他们在调查研究中积累了各民族的丰富材料，并在实践中逐步探索民族内涵与特征，概括出独具中国特色的民族理论，为新中国人类学发展做出了重要贡献。

有关民族界定问题，中国学术界最初参照的是斯大林对民族的定义。斯大林在《马克思主义和民族问题》中指出："民族是人们在历史上形成的一个有共同语言、共同地域、共同经济生活以及表现于共同文化上的共同心理素质的稳定的共同体。"[①] 中国学者们在详细的调查研究之后，发现在参照斯大林这一定义的同时不能够照抄照搬，应该密切结合中国各民族的实际情况灵活运用，从而对该理论进行了拓展。例如，斯大林的民族定义是针对资本主义时期的现代民族提出的，然而我们识别的大都是处于前资本主义发展阶段的民族地区，因此，在民族识别时，正如费孝通所指出的那样，斯大林的民族标准只是作为参照系来使用的。在大部分情况下，对民族的识别主要是根据当事人的意见以及不同族群的历史和语言上的关系来进行划分的。

具体来说，由于民族共同体是在共同地域中形成的，但是在历史发展过程中，中国各民族流动分合，早已形成交错杂居的状态。民族识别时，大多数少数民族分隔在互不相连的地域上，但是又具有显著的共同特征。由此可见，一个民族共同体在共同地域内形成后，其民族特征就会具有一定的稳定性，此后在发展过程中，即使分散出去失去了共同地域，其民族特征也不会轻易丧失。另外，关于共同经济生活，斯大林原指资本主义民族内部的广泛经济联系，然而中国历史上，由于部分少数民族的生产力水平低下，本民族内部经济交往不很密切，相反却与周边汉族发生了不可分割的经济联系。此种交往自然是在民族识别之前就广泛存

[①]　《斯大林选集》上卷，人民出版社 1979 年版，第 64 页。

在的历史事实，因此在这种情况下，不仅不能通过共同经济联系来区分族别，相反，在中国的情况却是，长期联系在一个共同经济结构中的不同族体，各自保持自己的语言与文化，而且没有形成一个民族。再者在民族识别时，语言的确是有力证据，但也不能一概而论。例如，畲族现在并没有单一语言，但却并不因此而丧失了自己的民族特点。回族也是如此，并不存在着自己的语言，但无法否认其构成单一民族。

由此，在民族识别的调查研究中，根据少数民族地区丰富的实践材料，我们形成了不同的民族理论，即民族共同体在历史发展过程中不断发生变化，可能会失去共同地域与经济联系，甚至丢掉固有的语言，但是如果其共同的文化特点始终保留或大部分保留下来，那就决定了一个民族有别于另一个民族；反之，如果失去共同文化，则不成其为民族了。而只要还保留着共同的文化特点，也就具有了维系民族自我意识的纽带。换句话说，民族自我意识的形成是建立在共同的文化特点基础上的。

毫无疑问，民族识别工作不仅在实践层面上确定了中国少数民族的数量，从而为制定民族制度、实施民族政策、保障少数民族权利具有重要意义和深远影响，而且，在理论层面上，学者们通过民族识别以及大量的调查研究，围绕民族问题开展大量讨论与理论概括，为中国人类学以及民族学的发展奠定了坚实的基础。

在民族识别实践过程中，我国的民族学者和民族工作者既参照了斯大林著名的民族定义，又根据具体国情走出了自己的路子。我国的民族识别是世界最早践行"承认的政治"的范例，说明我国的第一代革命家很早就认识到民族之间存在着不平等。要解决这一问题首先就必须予以确认，以此为制定民族扶持政策的依据，并推动少数民族参政议政，在国家权力机构中拥有自己的代表，从而体现我国政权的民主性。因此，少数民族识别工作应视为党和政府富有胆略的壮举，而具体进行识别的中国人类学者则使这一工作成为独具特色的马克思主义结合我国具体实际的人类学实践。

（二）少数民族社会历史调查

在马克思主义人类学思想影响下，新中国开展的另一项重大实践是全国范围内的少数民族社会历史调查。新中国成立后，根据马克思主义唯物史观与摩尔根单线进化论，一些基本问题被提出来。例如，中国各少数民族到底处于历史发展的哪个阶段？其社会性质如何？此外，对于那些没有文字的少数民族，其历史是怎样的？这成为摆在人类学、民族学工作者面前的亟待解决的大课题。为此，从1958年开始，在全国人民代表大会民族委员会的组织下，各省区先后组织16个调查组到各个少数民族地区开展调查。

少数民族社会历史调查建立起系统性的有关中国民族状况的知识体系。这一调查的初衷是深入了解各少数民族在新中国成立前的社会形态。其理论依据是马克思主义的社会发展学说。在具体调查过程中，各民族的生产关系是主要的调查对象，因为确定不同民族处在什么社会发展阶段上必须通过对生产关系的理解方能达到，而一旦知道了一个民族处于何种阶段，政府便可决定对其实施优惠政策的力度。少数民族社会历史调查于 1964 年结束。

调查针对中国少数民族的具体状况得出如下基本结论：中国各民族社会发展不平衡，甚至同一民族不同地区之间也不平衡，其中，壮族、回族、维吾尔族、朝鲜族等 30 多个民族共约 2 300 万人口的社会经济结构和汉族大体相同，即封建地主经济占统治地位；藏族、傣族、哈尼族等共约 400 万人口存在着封建农奴制；四川、云南的大小凉山地区约 100 万人口还保存着奴隶制度；独龙族、怒族、傈僳族、景颇族、佤族、布朗族、鄂伦春族、鄂温克族等共约 60 万人口还保存着原始公社制残余。

除了调查各少数民族地区的社会性质之外，调查组的另一项重要任务就是为少数民族撰写简史简志。中国大多数的少数民族没有文字，在几个有文字的民族中，本民族文字的文献资料也缺乏对民族历史的完整记载，而汉文文献资料对许多民族的历史记载也是语焉不详。研究者运用人类学实地调查方法，结合考古学和历史文献资料，互相印证补充，编写了各个民族的简史和简志，反映了各个民族在新中国成立前夕的社会面貌与新中国成立后的变化。

这些研究成果为政府在少数民族地区所开展的各项社会经济文化制度改革与方针政策的制定提供了坚实的事实依据。正如有学者指出："历时 8 年的大调查，从社会变迁的角度看，增加了民族之间的相互了解和友好团结，也促进了少数民族中要求改革的因素的成熟，充分体现了科学研究活动的社会价值；从学术角度看，成果则表现在资料的斩获、机构的创立和人员的培养等三个方面。"[①]

三、中国人类学的旧著新知

中国古语有"温故而知新"之说。在本节里，我们将就中国人类学历史上堪称经典的费孝通与田汝康的一些著述做简要的介绍与探讨。这些作品历久弥新，经历了时间的考验，成了我国人类学学子的必读书目。

---

① 胡鸿保主编：《中国人类学史》，中国人民大学出版社 2006 年版，第 144 页。

在人类学者从研究无文字社会到研究复杂的有文字记载的社会的转变中，费孝通具有里程碑意义。马林诺夫斯基在为费孝通的《江村经济》所写的序言中指出，这本书让我们注意的并不是一个小小的微不足道的部落，而是世界上一个最伟大的国家；并不是一个外来人所开展的一项对"异文化"的研究，而是一个土生土长的本国公民在本乡人民中的观察和研究，由此马林诺夫斯基预言这本书将会是人类学实地调查和理论工作发展中的一个里程碑。① 马林诺夫斯基认为费孝通开创了用文化人类学方法来研究东方有悠久历史的国家的社会文化的风气，或者说是中国的人类学研究，在某种意义上，这一高度评价并不仅是对自己学生的赞扬，更包含了马林诺夫斯基本人对于一种研究范围和新的研究路径的期待与展望。若干年后，英国人类学家弗里德曼专门撰写了"社会人类学的中国时代"（A Chinese Phase in Social Anthropology）一文，费孝通直接将其翻译为"中国时代"。②

从这部书来看，以费孝通为代表的中国学者的研究，由于过去条件的制约，有着很强的与现实相结合的特点，也具有很强的应用性质和担当。这是与象牙塔式的西方人类学有着全然不同的取向。

社区研究的方法亦为特色之一。与传统西方人类学所研究的社区不同，中国人类学所研究的社区是一个更大的共同体的有机组成，它们与外界的关系十分紧密，同时又带有自身的一些特点。这样的社区虽然无法代表整个中国社会，但无疑是中国社会当中的一个类型。社区研究最初由吴文藻所提出，他指出，社区研究就是对中国的国情，大家用同一区位或文化的观点和方法，来分头进行各种地域不同的社区研究，或专做模型调查，即静态的社区研究，以了解社会结构；或专做变异调查，即动态的社区研究，以了解社会历程；甚或对于静态与动态两种情况同时并进，以了解社会组织与变迁的整体。在此号召下，中国的人类学家们立足社会，坚持田野与理论的紧密结合，涌现出一大批影响深远的优秀成果。③ 可以说，费孝通的《江村经济》即社区研究的典型代表。然而，对于一个例如中国这样有着悠久历史和高度文明的复杂社会，通过对某个单一社区的研究能否认识整个中国的全貌？换言之，社区研究的代表性问题很快成了许多人类学家质疑和批评的对象，其中就包括著名人类学家利奇。对于这一问题，费孝通也早已意识到，于是，在《江村经济》之后，费孝通即开展了对"云南三村"的研究，在费

---

① 费孝通：《江村经济》，商务印书馆 2002 年版，第 13—19 页。
② 费孝通：《论人类学与文化自觉》，华夏出版社 2004 年版，第 72—73 页。
③ 吴文藻：《现代社区实地研究的意义和功用》，《社会研究》1935 年第 66 期。

孝通看来，应该通过对不同社区的比较研究归纳出某些类型或模式，进而认识中国社会，克服社区研究的弊端。①

中国人类学研究立足本土文化资源，概括提炼本土人类学的理论框架，走上了人类学本土化的道路。例如，在《乡土中国》中，费孝通以中国乡土社会及文化为基础，先后提出了差序格局、礼俗社会、公私道德、教化权力、名实分离等诸多本土概念与理论，在《芒市边民的摆》中，田汝康以傣族宗教活动的核心"摆"为中心，详细讨论了"摆"的理论意义，这些理论一经提出即显示了极其深远的影响力与生命力，成为中国人类学对整个人类学学科的独特理论贡献。新中国成立后，一批人类学家转向了中国民族学的研究。改革开放后，中国的人类学家重新走上学术研究与实践道路，以《中华民族的多元一体格局》等成果为代表，中国人类学家的研究日益为国际人类学所重视，为整个人类学界的知识生产与学科发展贡献了中国的智慧与力量。

费孝通认为，首先，中华民族是包括中国境内 56 个民族的民族实体，并不是把 56 个民族加在一起的总称，而是一个相互依存、统一而不能分割的整体，在这个民族实体里所有归属的成分都已具有高一层次的民族认同意识，即共休戚、共存亡、共荣辱、共命运的感情和道义，在多元一体格局中，56 个民族是基层，中华民族是高层。其次，在形成多元一体格局的过程中，汉族发挥了凝聚作用，把多元结合成一体。再次，高层次的认同并不一定取代或排斥低层次的认同，不同层次可以并存不悖，甚至在不同层次的认同基础上可以发展原有的特点，形成多语言、多文化的整体。费孝通的这篇文章中在理论上解决了中华民族如何在一个多民族国家中形成的难题。他提出，各民族在历史上形成了"你中有我、我中有你"的相互依存关系，但是，这样一种关系原先却处于一种"自在"的状态，经过了漫长的岁月和各种政治条件，中华民族终于由"自在"走向"自为"。这是费孝通对中华民族形成的理解，是一种建构性的，然而却又是建立在丰富的历史与现实资料上的理解。② 费孝通并没有否认民族是一种想象的共同体，他的"自为"的民族就是有了认同感的民族群体，而正如广为人们所接受的那样，一个国家的整体民族认同必须要经过一个建立在历史资源和现代思想渊

---

① 参见费孝通：《人的研究在中国——缺席的对话》，载《费孝通文集》第 12 卷，群言出版社 1999 年版，第 41—50 页；费孝通：《重读〈江村经济·序言〉》，载《费孝通文集》第 14 卷，群言出版社 1999 年版，第 13—49 页。

② 费孝通：《中华民族的多元一体格局》，载《费孝通文集》第 11 卷，群言出版社 1999 年版，第 381—419 页。

源上的建构过程。

另外，对理论的反思与总结也是费孝通晚年对人类学的重要贡献。正如乔健所言，费孝通在晚年把功能论注入了历史的因素，从而加强了功能论的包容度和解释力，使之成为"历史功能论"；此外，费孝通提出的"文化自觉"与"和而不同"的理论观点，也已成为解决当今世界纷扰的重要方法。

其他中国人类学家如吴泽霖、杨堃、林耀华等，也为中国人类学的发展做出了重要贡献。尤其是林耀华，他的《凉山彝家》《金翼》等著作在国际人类学界产生了巨大的影响，《凉山彝家》一书至今依然是研究西南中国少数民族的必读书目。

老一辈人类学家一系列极其具有开拓性的研究，为推动人类学中国化，建设中国特色人类学学科奠定了坚实基础。随着时代发展，人类学中国化不断被赋予新的意义。围绕 2016 年习近平总书记在哲学社会科学工作座谈会上的重要讲话精神，相关学者对如何构建新时代中国特色人类学进行了一系列讨论和思考，指出注意以下四个方面。

增强学术自信。从历史看，中华文明延续五千年而不衰，我国作为统一的多民族国家能够保持两千多年而没有四分五裂，孕育、滋养了世界上人口最多的中华民族，古代文化灿烂辉煌，在人类学资料方面有很多宝贵的文化成果；从现实看，新中国成立以来，我国用几十年时间走完了发达国家几百年的工业化道路，经济实力、科技实力、国防实力、综合国力进入世界前列，这些伟大成就的取得与中国特色社会主义理论体系的科学指导密不可分。因此，我们不仅应树立中国特色社会主义文化自信，而且应增强学术自信。没有学术自信，就难以构建新时代中国特色人类学。

加强对西方理论方法的批判。当代学者如果不能对前人理论和方法的不足提出分析和批评，就无法提出超越前人的理论、方法和概念。西方人类学发展的学术脉络与中国人类学差异极大，其理论研究的对象、立场、目的均具有一定的特殊性。这就意味着西方理论不完全适用于分析和解释中国实际，不能盲目套用。更进一步看，西方学者喜欢提出与前人不同的理论和方法，大多数理论仍停留在假设阶段，其科学性和普遍性没有经过实践证明。把这些假设运用到中国社会和文化研究中，显然并不科学。

融贯中西，取长补短。中国传统学术和西方学术源流不同，学术体系也有较大差异，二者各有所长。全盘肯定本国学术传统，不借鉴吸收国外学术精华，就无法跟上日新月异的世界学术发展趋势；全盘否定本国学术传统，必将处于世界学术的附庸地位。构建新时代中国特色人类学，应在马克思主义指导下，继承我国优秀学术传统，吸收西方学术精华，把其中具有当代价值的认知方式和思想内容提炼出来，充实、更新现代人类学，形成具有中国特色的理论体系和方法体系。

立足中国实际构建新理论和新方法。李亦园认为，一个学科研究的本土化或本国化，不但应该包括研究的内容要本地化、本国化，而且更重要的是也要在研究的方法上、观念上与理论上表现出本国文化的特性，而其最终的目的仍是建构可以适合全人类不同文化、不同民族的行为与文化理论。[①] 新中国成立后特别是改革开放以来，中国的经济建设、政治建设、文化建设、社会建设和生态文明建设等都取得了较快发展，这为我国乃至世界人类学发展提供了鲜活的实践经验，如何对这些经验进行全面、客观、系统的分析，从现实中提炼出理论模式指导社会的变迁，不但是我国人类学中国化、更是中国社会转型的内在需求。

思考题

1. 为什么说进化论是 19 世纪世界的主要思潮？它在哪些方面影响了人类学的诞生与成长，它与马克思主义对人类社会的思考有共同之处吗？为什么？

2. 文化相对主义是在什么样的历史语境里提出来的？为什么？你认为文化相对主义走向极致会带来什么后果？

3. 为什么马克思和恩格斯特别关注摩尔根的《古代社会》？法国结构马克思主义人类学与美国的人类学政治经济学学派有何不同？

4. 中国民族识别的依据是否根据斯大林的民族定义？为什么？

5. 为什么说费孝通的《江村经济》在人类学史上具有里程碑的意义？如何理解马克思主义人类学的中国实践？

▶ 答题要点

---

① 荣仕星、徐杰舜主编：《人类学本土化在中国》，广西民族出版社 1998 年版，第 1—3 页。

第二章　人类学研究方法

人类学作为一门学科，有其独特的研究方法。人类学研究方法在学科发展和建设中占有十分重要的地位。本章将从方法论、操作方法，以及研究方法的创新和拓展三个方面进行论述。在方法论方面，人类学主要是在整体观、相对论和比较观的指导下进行田野资料的收集和分析。田野调查主要运用了参与观察的方法，并从中体现出人类学主位与客位的研究视角。人类学者的调查研究往往会涉及学术道德的问题，所以要求一项研究必须要合乎伦理规范，这是对研究对象、对学术、对公众以及对学者自身的一种责任。而在传统的田野调查之外，人类学研究方法也在不断变化和创新，可以说，每一次人类学学科的变化和发展通常都与研究方法的发展和改进有关。

第一节　人类学方法论

一、马克思主义与人类学方法论

人类学与马克思主义有着密切的联系。马克思尽管没有给我们留下一部专门的人类学著作，但他的理论脉络却与人类学有着不可分割的联系。早在大学求学时期，马克思就系统地学习了康德、黑格尔的哲学人类学思想；后来，他又受到费尔巴哈人本哲学的影响，并将其作为挑战传统观念的有力的思想工具。马克思关于人类学问题的笔记中摘录的著作，大量运用了人类学的观点。早期古典社会进化论也对马克思产生过重要的影响，人类学的研究成果为马克思的唯物史观和关于前资本主义社会形态，特别是原始社会的研究，提供了民族志资料和论证。马克思从人类学著作中汲取营养，对一些理论问题进一步补充发展，从而使得人类学成为马克思主义理论体系的一个有机组成部分，即马克思主义人类学。马克思主义人类学是研究人类社会及其产生、发展规律的科学，其世界观和方法论基础是辩证唯物主义和历史唯物主义。

马克思主义对人类学研究方法的发展产生了重要的影响。马克思主义人类学是一门注重实证和实践的科学，是以社会调查和社会实践为特征的实践民族志。以苏维埃学派为代表的马克思主义人类学在方法论上自觉运用历史唯物主义和辩证唯物主义来指导研究工作，进一步完善和发展了马克思主义人类学的方法论实践。

第二次世界大战后，为了弥补已有人类学理论和方法的不足，寻找新的理论解释，西方人类学界开始重新发现和认识马克思主义，掀起了研究热潮，形成了形形色色的西方"马克思主义"人类学学派和思潮。这在一定程度上反映了马克思主义在世界范围不可忽视的影响。

中华人民共和国成立后，马克思主义理论和方法开始在中国学术界全面流行。在此背景下，中国人类学研究以马克思主义作为指导思想，开始了本土化的过程。在20世纪50年代初开始的民族识别和少数民族社会历史调查工作中，斯大林提出的"民族"定义成为重要的理论指导。中国人类学、民族学工作者在具体的工作实践中，自觉以历史唯物主义作为方法论工具，指导具体实践，并结合中国的具体情况，对斯大林的"民族"定义进行了"本土化"或"中国化"的灵活运用[1]。

二、整体观

（一）整体观的主要内涵

整体观是人类学区别其他学科的特征之一，人类学之所以坚持整体观，是由其研究对象——人及其文化所决定的。人类具有自然属性和社会属性，是一个复杂的系统。人类学把人类及任何一种社会和文化看作一个整体，整体的各个部分是有机的和相互关联的，每个文化要素都不是孤立存在的，各个要素之间存在着必然的联系。因此，人类学强调在研究某一文化因素时，应把它置于该文化的整体框架中，探讨这一文化因素与其他因素之间的关系，以及各部分之间是如何互动的。例如，在对一个特定的文化进行研究时，不仅要关注与其相关的政治、经济、历史、宗教、艺术、习俗、亲属关系等，而且要将特定文化的各部分与社会环境和自然环境相整合，把它看作一个系统来研究，这样才能全面和深入地理解这种文化。

整体观还主张既要关注历时性问题，即人类文化的过去、现在与将来的动态过程，也要关注共时性问题，同时将生物、社会和文化进行综合分析。如研究一项民族手工艺，人类学者不能只记录工艺制作过程，还要关注族群认同、象征意义、历史记忆、神话传说、社会变迁、岁时民俗等，并在研究中借鉴和吸收其他学科的理论和方法。

（二）整体观的发展历程

整体观随着人类学学科的发展逐步得到完善。在人类学发展初期，学者们受到生物进化观点的影响，多从生物学的角度出发，关注人类的形态特征、生理特征等，探讨人类的起源、进化过程和机制及其在自然界中的地位。摩尔根在《古

---

[1]　黄淑娉：《民族识别及其理论意义》，《中国社会科学》1989年第1期。

代社会》中将社会进化的观点进行了全面的发展，对人类社会进行了纵向观察，试图论证人类从蒙昧时代进化到野蛮时代，再发展到文明时代的演变过程，对人类进化过程中的生产技术、亲属关系、政治制度等进行了研究。

法国社会学派如涂尔干、莫斯等人则将社会看成一个有机的整体，即社会由不同部分组成，通过对各部分的功能进行协调，可以使社会进行良性的运转。涂尔干认为社会已超越了个体，是一个具有独特性质的实体，社会不受个人的影响，反而影响和支配个体，因此应从整体出发对社会进行研究。

功能主义学派的代表人物，如马林诺夫斯基和拉德克利夫-布朗认为，应对原始社会的政治、经济、婚姻等各种文化要素进行整体考察，强调文化是一个整体，任何文化要素都有一定的功能，不能将各个要素拆分开来，要注重文化的历时性和共时性，从而对人类的行为获得全面的认识。

随着经济全球化的快速发展，人类学知识的广泛传播，人类学出现了"地方性知识"、跨文化研究等新的命题和研究方式，指出在呈现文本的过程中，人类学者会受到情感体验、政治干涉等因素的影响，这些都是对整体观的补充和完善。

三、文化相对论

（一）文化相对论的主要内涵

博厄斯及其追随者认为，任何一种文化都具有自己的特性，不管在过去、现在，或是将来，每种文化的价值都是平等的，文化没有蒙昧文明、进步落后、高低好坏之分；不能用共同、普遍、绝对的评判标准去衡量一种文化的价值，不同的文化有不同的价值标准，这些文化的特性是每个社会与其特定环境的产物，理解了这一特定的社会及环境，才能评判这一文化的内容和结构。例如，"产翁"这一特殊的生育习俗，产翁是指丈夫模仿妻子生育，或代替妻子"坐月子"，并得到亲人的照顾和祝贺，而妻子则要像往常一样下地干活，这一习俗不仅在中国壮族、瑶族等民族中普遍存在过，而且也存在于国外的一些土著中。对于不同地区、不同民族的产翁习俗，学者们有不同的看法，一些学者认为这一现象反映出了母权制向父权制的过渡，也有学者认为某一地区的产翁习俗是一种象征性仪式，是男性成为父亲这一角色的过渡。因此，在评判其他民族的文化时应特别谨慎，要深入了解文化的内在法则，避免得出错误的结论。

文化相对论被人类学家用来反对民族中心主义、欧洲中心主义和种族主义。人们习惯以自己的习惯和喜好，以及所属群体的传统观念和价值标准来理解、衡量并且判断其他文化，由此会陷入民族中心主义的泥淖。虽然民族中心主义在一定程度上能够强化民族的凝聚力和归属感，但是也有明显的局限性，即容易对其他文化产生排斥感，不利于各文化之间的交流。

（二）相对论的意义

相对论是有条件的，具有相对意义，而不是无条件的极端意义上的相对论。极端的相对论认为对任何文化现象都可以接受，或拒绝评论另一社会的习俗和价值观，不对其做任何的价值判断，这样容易导致绝对主义、文化霸权主义等，因此招致了许多的批评。人类学的相对论强调文化多样性的存在。相对论并不是一味地接受或放弃批评某一文化行为，而是主张要将其放入该文化系统中进行评价，因为每一种文化都有精华与糟粕，必须辩证地看待，不能一概而论。

人们在生活方式和思想观念上的一些根深蒂固的差别形成的原因是什么？是种族的遗传，还是受到所处地理环境的影响，或是简单的文化传统？它们差别的意义又是什么？人类学家运用相对论的方法对这些问题进行了研究。人类学家研究这些不同风俗习惯的目的在于反观自己，帮助我们理解自己的文化，同时也是为了达成各民族之间的相互理解，消除因为文化差异带来的误解。

众所周知，人类学始于对异文化、非西方世界的民族和文化的研究。直至今日，尽管人类学的研究领域已经扩大到人类社会的各个方面，但对异文化的研究还是被认为是人类学的传统领域。许多著名人类学家都特别强调对异文化进行研究的重要性和必要性，李亦园甚至认为，人类学学者的训练要从研究异文化开始，"从异文化的研究中得到人类学的基本训练，发现其中的方法，学到怎样发现特别文化和异文化的本事，再回过来研究汉族"[1]。人类学学者对异文化的研究不容易为一些本民族研究者"想当然"的假象所蒙蔽，往往能给人鞭辟入里、入木三分之感。

四、比较观

比较观是人类学研究的一种基本方法。一般来说，进行文化比较研究的前提是承认文化整体性、多样性和相对性，是以田野调查为基础，通过收集全世界的不同民族文化样本，进行比较分析和验证假设，并分析不同文化之间的共同性与差异性，试图得出某种通则或规律。这种方法在一定程度上可以弥补研究样本数量较小的不足，以及无法将人类社会进行封闭式试验研究的困难。由于比较对象的内容、规模、目的等因素不同，文化比较研究可分为宏观比较与微观比较，跨区域比较与同地域不同文化的比较，不同民族之间的共时性比较与相同民族的历

---

① 李亦园：《田野图像：我的人类学研究生涯》，山东画报出版社1999年版，第99页。

时性的比较等。

从进化论开始，人类学学者们广泛使用比较法来研究不同文化之间的异同，发展他们的理论。例如，摩尔根在《人类家庭的血亲和姻亲制度》中运用比较的方法来研究人类的亲属制度，对塞内卡人、易洛魁人、内布拉斯加等70多个不同的部落进行了具体的研究。功能学派的代表人物布朗不仅创立了结构功能论，还为人类学比较研究做出了贡献。他特别强调田野工作的重要性，并且注重共时性与历时性的比较研究。他将自己的研究称为"比较社会学"研究，实际上是指将社会结构与比较研究相结合而形成的社会结构比较研究。随着人类学的发展，比较研究开始运用到人格特征、社会心理、宗教、经济、社会组织等方面，不同的关注点所运用的比较研究的方法会截然不同。由此可见，比较研究的方法对了解整个人类的文化起到了重要的作用。

在人类学范围内，跨文化比较研究大致可以分为广义上的跨文化比较研究与狭义上的跨文化比较研究。前者是指对两个或两个以上的不同民族的文化与社会进行比较分析，也称泛文化研究。例如，人类学家泰勒对不同民族的文化制度进行的比较研究。后者是以默多克等人建立的"人类关系区域档案"（Human Relations Area Files，HRAF）为代表，他们主要运用统计分析手段，将许多不同文化的民族资料陈列于表格中，进行分类和编码，对文化特质与文化单位之间的关系进行比较研究。这一跨文化研究方法更容易操作，在一定程度上避免了潜在的以偏概全的可能性，有利于发现人类行为的通则以及对相关因素的了解。在默多克等人的研究过程中，他们发现这种研究方法存在一些不足，例如在民族样本抽样方面，可能存在民族志可靠性问题，以及如何对变项进行量化或评分等问题。

虽然文化比较研究具有一定的局限性，仍然需要不断的改进和完善，但是文化比较研究让我们清楚地看到不同民族文化之间的相同点和不同点，认识到文化的复杂性。通过不同文化的比较，能够使我们更加全面地认识自己的文化，消除民族中心主义，形成正确的文化观。

第二节　田　野　工　作

田野工作是经过专门训练的人类学者亲自进入调查对象群体，通过直接观察、访谈、居住体验等方式获取第一手研究资料的过程。对人类学者来说，田野调查是其收集资料的基本途径，并进行理论研究的主要基础。

一、田野调查过程

人类学的田野调查大致包括调查准备、开展调查、资料的整理和分析、民族志写作几个阶段。

在调查准备阶段，人类学者需要明确调查主题，这个主题一般要符合自己长期以来的学术经历和兴趣点，有一定的研究基础。我们需要围绕自己感兴趣的研究主题，开展相关文献的回溯，了解学界对相关主题已有的研究状况，寻找自己研究的可能空间。人类学与自然科学不同，其研究的对象是人与社会，因此人类学者的研究问题往往具有一定的抽象性，难以通过直接测量的方式来获得资料。因此，人类学者还需要把自己抽象的研究问题具体化为可以操作的调查问题，形成自己的研究计划和调查方案。打个简单的比方，要研究"移民适应"的主题，人类学就要明确自己要研究的"移民"包括哪些人群？适应的内涵又包括哪些方面，是经济适应、社会适应还是文化适应？以及衡量适应的标准是什么？等等。

除了制订研究计划，人类学者在准备阶段还要明确田野调查的可行性。包括是否具备去特定地区开展田野调查的个人条件和社会条件；所要进行的调查是否违背道德和伦理，对自己或当地人是否有潜在的伤害或风险。更重要的，还要思考自己的时间、金钱和自身能力能否承担相关课题的研究。因此，人类学者往往会根据自己的兴趣和能力水平，选择与研究主题相关的、有可进入性的，并具有一定典型性和代表性的田野调查点。

在明确调查可行性的基础上，人类学者还需要进行一系列调查准备工作。第一，了解与调查点相关的地理、历史、现状和前人研究的情况。这里包括对当地一系列特殊情况的了解，如有无地方流行病、社会治安状况和进入后的食宿安排等。第二，组成调查队伍。早期的人类学调查是以一个人或者夫妻合作为主，随着学科分工和知识的专门化发展，人类学家和其他专家组成的群体共同从事某一田野研究的机会日益增多。调查队伍的组建，应围绕调查主题，涵盖相关方面的专家；有一个熟悉全面情况的专家为组长；队伍中应该包括女性；成员之间分工明确，协调合作。第三，购置装备物品。根据当地的地理、气候情况和调查时间的长短确定调查的装备。除个人衣物、文具、书籍外，还应配地图、生活用品、常用药品、个人证件、摄影器材、录音设备、特殊仪器以及问卷和调查大纲。最后，还要关注调查者的身体状况。对人类学家来说，良好的身体素质是进行长期田野调查的基本条件。

在开展调查阶段，第一件事情就是要安排好自己在田野点的生活起居，获得当地人的调查许可。居住的方式一般有两种。一种是选择当地的一户人家，与这家人同吃、同住、同劳动。这样的居住方式有利于亲身融入和参与当地人的生活当中。另一种居住方式是选择住在当地的空屋中，这样可以解决研究者在居住和饮食上的不适应，而且本身的工作也不会因为当地的作息习惯而受到太大的影响。

在调查过程中，人类学者要时刻注意主位和客位研究视角的结合。"主位"（emic approach）和"客位"（etic approach）这一组对应的概念是从语言学和语义学理论中借用来的。"主位"是指从被研究者的立场去研究问题，"客位"是指从研究者本身的立场去进行研究。"主位"的立场可以让研究者从被研究者的观点上去收集材料、分析问题，避免文化的偏见；"客位"可以使研究者的研究不容易为一些本民族研究者"想当然"的假象所蒙蔽。通常，在跨文化比较研究中，"主位"和"客位"的研究方法占有重要地位。因此，很有必要对两者进行梳理和厘定。

"主位"与"客位"也可以看作"内部人"与"外部人"的观点。"内部人"指的是那些研究对象，他们属于一个文化群体，他们拥有共同的价值观念、生活习惯、行为方式或生活经历，对事物往往有比较一致的看法。"外部人"也就是我们通常说的"他者"，指的是那些处于某一文化群体之外的人，他们与这个群体通常有不同的生活体验、价值观念，在人类学研究中，"外部人"通常是指研究者。他们不同的观点和看法也就是"主位"和"客位"的观点。

通常来说，拥有"主位"观点的"内部人"由于与研究对象共享同一文化，可以比较透彻地理解当地人的思维方式、行为准则以及情感的表达方式，对其中蕴含的文化逻辑能有更深、更透彻的了解和认识。对于很多事情，被研究者不必进行详细的描述和解释，研究者就能心领神会。因此，主位研究者通常会用当地人的"内部"眼光来看问题。我们国家现在对少数民族的研究，很多都是"内部人"在进行研究，而且这些"内部人"的研究者往往认为"外部人"对自己文化没有深刻的了解。但实际上，一些外部的研究者经常会对内部研究的观点有一定的修正和补充。

"内部人"对自己的文化进行研究时，也有着不可忽视的弊端。因为内部的研究者与研究对象之间有着太多的一致性，他们之间缺少了文化的距离感，往往会对一些日常的生活习俗和行为方式失去敏感性，没有了我们通常说的文化震撼（cultural shock），会被一些习以为常的、想当然的假象所蒙蔽。

"外部人"观点即"客位"的方法，是对"内部人"观点的一种补充和修正。

客位方法能够让人类学家用客观全面的观点来进行研究。当然，人类学家不可能做到绝对的公正和客观，只能通过增加学识和提高素质减少偏见。

调查资料的整理和分析伴随着整个田野调查过程。田野中每天的资料整理和分析必须坚持，田野调查日记是其中最重要的途径。资料的整理和分析与收集资料是两个不可分割的过程。对资料及时进行整理和分析不仅可以对已经收集到的资料获得一个比较系统的把握，而且可以为下一步的资料收集提供方向和聚焦的依据。因此，整理和分析资料的时机应该越早越好，不应拖到积累了很多资料以后才进行。

资料的整理和分析的一项重要任务就是对各类资料进行审查。资料审查的目的是消除原始资料中的虚假、差错、短缺、余冗等内容，以保证资料真实、可信、有效、完整、合格，从而为进一步整理、分析打下基础。学者们总结数据审查应注意真实性、准确性和适用性。真实性审查通常采用以下几种方法。（1）根据已有的经验和常识进行判断，一旦发现与经验、常识相违，就要再次根据事实进行核实。（2）根据材料的内在逻辑进行核查，如果发现资料前后矛盾，或违背事物发展的逻辑，就要找出问题所在，剔除不符合事实的材料。（3）利用资料间的比较进行审核。如果资料是用多种方法获得的，可将对同一事件不同回答者的叙述进行比较以判明资料可信程度。（4）根据资料的来源进行判断，一般来说，当事人反映的情况比局外人反映的情况更可靠些，有文字记录在案的情况比传说的情况可靠一些，引用率高的文献比引用率低的文献可靠一些，等等。准确性审查，也就是效度审查，一方面是审查收集到的资料符合原设计要求及对于分析所研究的问题有效用的程度。那些离题太远，效用不大或不符合要求的资料要予以清除。另一方面是审查资料对于事实的描述是否准确，特别是有关的事件、人物、时间、地点、数字等要准确无误。在对资料的真实性和准确性进行检查后，还要审查资料的适用性如何，就是考察资料是否适合分析与解释，主要包括：资料的分量是否合适、资料的深度与广度如何、资料是否集中紧凑、是否完整等。

人类学田野调查的成果以民族志的形式呈现。人类学民族志写作的形式是多样的，可以是调查报告、学术论文，也可以是具有一定文学色彩的杂记、散文，还可以是包含照片、视频、声音的影视民族志；可以是描述性的，也可以是分析性和解释性的。民族志写作的最终形式取决于研究者自己的研究旨趣。

一般认为，民族志作为一种经典的研究手段和学术范式，是由马林诺夫斯基出版的民族志代表作《西太平洋的航海者》所奠定的，而由他所创造的"参与观察法"则成为民族志方法体系的核心。他认为人类学家应该尽可能详细地了解土著人实际生活的各个方面，这就意味着在较长一段时间中，民族志学者参与人们的生活，观察发生了什么，聆听他们说什么，并提出问题，并进而把握土著人的观点，他与生活的关系，搞清他对他的世界的看法。①

民族志写作既是一个处理田野资料的过程，也是一种研究方法，是将田野资料变成民族志文本的过程。因而，民族志写作的前提便是田野资料的可靠性，这就要求人类学者在田野中要不断地做田野笔记、写田野日记，并尽可能地借助其他手段，如影像等方式，来收集田野资料。

民族志写作的方式并不是固定不变的，而是随着人类学学科本身的不断发展而不断创新。马林诺夫斯基的科学民族志范式具有写实主义风格，主要是记录人类学家所调查的田野点上的他者的生活方式；而格尔茨的解释人类学则开启了民族志书写方式的另一个时代，即"深描"民族志，这种写作方式不是简单罗列研究对象社会生活的各个方面，而是在尊重地方性知识的基础上，对地方社会文化现象进行深入的描述和解释；20世纪80年代后期的"写文化"之争，使民族志写作方式进入后现代和实验民族志时代，学者们批判和反思了传统民族志书写的表述危机，提倡一种批判性的写作方式。

在民族志写作和处理田野资料的过程中，需要注意一些问题。首先，客观性问题，要忠于田野材料，不能随意编造、捏造事实；其次，要谨慎对待田野资料，在民族志写作的时候，我们不能将所有资料进行罗列，而应根据具体的问题意识和研究主题谨慎取舍；最后，要坚持报道人保护原则。田野资料可能是按照当地人的话语逻辑记录的，在写作时要将其转换成学术语言，同时对自己的信息提供人在文本中要进行相关处理，不能将其真实信息展现在文本上。

二、田野调查技术

在人类学田野调查的过程中，人类学者以研究者本人作为研究工具，在自然情境下采用多种资料收集的方法对社会现象进行整体性探索，使用归纳法分析资料和形成理论，对人的世界及社会组织的日常运作进行研究，对被研究者的个人经验和意义建构做出解释。人类学田野调查技术有很多，这里重点介绍参与观察、深入访谈、文献研究及 PRA 调查法。

参与观察是人类学的一种研究策略，也被广泛运用于许多学科，包括社会学、

---

① ［英］马凌诺斯基:《西太平洋的航海者》，梁永佳、李绍明译，华夏出版社 2002 年版，第 18 页。

跨文化交流、社会心理学等。其目的是与一个特定人群（如一种宗教、职业、次文化群体或一个特定社群）及其行为，建立一种密切与亲近的熟悉感。也就是透过在这个人群所自然生活的环境，密集地参与他们的生活。这种研究方法经由哈登、里弗斯等学者在托雷斯海峡调查之后逐渐发展起来，直到英国著名人类学家马林诺夫斯基，参与观察才被确立为人类学收集资料的主要方法。它要求观察者在较长时间内置身于被观察者的社会之中，学会当地人的语言，通过参加他们的日常活动尽可能地成为其中一员，从当地人的角度看待的日常生活是参与观察法所要描述的基本现实。参与观察法追求的是发现、接近和揭示人们对于日常生活的意义的理解。

深入访谈是一种研究性交谈，人类学者使用非结构的方法，在研究双方口头性交流的过程中，收集受访者潜在的有关行为、动机、目的、态度、感受的信息，并发现其内在的关联性。在田野调查中，我们常常会发现很多东西无法直接被观测。访谈是我们不能观察人们的行为、感觉或要了解人们怎样解释、表述自己周围世界的一个必需手段，也是我们了解过去那些不能重演的事件的必要方法。深入访谈的效果取决于多方因素的影响，沟通环境、与访问者个人的关系、访问者个人技术、受访者主观条件等因素都有可能限制访谈信息的传递。因此，在整个田野调查过程中，深入访谈往往要与参与式观察、座谈会、文献资料分析等方法相结合。

文献研究法就是对文献进行查阅、分析、整理，从而找出事物本质属性的一种研究方法。文献是指记录有关知识的一切载体，是人类将自身总结的经验、知识，用文字、图形、符号、音频和视频等手段记录下来的所有资料，包括图书、报刊、档案、科研报告等书面印刷品，也包括文物、照片、影片、录音、录像、幻灯等实物形态的各种材料，以及各类磁盘、光盘和其他电子形态的数据资料等。在人类学者的眼中，文献是一种社会现象，它的形成从来无法逃避社会的影响。文献记录者所处的社会文化背景、价值观念、阶级倾向、社会经验、角色身份都会被带到文献中去。也正因为文献的生产过程与社会发展脉络相联系，它在文本之外就传达了作者不曾表达或可能不想表达的意义。因此人类学者文献研究的一个重要特点就是将文献研究与田野调查相结合，在理解文献本身内容的同时，更要关注文献的作者怎样解释、理解并使用这些文献，建构他们期望表达的历史。所以，除了对基本的文献本身的分析之外，为了整体和准确地把握其所反映的对象社会，人类学家应该更关怀文献背后隐含的意义，结合实际的田野调查，来达到对社会文化的准确认识。

　　PRA（全称为 Participatory Rural Appraisal，即参与式农村评估方法）是在应用人类学实践中形成的一套人类学调查方法的工具包，大致可以分为访谈类、分析类、排序类、展示类、记录类、图示类、会议类和角色扮演与直接观察 8 大类。这套调查方法起源于泰国，被广泛地运用于各类第三世界发展项目的实践中。这套方法围绕提高发展项目实施效果的目标，以特定村庄的发展需求和主要影响因素为调查主题，快速收集村庄资源状况、发展现状、农户意愿，并评估其发展途径。这套方法把发言权、分析权、决策权交给当地人民，促使当地人民加深对自身、社区及其环境条件的理解，与发展工作者一道制订出合适的行动计划并付诸实施，有效提高了项目实施的效果。同时由于其研究目标往往十分明确，又大大缩短了人类学传统田野调查所需要的时间。现在，PRA 工具也成了人类学者常规性田野调查的重要技术。特别是对一个初来乍到的调查者或是调查时间极为有限的调查者来说，使用 PRA 工具能够快速帮助他掌握传统调查方法往往需要相对长时间才能掌握的信息，而且提供了合适的机会来介绍自己以及自己调查的主题，有助于征得当地人的理解。

三、田野工作伦理

　　与其他学科一样，人类学家在田野调查和资料分析时，伦理道德问题是难以回避的。对社会调查中伦理问题的关注是从"塔斯克基梅毒实验"（Tuskegee Syphilis Study）开始的。19 世纪 30 年代至 70 年代，美国政府资助的"塔斯克基梅毒实验"将梅毒在黑人身上实验，实验结束却不对参与实验的黑人给予治疗。这不仅在医学界引起了广泛的批评，更涉及社会科学界对于研究伦理的讨论与反思。人类学家在完成各种研究后，提出了一系列重要的有关我们知识的使用和滥用的道德问题：谁会利用人类学家的发现？目的是什么？如果有人利用，谁从中获利？政府或者公司会不会利用人类学的调查资料去压制不服从他们管理的少数民族？这些道德问题还包括对调查对象隐私权的尊重。在很多情况下，人类学者会了解调查对象的很多隐私，而这些隐私是那些被调查对象不想公之于众的事情。因此，在资料处理的时候，就需要对调查对象匿名或者对资料进行相应的处理。

　　同时，调查对象的知情权也开始受到关注，秘密调查的合法性越来越受到人类学家的质疑。对调查对象的"剥削"和役使的问题也受到关注。占用调查对象时间却不付给报酬的行为同样受到人类学家的质疑。人类学田野工作本身就存在调查者与被调查对象之间的不平等关系，而这也正是田野工作与人类学从 20 世纪 70 年代以来受到较多批评之处。

　　田野工作需要人类学家与报道人之间有一种默契的信任关系。人类学家首先有对他的报道人负责的义务，必须尽可能地保护他们的尊严不被侵犯，尊重他们的隐私。虽然早期人类学家经常为殖民地官员提供"统治"土著居民所需要的信息，但是他们很久以前就已经不再从事这类工作了。

　　早在第一次世界大战期间，博厄斯就曾经谴责过一些人类学家在战争中利用人类学研究进行情报收集的行为，认为他们不仅动摇了科学的真实性，也对科学探究造成了伤害。类似的问题到今天依然存在。考虑到这些问题的复杂性，美国人类学协会在 1997 年修改了《伦理法案》，提出人类学家必须遵守以下的伦理道德：人类学家必须公开诚实地对待研究课题将会产生影响的各个方面，必须将研究性质、过程、目的、潜在影响和经费来源告知有关各方。研究者不得为了开展研究而在人类学职业道德层面违背伦理。在工作中，人类学家还应当处理好与调查对象之间的关系，避免对事件表达自己的立场。另外，人类学家还对调查对象负有补偿的义务，应该以适当的方式对他们进行回报。

　　人类学的研究、教学和应用，像任何人类行动一样，会使人类学家个体和集体面临在承担伦理责任方面的种种抉择。由于人类学家是各类群体的成员，因而要受制于各种伦理规范，并且有时不仅要在《伦理法案》所述的各项义务之间做出选择，还要在本法案的义务与同时存在的其他身份或角色义务之间做出选择。伦理法案的条款既非指令选择亦非建议制裁，它旨在促进讨论并为做出关于伦理责任的各项决策提供一般性的建议。

　　尊重和平等必须在田野调查中得到体现。这种态度不仅是书面上的承诺，还包括眼神、言语和肢体动作上的平等，最为重要的是发自内心的尊重和平等。无伤害也就是研究过程中，研究者对于受访者不产生有形的、无形的伤害；而受益包括物质方面的误工费、小礼物等；精神方面则是与受访者进行情感上的交流，倾听受访者的心声、排解受访者内心的焦虑、不满等情绪。

第三节　人类学方法的新进展

一、多点民族志

　　多点民族志（Multi-sited Ethnography），也称多场域民族志。有关这种新的人类学研究方法的系统说明，最早见于 1995 年美国人类学家乔治·马库斯发表的一篇关于"多点民族志"的论文，指将同一个研究主题放置在多个田野点进行考察的民族志研究方法。在早期的人类学传统中，以马林诺夫斯基为代表的民族志工作者主要追求在一个封闭的、原始的、简单的异文化社会中进行单点的田野考察，这种田野考察的主要任务是描述和记录前现代社会的文化生活全貌，试图展现异于西方人的社会生活图景。

不过，"多点民族志"的影子在人类学研究的早期就已经浮现了。马林诺夫斯基的民族志方法虽然受到了马库斯的质疑，但其著作《西太平洋的航海者》在马库斯看来，却可以被称为"多点民族志"的原型。

著名日本学者鸟居龙藏曾于 1902 年 7 月至 1903 年 3 月在中国西南进行田野调查，调查区域涉及湖南、贵州、云南、四川等地，被调查民族有苗族、布依族、彝族、瑶族等，并据此撰写了《从人类学上看中国西南》《苗族调查报告》等著作，该调查是人类学发展早期对"多点式"调查方法的一种实践。虽然这与马库斯基于 20 世纪 70 年代全球化背景所专门提出来的"多点民族志"有一定的差别，但却符合中国民族分支众多、历史悠久、各民族混杂聚居的国情，对中国民族学的发展起到了一定的推动作用。在这之后，这种方法被更多的人，包括许多外国来华学者所采用，也是新中国进行民族识别的一个重要调查手段。

第二次世界大战以后，整个世界的格局发生了巨大的变化，科学技术的迅速发展使得全球化在不知不觉间将触角伸到了地球的每一个角落，地区之间的联系和族群之间的交往互动也日渐加强，在这种背景下，我们很难再找到一个保持着"原汁原味"的小型部落进行田野研究。同时，世事的变化也促成了人类学者研究旨趣的转变，后现代主义、人口流动与文化变迁、后殖民主义、世界体系等成为人类学民族志研究者新的讨论话题，同时也出现了对传统的民族志研究方法进行反思的趋向。相比较而言，传统人类学的研究意图深入把握一个地区及社会人群，容易缺乏对边界、变迁以及宏大进程的挖掘。

我们究竟该如何进行一个"多点民族志"的调查？根据马库斯的观点，多点民族志是对与某一专题或事件较为紧密相关的多个观察点进行分析，不再局限于具体的某一个社区，而要让调查和分析跟着研究所要聚焦的人、物、话语、象征、生活史、纠纷、故事的线索或寓意走，以在复杂的社会环境中将研究对象的特征衬托性地描述出来，并加以理论概括。由此看来，马库斯所说的"多点民族志"就不仅仅是一个研究地点的数量问题，根据不同的研究目的来选择一些彼此之间有关联的研究地点才是根本所在，它是一种建立关系、研究关系的民族志。从表述层面上看，"多点民族志"在文本安排和材料运用方面的难度更大，既要考虑多个地点和人群之间的相互连接，又不能忽视每个人群的不同视角与行为，既要兼顾广度，又要保持深度，而后者正是人类学研究不可丧失的独特性。

今天，许多区域性和流动性问题都可以用"多点民族志"的方法进行研究。例如，跨地区的大型公共工程的建设，包括水电站、公路、铁路等，以及伴随而来的大规模人口迁移所彰显出的错综复杂的关系，包含着族群认同、文化变迁、疾病传播、阶层冲突等多重现象，都是应用"多点民族志"方法进行研究的领域。我们也可以看出，"多点民族志"实验往往能强烈地体现出多学科交叉的倾向。就连马库斯在提出"多点民族志"的概念时，也一再强调这并非是人类学的发明，而是首先出现在一些交叉学科的新领域，包括媒介研究、科学和技术研究以及广义的文化研究等。

作为一种人类学研究方法的创新和实验，"多点民族志"还处在发展和充实的阶段。也正是由于其多变的田野策略与灵活的文本处理方式，学术界至今没有对多点民族志实践规范和质量评判标准形成共识，也许这还需要有更多勇敢的多点民族志实验者在未来的田野实践中去探索、总结。

二、多学科交叉取向

无论是自然科学，还是人文社会科学，研究的对象归根结底就是自然、社会与人本身，而在现实生活中，自然、社会与人本来就是一个无法割裂的整体。但在科学研究中，受困于知识与能力的局限，无论哪一门学科，都只能做到对这一整体中某一局部现象进行研究。但学科的日益细分与专业化，带来的不应该是各学科的孤立。对人文学者来说，不仅要打破自然科学与人文社会科学的二元对立，更要弥合人文社会科学内部各学科之间的分裂。无论哪一门学科，在不断增加自身深度的同时，更应兼具多学科视野，进行跨学科交流。这不仅是学科理论发展上的必然性，更是为了适应研究实际问题的迫切需要。

对于人类学来说，其研究对象、方法和目的，决定了这是一门具有跨学科特点的综合性学科，学科理论和方法论的形成，从一开始就与生物学、哲学、心理学、历史学、社会学、文学等学科密不可分，可谓你中有我，我中有你。而同时，人类学也拥有很强的应用性。时至今日，在面对诸多纷繁复杂的社会文化问题时，我们已经很难再以纯粹的本学科视角来展开研究。多学科交叉的取向，不仅是人类学对于现实问题研究承担应有责任的表现，更是其自身定位、建设、发展的一条重要途径。

20 世纪 90 年代中期以来，西方一些国家，尤其以美国为主，基于对人的生物性与社会性的讨论，对科学、技术、社会（Science，Technology，Society，STS）的研究，就是把自然科学、技术科学和人文社会科学结合为一体的重要实践。当代或宏观或微观的社会文化问题，都可以从科学和技术、人和社会的密切结合中进行探索并多角度地加以分析。这一股研究热潮，当今仍以美国为主要阵地，吸引着越来越多的人类学者。诸如人类疾病与健康、生态环境保护、网络与媒体等曾经是自然科学技术的专属研究领域，如今已经有了人类学的参与。

除了与自然科学进行对话外，人类学与"兄弟学科"之间的交叉同样必不可少。例如，历史人类学的产生就来自人类学与历史学的交叉。我们知道，现代意义上的人类学始于 20 世纪 20 年代的功能主义学派，该学派注重对简单社会进行共时性的研究，构建一个稳定的、整体的社会模型，而忽略了历时性的分析。在此影响下，传统人类学研究总是缺乏"历史感"。然而，历史的存在是无法被否定的，尤其对于像中国这样一个拥有数千年文明历史的国家来说，拥有历史向度的人类学研究是不得不做出的转变，必须寻求与历史学进行对话。历史人类学的研究摒弃了对于帝王史、精英史以及重大事件史的叙述兴趣，转而更多地将研究视角投向社会的底层，投向普通民众的日常生活实践以及民间风俗习惯等看似琐碎的事件，注重对个人生命史的挖掘。不仅如此，历史人类学更重要的是要进行微观与宏观的有机对接，即从这些看似微不足道的小事件中，找出大历史的实践轨迹，从而反观恢宏的历史文明进程。

多学科交叉应用的方法与实例还有很多，以上只是该取向在当今人类学发展中两个最具代表性的例子。跨学科研究，就是要通过不同学科的共同努力来说明一个问题的各个方面，从而使得一个问题得到最全面、最接近真实地展现。这种研究取向，一方面要求人类学者在一定程度上具备不同学科的专业素养和多面视角；另一方面，它更加强调的是和不同专业背景的学者之间进行广泛而深层的交流，在交流的层面上，形成一个综合性的研究团队。基于人类学自身的独特性，加之多学科交叉的研究取向，人类学将对社会文化生活发挥更加显著的影响。

三、新技术的应用

基于多学科交叉的研究取向，在研究方法的选择上，当代人类学也不再拘泥于参与观察、访谈、记述等传统方法，同时寻求来自其他学科的，更加多元、更加新颖的方法与技术，从而使得其研究更加高效、全面，可以更好地应用于当下的社会文化生活。一系列新技术的应用，不仅适应了实际的研究环境，更反映出了人类学理论的一些重要转向。

（一）GIS 地理信息系统的应用

20 世纪 70 年代以来，来自地理学的"空间"概念开始进入社会科学研究的理论范畴，并逐渐成为社会学以及人类学理论的一个重要发展方向，其中最杰出的代表首推法国社会学家米歇尔·福柯，正是他把空间概念运用到了极致并大力推广，影响非常深远。当然，福柯以及其他空间研究的学者所指涉的"空间"概念除了包含地理空间之外，还关乎更加抽象的社会文化空间，这也使得一定程度上，社会科学中的空间研究，远不及地理学对空间的研究那么精确、清晰。但近年来，快速发展的地理信息科学及地理信息系统（Geographic Information System，GIS）技术为人文社会科学的空间转向提供了突破瓶颈的途径。美国有学者曾明确提出了以地理学知识为基础，在社会科学的理论和方法中加入地理空间要素，采用 GIS 技术，依据所收集的大量数据，进行描述性、探索性或解释性研究，揭示一些社会现象或社会过程背后的机理的空间综合社会科学（Spatial Social Science），其涵盖了人文地理学、历史学、城市规划、社会学、人类学和考古学等学科。

所谓 GIS 技术，指的是利用具有几何、状态、过程、时空关系、语义和属性特征的地图符号及地理场景，来表达地理对象和地理现象的空间分布特征和变化过程，并辅助人们完成对地理空间的综合认知的数字化符号系统。它是具有时空多维表达、交互动态可视化、虚拟地理场景表达、多感官感知、便于网络传播等特征的新一代地理学语言。在人类学的研究中，我们可将图片、地图、文献、遗产及文化景观分布等田野资料按一定的格式和程序予以融合，建立起一个随时可以查找、更新的数据库，从而进行信息的多元综合分析和应用，实现地理空间数据处理和分析的可视化。

（二）新媒体技术的应用

通过摄影、电影、电视和数字成像等现代图像或影视手段记录民族学或文化人类学事实的拍摄和研究，同样是通过科学技术将民族志可视化的一种方法。21 世纪是一个视觉信息程度很高的时代，遍布世界的影视传媒每时每刻都在传播着大量的视觉信息及以视听信息为主的各种信息。视像通过纸媒以及电子出版物、影视、互联网、计算机模拟等构成了一个无所不在的新视觉环境，在一定程度上改变了我们的信息接收方式。在这一领域中，影视人类学、媒介人类学正是对图像学、传播学以及多媒体技术等进行的跨学科互动。

随着数字技术日新月异的飞速发展，以数字技术为核心的"新媒体"，正在逐步取代传统媒体的地位和功能，不仅在传媒界掀起了革命，而且使得人类学的相关研究在理论和方法层面上，都做出了转变。如今，"脸书"、"推特"、微信、微博以及各类纸媒、电视媒体、网络媒体推出的手机应用客户端越来越成为主流，通过数字化交互性的固定终端或即时移动的多媒体终端向用户提供信息和服务。这样的传播形态已愈发成为人类日常生活不可或缺的重要组成部分，大众传播也出现了个体化的转变趋势。新媒体技术不仅应该成为人类学的一项研究内容，更应该被视为一种有效的研究方法而得到重视和广泛应用，在诸如个人与个人、个人与社会等关系互动的问题上，发挥出传统研究方法所不具有的效果。

人类学研究的新视野、新方法还有很多，国内外人类学学者们探索多学科交叉取向指导下的新方法的步伐还在继续改进和完善，我们相信，随着人类学研究方法的发展和创新，人类学定会对人文社会科学研究做出更大的贡献。

思考题

1. 如何理解和评价人类学的文化相对论？

2. 人类学家在田野工作中应该遵循怎样的伦理道德？

3. 多点民族志产生的历史背景和特点是什么？

▶ 答题要点

第三章　人类学的分支学科

按照美国人类学的学科谱系，人类学包括四大分支学科，除了文化人类学外，还包括语言人类学、考古学和体质人类学。本章简略介绍这三个分支学科。

第一节　语言人类学

语言人类学是一门从人类学的角度研究语言和言语的学科。索绪尔认为，语言是"语言的社会方面，在个人之外""只能通过社会成员所签订的一种契约而存在"[①]。索绪尔是瑞士语言学家，他在《普通语言学教程》中提出了"语言是一种表达观念的符号系统"的观点[②]。在他看来，符号是由"能指"（signifier）和"所指"（signified）构成，语言符号的形式（或曰"心理印迹""声音图像"）为"能指"，即能够指称某种意义的成分；符号指示的意义内容（或曰"概念"）为"所指"。"能指和所指的联系是任意的，因为我们所说的符号是能指和所指相连接产生的整体，我们可以更简单地说，语言符号是任意的"；不仅如此，"它（指'听觉能指'）跟视觉能指相反，视觉能指可以在几个向度上同时并发，而听觉能指却只有时间上的一条线，它的要素要相继出现，构成一个链条。"[③] 索绪尔提出的语言符号的任意性和线性特点至今仍被广泛接受并引用。

在对语言本质的探索方面，美国语言学家乔姆斯基的研究独具异彩。他的基本理论观点体现在对语言的"表层结构"和"深层结构"的阐释上。他认为，尽管人类诸语言的语法各不相同，但在其深层隐含着相同的结构。他把通过语音形式表现出来的人类语言的不同语法结构叫作"表层结构"（surface structure）；把不能直接从线性的语音序列中看出来的内在的语法结构叫作"深层结构"（deep structure）。乔姆斯基指出，所有人类语言都具有相同的深层结构，因此不同的人

① ［瑞士］菲儿迪南·德·索绪尔：《普通语言学教程》，高名凯译，商务印书馆1999年版，第36页。

② ［瑞士］菲儿迪南·德·索绪尔：《普通语言学教程》，高名凯译，商务印书馆1999年版，第37页。

③ ［瑞士］菲儿迪南·德·索绪尔：《普通语言学教程》，高名凯译，商务印书馆1999年版，第102、106页。

种可以互相学习语言。他把这种人类语言的深层结构又叫作"普遍语法"（universal grammar），由于人类天生就具备了理解这种"普遍语法"的能力，所以在幼儿时期就能够很"自然地"习得自己生长地区的语言，也能够很轻松地学习和掌握其他语言的语法。乔姆斯基把这种通过学习就可以掌握的语法谓之"生成语法"（generative grammar）。乔姆斯基提出的"转换生成语法"（Transformational-Generative Grammar）理论在20世纪50年代风行一时，因为它显然突破了传统的结构语言学囿于对语音形式的"表层结构"的分析，从人类的语言能力（competence）和语言本质层面，探究了语言的内在规律，即乔姆斯基意义上的"深层结构"。

如果说始于19世纪中后期语言学对语言的结构研究为语言人类学的产生奠定了"本体论"基础的话，那么到20世纪上半期，以北美人类学家为代表的群体对语言与文化的研究则直接催生了语言人类学的形成。作为一门学科，语言人类学的形成可追溯到19世纪末20世纪初，到20世纪中期以后渐成体系。下面这些代表性的人类学家居功至伟，他们分别是摩尔根、博厄斯、萨皮尔和沃尔夫等人，他们对语言和文化的研究使得语言人类学的发展一度达到顶峰。与一般语言学注重语言的结构分析不同的是，语言人类学主张将语言置于其所处的社会和文化背景中考察，它主要涉及四个方面的内容：语言的文化资源、语言的社会实践、语言的历史记忆和语言的话语权利。譬如，摩尔根在1871年发表的《人类家族的血亲和姻亲制度》，从语言学的视角讨论了印第安人的亲属称谓和族源问题。博厄斯通过研究印第安人的语言，出版了一系列的专著，如1911年的《美洲印第安人语言手册》，1940年的《种族、语言与文化》，1941年的《达利他人的语法》等。萨皮尔和沃尔夫基于对印第安霍皮语的经验研究，认为语言是一个用来组织经验的概念体系，这种概念体系不仅迫使人们接受一定的世界观，而且决定了人们的思维模式，从而决定了人们的行为准则。这就是我们平常所说的"萨皮尔-沃尔夫假说"。

20世纪中叶以来，语言人类学作为一门学科日臻完善。苏联语言学家雅各布森和美国哲学家、符号学家皮尔斯都把语言符号（sign）分为象征（sign/represen-tamen）、对象（object）和阐释（interpretant）三个部分，超越了索绪尔的"能指""所指"两分法，皮尔斯关于"符号三性论"的创见和雅各布森关于语言结构和语言诗学的研究，成为语言人类学重要的理论依据。法国人类学家列维-斯特劳斯受到结构主义理论的影响，创立了结构主义人类学，发表了《语言学与人类学的结构分析》，提出把音位结构分析法运用到人类学的亲属制度研究中。而皮尔斯的"符号三性论"把语言人类学的研究推向了又一个高峰。在皮尔斯看来，语言符号中的对象（object）又可以分为拟象（icon）、标志（symbol）和标指（index）三类。拟象是感知形式与其所指意义相似的符号，譬如蜂鸣的"嗡嗡"、狗吠的"汪汪"、鸡叫的"喔喔"等；标志（symbol）是约定俗成的符号，其意义独立于其所指的物质相似性和具体语境，一如索绪尔所谓的"能指"和"所指"意蕴；而指标（index）是根据语境取义的符号，居于拟象和标志之间的连续性（contiguity）。我们可以用日常生活中的"烟"和"火"的例子解释皮尔斯的"符号三性论"。烟与火联系，看到烟就知道有火，烟是一种标指（index），指向火；以"烟"指"火"，并非约定俗成，而是它们之间有某种"自然"联系。同时，烟与火的关系也是连续性的，即从烟的"符号"到火的现象，存在一种过渡性。①

近些年来，随着老一代语言人类学家渐渐退出学术舞台，新生代学者对语言人类学的研究呈现"跨学科"态势，突出表现在对一些关键词的互用上。譬如社会语言学者和语言人类学者引入"话语交互性"（Interdiscoursivity）和"文本交互性"（Intertextuality）概念来分析跨语言事件的延续性和稳定性，以及文本本身在结构意义上的交流稳定性。譬如凯特·安德森以"话语交互性"来分析美国语言与种族的关系时发现，不断把特定的言语风格、社会类型和社会价值加以联系的做法，实际上是在不断地"制造"种族概念，以强化文化或者生物学意义的"族群边界"。话语分析的方法也在语言人类学领域得到借用。话语分析者通过详细记录和分析被访者的谈话过程，使得"线性的"话语流形成"结构性的"规范模式，并把这种结构与更广泛的社会意义连接起来。在这个过程中，被访对象本人与此毫无关系，基于此，话语分析的方法因过分倚重录音文本的建构而遭受诟病。有学者认为，这种"听写材料"丧失了真实场景的细节，牺牲了社会生活的多样性，是一种对录音文本的"拜物教"。

当代语言人类学的研究领域一方面延续了传统的对语言结构、语言本质、语言与思维等本体论和认识论意义上的研究，另一方面也涵盖了对语言与民族、语言与认知、语言历史、非语言交流、双语/多语现象以及话语/交际民族志等在方法论和实践论层面的研究。下面我们主要讨论语言与思维、语言与民族之间的交互关系。

一、语言与思维

语言是人类思维的主要工具，针对语言与思维的关系主要有三种观点。

---

① 纳日碧力戈：《语言人类学》，华东理工大学出版社2010年版，第4—13页。为便于理解，本书引用时修改了一些词语的翻译，譬如sign（指号）译成"符号"，representamen（征象）译成"象征"，interpretant（释义）译成"阐释"，symbol（符号）译成"标志"。

（一）语言决定思维

又称语言相对主义（Linguistic Relativity），或语言决定论（Linguistic Determinism）。这一观点认为，语言在某种程度上塑造了人们看待世界的方式。语言不同，思维模式就不同，人们对事物的看法和认识也因而不同。"萨皮尔-沃尔夫假说"就是这个观点的代表。萨皮尔主要关注语言与民族文化思维的关系。1931 年，萨皮尔在"原始语言的概念范畴"的演讲中说："语言与经验之间的关系常常被人们误解。语言不仅像人们常常天真地假定的那样，似乎是一个独立自主的、能产的符号体系。这个体系很大程度上不依赖语言而获得经验，实际上，它还由于自身完善的形式以及我们无意识地把它所隐含的期待投射到经验领域，从而决定我们的经验。"① 可见，在萨皮尔看来，人们的生活不但在语言的影响之下，而且在某种程度上，语言还决定了人们的行为（经验或文化）。沃尔夫是萨皮尔的学生，他继承并发展了萨皮尔的观点，提出了语言决定论的观点。沃尔夫的语言研究对象主要是一种在美国亚利桑那州仍然在使用的北美印第安语言——霍皮语。沃尔夫发现，霍皮语不同于英语之处不仅在于词汇，也在于名词和动词等语法类别，譬如霍皮语并不用-ed，-ing 和 will 来表明过去时、现在时和将来时态，而需要用另外的单词或陈述，来标识已经完成的、正在进行中的和将来要发生的动作，即对事实的陈述、对惯例的陈述和对未来期待的陈述。于是，沃尔夫得出这样的结论：霍皮人行为举止的一大特征就是对准备的重视，包括宣布和即将举办的活动，为保持理想的条件而做出煞费苦心的预案，强调为取得好结果在内心保有良好的愿望。

"萨皮尔-沃尔夫假说"似乎具有较强的解释力。举例来说，英语中第三人称单数可以用 he，she；him，her；his，hers 来区分性别，而位于缅甸的小部落布朗族却没有这样的区分。英语中存在性别上的不同，但却没有法语和其他罗曼语那样，具有完全成熟的名词性别和形容词的一致体系，因此，根据萨皮尔-沃尔夫假说，我们就可以断言：说英语的人会比布朗族更多地注意到性别差异，而比法国人或西班牙人较少地注意到男女性别差异。20 世纪 90 年代，语言人类学家仍然在寻找新的案例来验证"萨皮尔-沃尔夫假说"。卢西等人的研究发现，说瑞典语和芬兰语（这两个民族比邻而居，语言却截然不同）的人在相似的地区做着类似的工作，遵循相似的法律和规章，却表现出相当不同的职场事故率：说瑞典语的人的职场事故率明显低于说芬兰语的人。他们通过对两种语言的比较研究得出结论，

---

① E. Sapir, "Conceptual Categories in Primitive Language", *Science*, vol. 74, 1931, p. 578.

属于印欧语系的瑞典语比较强调三维空间里的运动信息，而属于乌拉尔－阿尔泰语系的芬兰语强调的是二维空间里的静态的关系，相应地，芬兰人在工作场所的组织方式是注重个人表现超过组织性的行为，结果导致生产经常性的中断，事故频发。

尽管有很多学者试图用各种实证研究的方式来验证"萨皮尔－沃尔夫假说"的合理性，但更多的人从不同的角度否定这一假说，提出"思维决定语言"和"语言反映思维"的观点。

（二）思维决定语言

早在 2500 多年前，亚里士多德就提出思维范畴决定语言范畴的论断。他认为语言是思维范畴诸经验的表现。现代西方心理学家皮亚杰则提出了与"萨皮尔－沃尔夫假说"相对立的认识先于语言，思维决定语言的"认知假说"（Cognition Hypotheses）。皮亚杰认为，语言是由逻辑构成的，无论从语言和思维的起源来看，还是从语言和思维在儿童个体上的发生和形成过程来看，逻辑运算都要早于语言或言语的发生。逻辑思维不仅早于语言，而且比语言更为深刻，因此，思维对语言有决定作用。

（三）语言反映思维

由于思维方式更多是以文化实践的方式而存在，因此我们在阐释语言反映思维的时候，又会以语言反映文化的表达方式。语言反映而不是决定文化事实，这点可以在民族语言学中发现很多的例证。例如，住在玻利维亚高地的艾马拉印第安人的主食是土豆，在他们的语言中有超过 200 个关于土豆的词语，反映了他们的传统里种植土豆、保存和烹饪这种食物的诸多不同方式。另一个人类学家注意到的与此类似的例子是，在非洲的南部苏丹，过着游牧生活的努尔人拥有超过 400 个用来描绘牛的词语。努尔人还会从中选择一些词语为他们的男孩取名。通过对其语言的研究，我们得以确定牛在努尔人文化中所具有的重要性，以及一整套和人—牛相关的全部规矩。不过，一个民族的语言不会妨碍它以新的方式思维，如果这种新的思维方式导致在共同的认识和关心的事情上发生变化，那么语言的变化一定在情理之中了。[①]

中国国内的学者普遍持语言反映文化/思维的观点。语言学家罗常培曾通过对彝族的亲属称谓和婚姻制度的例子来说明语言反映文化的观点。在《语言与文化》

---

① ［美］威廉·A. 哈维兰：《文化人类学》（第十版），瞿铁鹏、张钰译，上海社会科学院出版社 2006 年版，第 116 页。

一书中，他是这样论述的：

> 在云南昆明近郊的黑彝（彝族的一个分支）语言的亲属称谓中，对平表（叔伯和姨的子女）的称谓，相当于对自己的兄弟姊妹的称谓，而不同于对交表（舅或姑的子女）的称谓。同时，在交表中，对舅表（舅的子女）的称谓语对姑表（姑的子女）的称谓有严格的区分。之所以有这样的亲属称谓系统，是因为黑彝实行一种限定性的交表婚制度。所谓交表婚制度是指优先与交表结婚，而不能与平表结婚的制度。在黑彝的交表婚制度中又限定，只能与舅的女儿结婚而不能与姑的女儿结婚。这种制度反映在亲属称谓中就是严格区分平表和交表的称谓，同时在交表中，严格区分姑表和舅表的称谓。①

我们知道，亲属称谓在一个语言的词汇中属于相对比较稳定的部分，不容易受到外来语言的影响。从这个例子可以看出，昆明近郊黑彝的亲属称谓是如何反映出"舅表优先婚"的制度文化的。然而，现在的问题是，语言究竟在多大程度上反映文化和思维形式，而思维和文化又是如何反作用于语言本身的。换言之，与其纠结于语言决定思维，还是思维决定语言，抑或是语言反映思维这样的二元对立论，还不如深入研究两者之间是如何互为影响的问题。相信语言与思维的关系依然会在学术界持续地论争下去。

二、语言与民族

语言是人们在长期的历史过程中创造出来的，是民族文化的重要表征，另一方面；各民族会把自己的文化放在用语言作为标识的储蓄库里，通过语言可以透视民族的文化以及民族的心理素质。语言与民族的关系一直以来就是人们探讨的主题。语言学家威廉·冯·洪堡特认为语言是全部灵魂的总和，语言是按照精神的规律发展的。"语言的所有最为纤细的根茎生长在民族精神力量之中，民族精神力量对语言的影响越恰当，语言的发展也就越合乎规律，越丰富多彩。"② 这种"民族语言即民族精神"的思想反映出语言与民族之间的本质关系，但不能简单地把它们混为一谈。民族形成以后，语言从属于民族，打上民族的烙印，成为民族的重要特征之一；另一方面，语言也影响民族的发展。它们之间相互影响、相互

---

① 罗常培：《语言与文化》，语文出版社 1989 年版，第 79—81 页。
② ［德］威廉·冯·洪堡特：《论人类语言结构的差异及其对人类精神发展的影响》，姚小平译，商务印书馆 1999 年版，第 17 页。

制约的关系主要可以从两个方面体现出来：一是语言与族属；二是语言民族主义。

（一）语言与族属

在过去的 500 年中，世界上 10 000 种语言中大约有 3 000 种已经消失，有些语言只能在当地山川河流的地名中找到只言片语。即使在存活的 7 000 种语言中，也只有极少数被使用，其中一半的语言只有不足 10 000 人在使用，有四分之一的语言不足 1 000 人在使用，换言之，世界上一半的语言只被 2% 的人口使用。

世界各地的民族中，族属与语言并非是一种简单的一一对应关系，而是呈现出"一对多"或"多对一"的现象。也就是说，一个民族讲同一种语言，或者同为一个民族，却有多种语言同时使用，或者诸多不同的民族操同一种语言。在中国，目前官方确认的有 56 个民族，120 多种语言，但只有汉族、蒙古族、维吾尔族、藏族、苗族、彝族、壮族、布依族、朝鲜族、侗族、哈尼族等 37 个民族仍然在使用自己本民族语言，还有一些民族由于迁徙、战争、分化、民族融合等原因，丧失了自己本民族的语言，而使用其他某一民族或者多民族的语言。这就是我们所说的"一族多语"和"一语多族"现象。当代世界有 2 000 多个民族，却有不到 7 000 种语言，民族数目不到语言数目的三成。

不仅如此，由于全球化进程的冲击，我们可以发现，一个民族如果同时使用两种以上的语言，这些不同的语言可能相差很大，分属不同的语支，甚至分属不同语族。譬如瑶族使用三种语言：属于瑶语支的"勉语"；接近苗语的"布努语"；还有就是属于壮侗语族的"拉伽语"。前两种属于苗瑶语族，而后一种属于壮侗语族。

如果几个民族的大多数成员（占总人口的三分之二以上）丧失了自己的本族语，转而使用另外一个民族的语言，就会出现"一语多族"现象。例如，中国的回族、满族、赫哲族、畲族、土家族、仡佬族等就全部或大部使用汉语，大部分的乌孜别克族、塔塔尔族则使用维吾尔族语和哈萨克语。爱尔兰共和国的爱尔兰人多数使用英语，墨西哥人、阿根廷人和古巴人等中南美洲国家则使用同属印欧语系罗曼语的西班牙语和葡萄牙语等。

语言与民族之间的关系由于"国家"的介入变得更加复杂。17 世纪以来，由于欧洲资产阶级革命的影响，在欧洲出现的"民族/国家"（nation-state）就是根植于"一个民族一个国家一种语言"的理念。随着殖民主义和资本主义在全球的盛行，民族/国家的理念逐渐传播到世界各地，尤其是被殖民的、被统治的许多地区同时出现急剧的民族语言消亡和民族语言复兴的现象，反映在语言上就是语言民族主义。

（二）语言民族主义

国家或者民族有意或者"无意地"把来自"外国的"术语从官方或民间用语中清除出去，以便确定自己独立的民族语言的地位，我们称之为"语言民族主义"（Language Nationalism）。这种现象不但出现在 20 世纪四五十年代以来追求民族民主独立的亚洲和非洲的殖民地半殖民地国家，也会出现在欧洲的发达国家，譬如法国就会定期从他们的语言中剔除一些美式英语的用法。在近现代社会里，这种现象突出地表现在多民族国家的内部对其少数民族语言的"内部殖民主义"。这类例子包括 20 世纪加拿大和美国政府所授权的对美洲原住民文化的压制，目的是将这些原住民纳入主流社会。政府的政策包括把印第安儿童从他们的父母身边带走，放在只说英语的寄宿学校，在那里，他们如果使用自己的传统语言就会受到处罚。当再次回到自己的家庭，许多儿童已经不能和他们的亲人及邻居交流了。虽然这些制度和政策已经被废除，但它们对美洲印第安群体保存文化遗产的努力造成了持久的损害。

对少数民族来说，复兴已经消亡的语言或者与现有语言抗争，是维护其文化认同和尊严的一部分。直到 1934 年，美国政府才开始放松这一严酷的政策，但直到 1990 年，议会才通过《美国土著语言法案》，鼓励印第安人使用自己的语言。后一类情况中，犹太人在复国运动中利用复兴希伯来语确立起民族解放、国家独立的重要依据和工具。以色列复国以后，反过来用同样的手法压制其国内的少数民族发起的旨在取得民族语言和民族认同的"依地语运动"。在一些多民族国家里，政府采取维持其主体民族语言的同时，承认和鼓励双语教育的政策，以达到保护少数民族文化的目标。

双语现象包括个体双语现象和社会双语现象。本书所谓社会双语意即某一族群使用两种或多种语言的情况。双语现象是随着民族接触、语言接触而导致民族文化融合的结果。在人们的社会生活中，语言的习得是个体和社群接受"文化濡化"的结果，因此，对于本民族语言的学习是自然的过程。而对于少数民族而言，他们不得不自愿或"被迫"学习其他民族的语言。一般的，在经济、政治、社会和文化上相对处于弱势的民族学习处于强势的民族的语言，而且这种情况首先会在本民族中的社会精英，譬如知识分子、社会上层人士、商人等群体中发生并传播。这种民族语言之间的"长期竞争，功能互补"的态势不会形成所谓的"语言民族主义"，中国少数民族语言之间及其与汉语的关系，大多属于这种情况。基诺族对自己的母语感情深，男女老幼都会说基诺语，同时他们也会普遍兼用汉语，用汉语与外族人交谈、做买卖、听汉语广播，在他们的日常生活中，基诺语与汉语分工使用，和谐共存。云南德宏境内的阿昌族与傣族长期共处，互相依存，许多人兼用傣语与汉语。傣语与汉语在功能上互补，在不同领域内发挥各自的作用：阿昌语在家庭、村寨使用，有日常交际和文化传播的功能，汉语用于不同民族之间的交流。

但语言民族主义的现象在全球还是随处可见的，尤其是多民族国家的国家政体，常常有意或无意地强化主体民族的语言，或者突出官方语言的地位。1991 年，印度尼西亚的政府在爪哇岛城市三宝垄召开会议，成立爪哇语言议会，主持人是来自爪哇的时任总统苏哈托。会上讨论的并非普遍意义上的爪哇语，而是少数殖民地贵族精英使用的口语和书面语。苏哈托总统在会议上号召语言学家研究体现在爪哇语"正字法"中的爪哇哲学智慧，用来培育和弘扬爪哇精神，继承和发扬古老的爪哇文化，符合国家新秩序的发展方向，有利于国家作为语言文化"监护人"的形象，可以为领土化的族群认同提供参照点。

第二节 考 古 学

考古学的研究对象为人类活动遗留下来的或者与人类活动相关的遗址、遗物和遗迹现象等，考古研究工作既立足于历时性的变迁和发展关系，又要同时兼具共时性的视角探索历时性的演变规律。考古学因此被视为"历史学中的人类学"和"人类学中的考古学"，由此导致了延续至今的学科定位之争。一种观点认为考古学属于人类学的一个分支学科；还有一种观点认为其属于历史学的范畴；而当下的考古学界越来越倾向于认为，由于考古学在研究材料和理论方法日益与传统的历史学相去甚远，其应该成为"不依附"任何学科的、独立的"考古学"学科，譬如在中国当前的学术分类中，考古学"脱离"历史学，成为一级学科。

我们知道，美国人类学的研究对象主要是土著印第安人，当人们从古代遗址中发现文化遗存的时候，总是自然地把这些遗存和土著印地安人的祖先联系起来。这种学术上的联系最终造就了美国考古学的人类学传统。即使到今天，一些考古学家依然坚持"考古学即人类学"的取向。而在包括中国在内的世界其他许多国家和地区（如欧洲大陆），考古学被视为历史科学的一部分，其学科归属和定位在历史系，其学术旨趣聚焦在物质的遗存，或者说是遗物与遗迹。这种"史学取向"的考古学传统一直延续至今。譬如中国考古学家夏鼐认为考古学是根据古代人类通过各种活动遗留下来的实物以研究人类古代社会历史的一门学科；英国考古学家戴维·克拉克认为考古学的理论和实践是要从残缺不全的材料中，用间接的方法去发现无法观察到的人类行为。

尽管考古学在其发展过程中形成了自己特有的田野工作特征和实验分析方法，但作为一门专业性的学科类型，考古学可视为居于历史学和人类学之间的"跨学科"的结果。下面我们分别从人类学取向的"作为人类学的考古学"及以此为基础的"民族考古学"，以及从科技整合取向的"新考古学"三个层面，介绍考古学的理论基础、方法论基础、研究对象、内容和基本的见解等。

一、何为人类学的考古学

1962 年，刘易斯·宾福德发表《作为人类学的考古学》，在文中，他引用了威利的话，认为如果考古学不是人类学的话，那么就什么都不是。宾福德主张考古学就是人类学，考古学必须充分地借用人类学的理论与资料，"说明和阐释整个时空内人类生存之物质及文化上之异同现象"。作为人类学的考古学其实是在探究如何从人类学的视角补充考古学研究存在的问题和不足。由于大多数考古材料无文献资料可供参考，这些物质遗存也并非不言自明，因此考古学家的研究更像是自然科学的探索和实践，需要对材料进行采集、分类、描述和阐释。我们熟悉的类型学和地层学就是处理材料的方法，但是要读懂这些材料，单凭分类和建立年代学是不够的，于是借助民族学/文化人类学的理论、方法和民族志材料成为必须。著名人类学家林惠祥对中国东南区的"有段石锛"的研究就是一个"人类学的考古学"的经典案例。有段石锛是中国东南区新石器文化的重要特征，也是国际性的科学问题。林惠祥认为，有段石锛在中国大陆东南区即闽、粤、浙、赣和苏皖一带的地方发生，然后向北传于华北、东北，东南面传于台湾、菲律宾以及波利尼西亚诸岛。在论证其发生的三个主要理由时，民族志材料成为其主要的证据之一。

有段石锛散布的地方如菲律宾和中国台湾的土著都是马来族，太平洋诸岛的土人也由马来族混合而成。马来族原由蒙古利亚种海洋系迁到南洋而变成。在中国东南区闽、粤、赣、浙的古民族是百越族，这一族据作者研究或即蒙古利亚种海洋系留居在中国东南区者。这样看来，制造和使用有段石锛的各民族，在种族上也应是互有关系的民族，即同属蒙古利亚种海洋系，但也只是蒙古利亚种海洋系的一部分还不是全部。有段石锛中国东南区发现最多，而有时这一区又都是百越族的住地，这不能说是偶然的事，而应该认为是有原因的，所以有段石锛应该是古代百越族的文化物质，也便是发生在中国东南区域的。

但在中国主流的考古学界，对于人类学取向的考古学视角大多持审慎的态度。譬如夏鼐先生对于新考古学的态度就很"耐人寻味"。一方面他承认新考古学派的主张可以看作对传统考古学流于烦琐的一种反抗，可以促人深思和反省；另一方面，又批评新考古学派的主张过于片面，似乎没有为学术界提供建设性的效益。容观琼先生认为，我国的学者中，有人一方面把新考古学说得一无是处，另一方面又正面肯定新考古学提出的见解，这种似是而非的态度令人十分费解。于是他发表了一些文章和专著，阐述他的"考古学的人类学"观，遗憾的是，容先生本人及其追随者的学术努力在考古学界没有产生应有的反响。陈淳认为因为我国考古学家主要是在历史学领域里受训的，将考古材料与文献相结合来做解释是得心应手的传统。但也有一些考古学出身的学者，譬如考古学家李仰松从民族学证据来解读史前工具的制作和使用、复原史前的制陶工艺、将佤族的聚落形态和葬俗与考古材料进行比较、并破译仰韶文化中许多图案的含义。

一些学者基于考古学历史和当下实践，认为考古学仍然停留在通过类型学和地层学的方法，确定考古遗存的年代和文化关系，而这显然无助于解读物质遗存中的社会信息。来自美国考古学家的"告诫"仍然言犹在耳，如果我们仍然满足于孤立地对遗物本身进行描述分析，并不把它置于当时的精神文化和社会背景中加以考察和理解，认识不到物质器物与人的关系，那么考古学和史前学就无权对文化发表任何意见。因为文化是在一个社会单位里进行创造的成果的总和，而不是游离于一个社会之外的堆积物。只有当考古学家和人类学家把文化看作行为完整一体的系统时，考古学才不只是一种资料收集工作。

二、民族考古学

所谓民族考古学，究其实质是把人类文化的历时与共时研究加以相互结合。其理论基础是通过类比分析的方法，从对当代社会的观察与近代这种观察所积累的材料中，寻求有助于我们解释古代物质文化遗存的系统性知识，从而更好地复原没有文字记录或只有口头语言不详记录的以往人类历史的全貌。换言之，把现代民族志材料与考古学实物类比，从而复原古代历史。布鲁斯·特里格对民族考古学做了如下的解释：民族考古学是用来了解物质文化怎样从其有机系统的位置上过渡到考古学位置上去的。对这种物质转化过程的分析能够使考古学家了解正常运转的文化系统中物质的废弃过程，通过对土著群体和部落社会中物质的废弃率、废弃地点、缺失概率以及废弃实例的观察，来了解活体社会文化中物质保留下来和不能保留下来的原因，从而建立起一套关系法则，使得考古学家能够更正确地从物质遗存中推断其所代表的文化系统。到 19 世纪中叶，像摩尔根、泰勒、斯宾塞以及其他学者所做的民族志类比（ethnographical parallels）研究，逐渐被考古学引用去解释考古出土的文物。美国早期的人类学家，如博厄斯、库欣和福克斯等可以考虑是民族考古学的先驱者。到 20 世纪 50 年代，民族志类比方法受到了考古学界的重视。民族学与考古学的关系加强了，特别是在北美，它已成为考古学的重要组成部分。

民族考古学的理论基础显然受到文化人类学的影响。文化人类学理论中的新进化论是民族考古学产生的理论前提。我们知道，民族考古学是使用民族学资料研究考古问题的科学，其具体的研究方法是以当代原始民族的资料解释考古发现。因此，民族考古学的前提假设便是：全世界各民族的社会发展有着共同的规律，全世界各民族的社会发展都经历着大同小异的发展阶段。因而民族考古学家可以以今论古，即用现代原始民族的民族志材料来论述、阐明古代人类的情况。

在中国，民族考古学的传统始于南方的人类学传统厦门大学的林惠祥。早在 20 世纪 50 年代，他就中国东南地区和南洋及太平洋诸岛发现的有段石锛，运用现代台湾地区和太平洋诸岛的民族志资料，论证其发明、发展及用途，研究南洋民族与中国华南古民族的历史关系，以及他对民间流传的"雷公石"的研究，都是成功运用考古学和民族学等学科资料的典范成果。中山大学的梁钊韬也运用考古学文化结合民族学和历史文献资料阐述了有关东南沿海新石器时代晚期的文化与古代吴越民族以至现代少数民族的关系。

童恩正、汪宁生等对"铜鼓"的研究就是一个很好的民族考古学案例。铜鼓是"蛮夷之乐"，"南蛮酋首之家，皆有此也"。但铜鼓最早起源于古代的哪个民族呢？这就牵涉它的最初主人的族属问题。童恩正就国内外早期铜鼓的年代、地域、族属、功能等各个方面进行研究，最后得出最早使用铜鼓的是，大约在公元前 7 世纪或更早一些时候，居住在滇东高原西部的一支属于准僚系统的农业民族。在方法上，他同样运用了民族志的成果（资料），并结合考古发现、历史文献以及冶金学知识进行了处理。汪宁生的铜鼓研究不仅回答了铜鼓源于木鼓的问题，而且确定了铜鼓最早起源于中国云南省、广西壮族自治区西部和贵州省西部，其对铜鼓类型所做的"六分法"以及有关铜鼓发展演变问题的推论，在今日之铜鼓研究中仍有重大影响。另外一个例子就是对古代"屈肢葬俗"的研究。作者统计了中国新石器时代墓葬发现的屈肢葬，并做了分类，然后将它与中外民族志中的有关内容进行仔细的对比分析，并结合古代文献进行研究，最后指出屈肢葬的缘起是原始人信仰灵魂不灭的观念，它普遍地不分区域地存在于原始社会的结构之中，为古代社会的研究提供了不可多得的材料。

可见，民族考古学是基于考古学的立场，"借用"文化人类学的有关理论、方法和民族志材料，进行研究的视角和方法。汪宁生通过对西南少数民族中存在的用竹签占卜的方式来解释考古遗物中出现的八卦和骨卜图案，认为他们解读卜兆的方法可能是殷商卜人的方法。著名的考古学家张光直盛赞这是在中国考古学上最好的例子（指考古学借鉴民族志的方法研究）。因此，他建议文物考古工作者熟读民族学。尽管如此，张光直仍然审慎地告诫考古学中对民族志类比方法的运用可能由于"民族学原理的有限性"导致教条主义的危险，同时，在民族学蓝图与考古学、历史学史料之间，史料为先，不能拿史料去凑合蓝图，要用蓝图去对拼史料。①

三、新考古学与人类学

新考古学（New Archaeology），又叫过程考古学（Processual Archaeology）。与传统考古学秉承"文化史"的视角不同的是，新考古学主张考古学的最高目标并非了解历史，而是像文化人类学家那样努力阐明和检验人类行为的一般规律。它要求考古学走出年代学和类型学的老路，以研究人类社会发展变化程序为目的，使考古学成为社会科学，对当代问题可以有所启示。因此，学者们总结，新考古学不仅可以追踪某个地方不同文化的年代，还可以关注特定文化发展的原因，以及该时代人工制品在整个生态系统中的作用。可以说，无论就其内容、方法，还是理论、目标而言，新考古学完全不同于传统意义上的考古学，它是考古学史上的一次革命，自从在美国兴起后，迅速波及西方学术界，对世界考古学影响深远。其主要代表人物为刘易斯·宾福德、朗格，希尔和佛兰内力，以及英国的克拉克等。

在《考古学纯洁性的丧失》一文中，戴维·克拉克全面地描述了新考古学发生、发展的时代背景，尤其表现在社会进步、观念的变革与科学的发展等方面。20世纪60年代之前，在北美考古学家的眼中，考古学是一门研究历史上人类及其生活方式的学科，它的主要工作就是对这些历史遗物进行分类、描述和建构时间序列上的演化史。文化历史考古学阶段有三个重要特征：第一，考古学家努力定义个别的考古学文化，并用这些单位来建立区域年代学或文化序列；第二，考古学家的目标是尽可能了解与这些文化相关的生活方式；第三，对历史文化的传播

---

① 张光直：《考古人类学随笔》，生活·读书·新知三联书店1999年版，第124—125页。

学解释。根据学科史回顾，20世纪50年代美国考古学有两大进展：一是聚落考古学诞生；二是关注斯图尔德文化生态学。这两项进展标志着致力于史前社会适应方式和社会结构研究的开始。聚落考古学对于在废弃过程中受到扰动相对较少的一类资料的重要性给予了关注，因此对史前时期人们的居住背景可以提供很有价值的信息。两种方法都鼓励将演变作为史前社会的内部过程来研究，从而提高了对其内部结构的认识。可见"考古学纯洁的丧失"从某种意义上在昭示新考古学的人类学取向。

布鲁斯·特里格对新考古学的理论立场给予了精准的评述：首先，新考古学推崇新进化论。新进化论与19世纪文化进化观相似，深信文化之间所有重要区别都可以看作从简单到复杂发展的不同状态。因此，在解释文化变异时，发展是一个需要解释的主要因素。新考古学受新进化论"游群—部落—酋邦—国家"这一单线进化模式的影响很大。其次，新考古学强调文化的系统论观点。如宾福德强调，文化是不同个体以不同方式参与的产物，采纳了怀特将文化看作功能性整合热动力系统的概念，并摒弃了涂尔干将社会简单定义为各组成部分功能上协助整体运行的观点。新考古学很快取代了静态的整合观和怀特较简单的系统演变观，而代之以源自控制论，以各亚系统通过正负反馈整合到一起的模式。再次，新考古学对生态学倾注了极大的兴趣。最后，新考古学采取阐释的演绎模式，认为解释和假设是同等重要的相关主张。

学者们总结指出，新考古学在"范式"上的革命性变化主要表现为以下特点：强调文化生态学，将人类文化看作人地互动的产物；信奉新进化论，认为考古学的最终目的是要阐释社会演变的规律；提倡系统论，认为文化并非静态器物的集合，而是功能互补的动态系统；强调实证论的科学方法，用问题导向的演绎—检验方法来解释文化变迁的动因。新考古学的命运似乎是"昙花一现"，它形成于20世纪60年代，只是持续了30余年的时间，到90年代以后渐趋式微。在特里格看来，其"兴也忽，亡也忽"的原因在于其"理论基础不靠谱"。他认为，在这群人中，新考古学家致力于运用考古资料对发展社会科学一般性理论做出贡献。同时，他们从人类学，特别是从斯图尔德和怀特的著作中借用了当时还没有为大多数民族学家所采用并尚有争议的一套概念。之所以选用这些概念，并非因为它们被证明比其他概念更牢靠，而是因为它们貌似增强了考古资料理论上的重要性。而在华裔考古学家张光直看来，新考古学"盛极而衰"的主要原因是新考古学派"唯我独尊，排除异己""借用或制造读者不懂，自己也不懂的新术语"，以及"对资料本身鄙视的态度和对所谓'程序'的过分强调"等。① 因此，新考古学最大的吸引力是一群"离经叛道"的年轻人在"挑战"他们的前辈一直以来主张的"烦琐的技术层面"的追求。

20世纪80年代初，新考古学曾被引介到中国。但除了部分主张把"考古学置入人类学"学科的学者为之发声之外，中国的考古学家似乎没有更大的兴趣，以至于新考古学在中国大陆也是"无疾而终"。夏鼐在《什么是考古学》和《中国大百科全书·考古学》的序言中指出，以宾福德为首的所谓"新考古学派"主张考古学应该是一门研究"文化过程"的学科，研究目标在于探索"文化动力学规律"。他认为，新考古学派撰造一些别人难以懂得的术语，以阐述他们的范例和理论，提出他们的模式和规律，并认为他们的主张过于片面，只能看作对传统考古学流于烦琐的一种反抗。不过也有大陆的考古学家持宽容和发展的眼光，肯定新考古学给中国考古学界带来的冲击。曹兵武认为，新考古学可以概括为以当代科学的方法和思维方式处理考古学材料、重建人类的过去并进而追寻人类文化发展过程与规律的一种探索。新考古学代表了考古学发展的新范式——过程主义——的研究阶段，构成这一新范式的既有考古学家对考古学（包括文化和目标）的新理解，也有实施这种新理解的新方法，它们形成了一个完整的体系。在这一体系中，考古学家拥有了一个更广阔的天空，拥有了一种新的可能性，而且这种可能性已被逻辑和部分的实践所证实——这种可能性是合理的。当然，实现新考古学的目标，尚需要时间和更多、更普遍的实践。

第三节　体质人类学

体质人类学也称为生物人类学，是从生物和文化结合的视角来研究人类体质特征在时间和空间上的变化及其发展规律的科学。与一般意义上的生物学研究不同的是，体质人类学是以生物学的本体论知识为基础，把人类的生物学特征置于整个人类历史和文化的链条中考察，它借鉴和利用许多相关学科——譬如地质学、古生物学、遗传学以及现代新兴科学分子生物学、遗传学——进行研究，其知识体系涉及人类起源、人种学以及人类遗传等方面。

近代科学产生之前，在人类起源问题上的观点和讨论主要围绕着神话、巫术、

---

① 张光直：《考古人类学随笔》，生活·读书·新知三联书店1999年版，第143—150页。

宗教等形式，譬如《圣经》里的"上帝造人"，中国神话中的"女娲造人"等。神话、巫术和宗教多以隐喻的思维方式来理解人类的起源，显示其独特的不同于科学的逻辑。针对"神创论"，从 19 世纪初开始，一些生物学家、博物学家等开始质疑并创造新的观点，这就是我们熟知的"进化论"。从 1809 年法国生物学家拉马克的《动物哲学》，到 1859 年英国博物学家达尔文的《物种起源》；从托马斯·赫胥黎的《人类在自然界中的位置》到 1868 年德国博物学家海克尔的《自然创造史》等，都在论证相似的观点，即人猿同祖论。1871 年，达尔文发表《人类起源和性选择》，在书中他明确提出了"人类演化的非洲说"。1876 年恩格斯在《劳动在从猿到人转变过程中的作用》一文中，提出"劳动创造人本身"的观点，其背后的理论基础也是进化论。20 世纪以来，在人类起源问题上，分子生物学把对 DNA 的研究成果运用到体质人类学领域，把体质人类学的发展推向了一个更广阔的天地。

一、人类的演化

达尔文和赫胥黎对于人类起源研究的证据主要来自将现代人类与和猿类比较的解剖学和胚胎学研究，属于间接的证据，缺乏最直接的人类祖先的遗骸化石证据，也就是说，人类从猿演化到人的过程缺失化石证据。19 世纪 90 年代，荷兰学者杜布哇在印度尼西亚的爪哇岛先后发现人类下颌骨、头盖骨、牙齿和股骨化石。根据形态研究，杜布哇将这些化石归入一种远古人类：直立猿人，认为它是从猿到人之间的缺失环节。由于当时没有发现这种生活在 50 万年前的爪哇直立猿人使用石器工具的考古学证据，因此爪哇直立猿人是否为人类的先祖引起了学界争议。20 世纪初，在中国发现的北京猿人的头盖骨、牙齿、下颌骨和头后骨等化石在形态上与爪哇直立猿人接近，不仅如此，在北京猿人发掘地的周口店还发现了大量的古人类制造使用的石器、用火痕迹和其他的动物化石等证据，这确定了直立人在人类起源和演化过程中的地位。

20 世纪 50 年代以后，在东非和北非地区也发现了直立人化石，人类起源研究的中心逐渐转移到了非洲。随着南方古猿非洲种、南方古猿鲍氏种的发现，南方古猿的化石证据显示出其枕骨具有大孔，位置靠前，股骨粗线，盆骨宽而矮等特征，表明与直立行走有关，这说明南方古猿应该属于人类范畴。迄今已经在南非和东非肯尼亚、埃塞俄比亚、坦桑尼亚和中非乍得等多个地点先后发现了大量的南方古猿化石。20 世纪 60 年代，学者在奥杜威峡谷距离东非人头骨发现地不远处，发现了被称为"能人"（意思是手巧的人）的化石，证明"能人"已经具备制造石器工具的能力。古人类学界一般认为"能人"就是人属的早期成员。20 世纪 90 年代以来，在中非的格鲁吉亚、欧洲的西班牙等地发现了更新世中期人类化石，以及在东非的埃塞俄比亚、肯尼亚、乍得发现了地猿、原初人、撒海尔人三批时代更早的燃料化石。按照化石形态和生存年代，人类演化大致划分为如表 1 所示①：

表 1　人类演化历程

阶段名称	生存年代	分布区域
人猿过渡	距今 700 万—520 万年	乍得、肯尼亚、埃塞俄比亚
南方古猿	距今 440 万—150 万年	东非：肯尼亚、埃塞俄比亚、坦桑尼亚 中非：乍得 南非
能人	距今 260 万—150 万年	肯尼亚、埃塞俄比亚、坦桑尼亚、南非
直立人	距今 190 万—20 万年	东非：肯尼亚、埃塞俄比亚、坦桑尼亚 北非：阿尔及利亚 东亚：中国、印度尼西亚 西亚：格鲁吉亚 欧洲：西班牙、意大利、法国
古老型智人	距今 60 万—10 万年前	非洲、亚洲、欧洲
海德堡人	距今 70 万—13 万年前	欧洲、非洲（？）
尼安德特人	距今 13 万—3 万年前	欧洲、西亚
早期现代人 （解剖学结构上的现代人）	距今 16 万—4 万年前	非洲、亚洲、欧洲、澳洲
完全现代类型人类（现生人类）	8 万年，或 1 万年以来	世界各地

二、现代人起源："非洲说"与"多元说"

20 世纪 80 年代中期以来，现代人起源的研究形成了"非洲起源说"（out of Africa）和"多地区进化说"（multiregional evolution），这就是俗称的"非洲说"

---

① 戎嘉余主编：《生物演化与环境》，中国科学技术大学出版社 2018 年版，第 372—373 页。

和"多元说"。"非洲说"认为最早的现代人大约 20 万年前出现在非洲，13 万年前开始走出非洲，向世界各地扩散，取代了当地的古人类，成为各地现代人的祖先。

美国人类学家首先提出"人类起源于非洲"的假设。他们发现，大约在 4 万年前，旧石器中期文化似乎被旧石器晚期文化突然取代，其间没有任何过渡迹象。这种全新的文化以高度发展的洞穴壁画、实用物件上的艺术表现和以动物骨角为原材料的工具的广泛使用为代表。考古学家推测，原先其他大陆存在的古代人类或人科动物，如欧洲和中近东的尼安德特人、亚洲的"古人"不仅没有演化成现代人，反倒在竞争中被代表新文化的"新人"所取代。最初，这一假设还认为现代人走出非洲向各处迁徙的过程中，与各地原有的"古人"有某种程度的混血。后来，混血的说法被遗传学家所否定。也就是说，来自非洲的新人完全取代了原先存在的古人类。

"非洲说"得到了考古学和分子生物学的有力支持。1974 年，美国克利夫兰自然历史博物馆馆长唐纳德·约翰逊一行在埃塞俄比亚东部发掘出一具化石骨骼，完整度是整个个体的 40% 左右，经过考古验证，这具化石骨骼可以"还原"出个体身高大约 1.1 米，她的外表虽然像类人猿，但从整体骨骼结构来看，她属于可直立用两脚行走的原始人类。这块化石被命名为"露西"，露西在埃塞俄比亚当地的名字叫"金格利许"，意思是"你真奇妙"。露西的出现，为人类进化史衔接类人猿和人类之间断裂的缺口带来了新的理论，被视为研究人类起源的里程碑。

1987 年，英国《自然》周刊上刊登了美国加州大学伯克利分校三位分子生物学家卡恩、斯通金和威尔逊的《线粒体 DNA 与人类进化》一文，他们选择了祖先来自非洲、欧洲、亚洲、中东以及巴布亚新几内亚和澳大利亚的土著共 147 名妇女，从她们生产后婴儿的胎盘细胞中成功地提取出 mtDNA，对其序列进行了分析，并根据分析结果绘制出一个系统树。所测定的婴儿 mtDNA 可以将所有现代人最后追溯到大约 20 万年前生活在非洲的一位妇女，她可能就是今天生活在地球上各个角落的人的共同"祖母"。大约 13 万年前，这个"祖母"的一群后裔离开了他们的家园非洲，向世界各地迁徙扩散，并逐渐取代了生活在当地的土著居民直立人的后裔早期智人，从此在世界各地定居下来，逐渐演化发展成现在的我们。这就是著名的现代人起源的"夏娃（Eve）假说"。

"非洲说"还有"尼人"作为"反证"。1997 年 7 月，美国《科学》周刊发表了一篇文章，引起学术界一片喧嚣。德国慕尼黑大学的分子生物学家克林斯等，对 1856 年发现于德国杜塞尔多夫城尼安德特峡谷的、距今大约 6 万年的尼安德特人（以下简称为"尼人"）化石，进行了 mtDNA 的抽提和 PCR 扩增，并对提取出的 DNA 进行了测序。发现尼人的 mtDNA 序列中有 12 个片段与现代人类的完全不同，尼人的 mtDNA 处在现代人类的变异范围之外，推算得出的分化时间在 30 万年以上。而历史上尼人和现代人的并存历史在 10 万年以内，如果这两个人种之间有直接传承关系，其差异应该不超过 10 万年。由此推测，尼人不可能是现代人类的直系祖先，他们根本就没有将其血缘遗传给现代人类，只成为人类演化史上的一个旁支。这一研究结果支持了"非洲说"。

褚嘉佑等 14 位中国学者 1998 年在《美国科学院学报》上发表了一篇文章也支持现代人起源于非洲的观点。他们利用 30 个常染色体微卫星位点（由 2~6 个碱基重复单位构成的 DNA 序列），分析了包括中国汉族和少数民族的南北人群在内的 28 个东亚人群的遗传结构，研究结果支持现代中国人也起源于非洲的假说，并且认为现代中国人群是由东南亚进入中国大陆，而非通过中亚移民过来的。但是由于样本量较少、群体代表性不强，且微卫星位点突变率较高，对追溯久远事件有一定局限性等原因，褚嘉佑等人的工作对证明东亚人群起源于非洲的观点还不十分令人信服。

2001 年，柯越海等人对来自中国各地区近 12 000 份男性随机样本进行了 M89、M130 和 YAP 三个 Y 染色体单倍型的分型研究。他们选择的三个 Y 染色体非重组区的突变型 M89、M130 和 YAP 均来自另一个 Y 染色体单倍型 M168。M168 突变型是人类走出非洲并扩散到非洲以外其他地区的代表性突变位点，它是所有非洲以外人群 Y 染色体的最近的共同祖先，所以 M168 是现代人类单一起源于非洲的最直接证据，在除非洲以外的其他地区没有发现一例个体具有比 M168 更古老的突变型。被检测的所有中国 12 000 份样品中全部都携带有来自非洲的 M168 突变型的"遗传痕迹"，因此他们认为，Y 染色体的证据并不支持中国现代人独立起源的假说，而支持包括中国人在内的东亚现代人起源于非洲的假说。

"非洲说"已被崇尚科学主义的西方学术界广泛接受。按这一假设，现代人与原先亚、欧大陆生存的"古人"无关。那么，"古人"又是如何消失的呢？显然，在这一点上"非洲说"难以令人信服。于是一些学者主张和支持"多元说"，代表人物有美国密歇根大学人类学系的考古学家沃普夫和中国中科院院士吴新智、澳大利亚国立大学的考古学家索尔尼，故国际上又将"多元说"称为"沃-吴-索"假设。这种观点相信，到目前为止，非洲仍是人类演化的源头，但人类的远祖早在"直立人"时期，也就是距今 100 多万年前，就走出非洲。旧大陆上的现代智人都是在各大陆上独立演化形成的，但在这过程中存在着基因漂移的现象。可见，"多元说"主张世界各地的现代人起源于当地的古人类，其主要证据是一个地区不同时代的古人类化石具有一系列的共同特征，在演化上呈现出区域连续性，尽管可能与其他地区的古人类存在一定程度的基因交流，但一地的古人类存在区别于其他地区的古人类的区域性特征。中国学者吴新智提出的"连续进化附带杂交"无疑就是属于"多元说"的观点。他认为，在中国境内发现的古人类化石（从直立人阶段的元谋人、北京人、南京人，到早期智人阶段的大荔人、金牛山人、许家窑人、马坝人，一直到晚期智人阶段的柳江人、山顶洞人、资阳人、丽江人等）具有一系列共同的形态特征，如上面部低矮、面部扁平、颧骨额蝶突扁向前方、颜面中部欠前突、鼻区扁塌、眼眶呈长方形、铲形门齿等。同时，现代中国人的形成有来自其他地区人类基因交流的影响，如在一些中国古人类化石上发现圆形眼眶、发髻状枕部、梨状孔上外侧膨隆等欧洲尼安德特人的特征。

范可认为，两种假设中，"多元说"更可能为"种族"分化提供解释。除却政治的因素，现代人类学之所以不接受人类存在着不同种族之说，主要是因为一个"种族"内独立个体间的差异要大于种族间的总体差异。我们实际上无法在科学的意义上确认一个独一无二的种族标本。恩蒂尼认为，任何否定种族存在的观点都不能成为否认人类存在着生物性差异的托词。他指出，主要是遗传的因素，而非其他，决定了部分黑人拥有超凡的运动天赋。恩蒂尼在近十多年来一些考古学家和分子生物学家对"非洲说"提出的修正上，找到了这个答案。恩蒂尼相信，现代人实际上是远古不同人类种族的混血后代。但这是从基因的角度说的，现在我们所见的肤色、发型等一些体质表型，应当是现代人走出非洲之后，对不同地理环境的适应和基因漂移、基因突变等因素作用下的结果。

三、"种族"问题

最早提出人种科学分类的是瑞典的卡尔·林奈。他在1735年出版的《自然系统》一书中，根据不同的大陆洲和肤色，把全世界的人分为美洲红种、欧洲白种、亚洲黄种和非洲黑种四种人种。1779年，德国的布鲁门巴赫根据地理区域把人类分为五个人种，即高加索人种、蒙古人种、埃塞俄比亚人种、美洲人种和马来人种。此后两个多世纪以来，相关的研究基于其他不同的标准，如发型、发色、头型、鼻面形态等人体形态的体表特征，提出过200多种人种分类体系。那么人种形成的原因是什么呢？根据现代遗传学的研究，人种形成主要由四种因素决定：突变、基因重组、迁徙和选择。基因是遗传的基本单位，主要在染色体上，遗传基础的差异是由于基因的突变和重组，突变是遗传物质的物理化学变化，基因重组是由于杂交产生的；另一方面，人类的迁徙和地理环境的选择导致不同人种之间的婚配形式等社会文化因素，反过来又会促使生物基因的变化。因此，人种的形式既受生物性因素的制约，又同时受到社会文化因素的影响。

种族概念的内涵在很大程度上与人种重合，主要强调在体质形态上具有共同遗传特征的人群共同体，因此，生物学上的种族被定义为亚种，即与同一人种内与其他群体具有基因差异的群体。不过，这种生物学建构的种族概念至少存在三个"陷阱"：首先，"多大程度上的差异才会造成分类学意义上的种族差异"至今尚未达成共识，或者说根本不可能达成共识；其次，现代遗传学的研究表明，任何一个种族都没有出现其拥有独一无二的、其他种族中不存在的基因，换言之，种族之间的遗传基因是"开放的""流动的"；最后，同一群体不同个体之间的差异性有时甚至大于不同群体之间的差异性。因此"种族"概念的形成与其说是一种生物学上的事实，还不如说是一种社会文化的建构，这种建构常常是与种族歧视和政治经济压迫相关联的。结果就不可避免地形成了影响至今的种族主义。种族主义由来已久。19 世纪法国社会思想家戈宾诺和德国思想家张伯伦对后来在欧洲发展起来的种族主义理论及其实践活动曾产生巨大影响。张伯伦生于英国，后加入德国籍，他曾是戈宾诺的学生。他们的理论极力宣传某些人种具有天然的优越性，并激起人们对所谓劣等人群的偏见和歧视。法国社会学家 C. de. 戈宾诺在《论人类种族的不平等》一书中，将人类种族分成不同的等级，宣扬日耳曼民族是最优秀的。这些观点直接成为纳粹德国"雅利安血统优越论"的理论基础。其实，从 20 世纪早期开始，一些学者就对种族优越论提出了质疑。第三章中已经具体讲到美国著名人类学家博厄斯的反种族主义思想，在此不再赘述。阿什利·蒙太古是博厄斯的学生，他以著书立说和共同演说的形式反抗所谓的"科学种族主义"（Scientific Racism），1942 年出版的《人类最危险的神话：种族谬论》首次从纯科学的立场上，揭示了将人类种族作为一个生物学范畴所具有的谬误。发生在 20 世纪的两次世界大战，尤其是第二次世界大战，种族大屠杀的惨痛教训激起全世界对种族主义的反对。1963 年，联合国颁布了《消除一切形式种族歧视宣言》，明确指出，任何种族差别和种族优越的学说在科学上均属错误，在道德上应受谴责，在社会上实为不公，且有危险。无论在理论上或实践上均不能为种族歧视辩解。尽管种族主义在全球的一些地方仍然存在，但反种族主义是社会发展的主要思潮和必然趋势。

思考题

1. 试用具体的案例分析你对语言与思维关系的理解。

2. 如何分析"作为人类学的考古学的人类学"？

3. 从语言学、考古学和体质人类学的角度讨论人种、种族与民族主义。

▶ 答题要点

第四章 文　　化

人类学界对于文化的认识，可以说经历了一个从"阶梯性进化"到"价值相对"的变化过程，从 1871 年人类学的奠基人、英国人类学家爱德华·泰勒在《原始文化》一文中首次提出文化定义开始，至 1973 年美国人类学家克利福德·格尔茨在《文化的解释》中对文化"象征性"的诠释，人类学对文化的认识经历了从进化到传播、从功能到结构、从模式到象征的变化过程。由于文化是人类学的研究对象，因此，人类学对文化认识的发展变化，反映出人类学对本学科认识的变迁，对本学科研究方法与方法论认识的变迁，也是人类学学科反思与批判精神的体现。

第一节　文 化 特 性

一、文化的定义

文化定义的"多样化"是学界公认的一个特殊现象，其"多样程度"在学界可谓首屈一指。1952 年，美国人类学家阿尔弗雷德·克鲁伯和克莱德·克拉克洪合著的《文化：关于概念和定义的探讨》一书，对文化概念进行专门探讨。书中梳理了从泰勒提出文化定义的 1871 年至 1951 年间的所有关于文化定义的各种文献，共收集了 164 个文化定义。他们根据这些定义的内容将其分为六类，即列举和描述性的定义、历史性的定义、强调文化规范特性的定义、突出满足需求功能的心理性定义、探讨文化性质的结构性定义和归纳文化存续路径的"社会遗传性"定义。上述各类文化定义仅限于当时西方学界所使用的文化定义，尚且不包括公共话语和社会生活中使用的文化概念。文化概念之多，可见一斑。

在中国，文化一词不仅同样具有多种含义，而且，其在日常生活和公共话语中的含义更具多样性。在学术界，中国的不同学科所定义的文化概念含义不同。马克思主义哲学主张把"文化"理解为一个"总体性的范畴"，把文化概念看作一个关于人的对象性的生命活动和历史发展的本体论。而在文化研究领域，则把文化看作大众的、平民的、普通人的日常生活，用它来指代某一个特定的领域和区域特点。在社会学等众多的社会科学中，文化被认为是自然的对应物，是人类适应自然的产物。而对于以文化为研究对象的人类学来说，文化不仅是人类作用于自然的产物，也是用来规范人与人、人与社会、人与自然关系的价值体系与行为准则，人类学的文化定义有着更加宽泛的内容和精细的区分。不同学科、不同视角构成了对文化的不同理解和表述，也形成了众多的文化定义。

在中国的公共领域和社会生活话语体系中，文化一词有着更多的含义，如用来特指人的修养、区域特色、人文特点、饮食方式、艺术特色等，也常常用来表达人的受教育程度、价值偏好、性别特点等。但是，此处的文化一词往往需要与补语或者定语共同组成一个完整含义，如文化教育、文化程度、传统文化、文化产业、饮食文化、文化时尚、女性文化等。凡此种种为文化概念外延的扩大奠定了基础，使其内涵也更具多样性。那么，如此多的文化概念是如何发展而来的，其众说纷纭的含义是如何形成的？要回答这一问题，我们需要回到该词的源头一探究竟。词语语义的多样，既是文化与认识规律所决定的，也是特定历史条件的产物，而如此众多的文化概念正是不同民族、不同视角、不同理解、不同表达方式下的不同认识规律所决定的：是词语所负载的不同历史文化背景所致，即词语定义的多样化与词语形成或传播的历史文化背景有关。当然，词语意义的多样化也是一个复杂的语言现象，除了外部原因，也受到词语自身形成与发展规律的限制，在借喻、隐喻等规律的作用下，词语内涵与外延的发展也是造成多样定义的原因之一。

（一）西方语言中的"文化"含义

据考证，英语中的"文化"（culture）一词形成于19世纪中叶，源自拉丁文的词汇"耕耘"（colore），原意指照料土地、饲养动物等，包含着栽培、耕种之意。随着社会生活的发展，该词延伸到了人们的日常生活中，通过借喻、隐喻逐渐衍生出穿衣、装饰身体等"照料人们生活"的含义，也衍生出了关心、关怀、敬神、培养人的道德与心智等意义。而后，随着该词使用范围的扩大，"文化"一词的含义也逐渐增多，直至发展成为一个含义复杂的词汇。可见，文化最初是指现实生活中的劳作，与现实生活有紧密的联系，并不含有今天抽象的价值含义，但是，其基本意义中所指的人类的活动，却暗示着人与自然的区分，包含了今天该词中"文化只存在于人类社会中"的意义。

拥有世界第三大语言之称的西班牙语，其文化一词同样源自拉丁文，据《西班牙语大辞典》考证，西班牙语文化一词的最初含义也是源于拉丁语中的"耕耘"，同样，通过借喻与隐喻形成了与自然相对应的意义，被用来特指人类所特有的状态和行为。

素有严谨美誉的法语，与英语、西班牙语一样，其"文化"一词同样源自于拉丁文。据丹尼斯·库什的观点，13 世纪末期，法语中的"文化"含义就是指对土地或牲口施以照顾，或用来表示一小块被耕作的土地。到了 16 世纪初期，其表示耕作土地的行为。16 世纪中期，引申为对一种才能（指劳作行为）的培育。从 16 世纪至 18 世纪，文化一词通过借喻，完成了该词从作为状态的"耕作"到作为行动的"耕作"，而通过隐喻完成了从土地的耕作到精神培育的含义转化。18 世纪末，经过启蒙运动，文化被理解为人类独有的特征，是区别于自然的人类积累的知识总和，并由人性传承。

可见，上述西方三大语言中"文化"一词的原初意义均指人类区别于自然的活动状态和行为以及该行为形成的后果。

（二）中国古汉语中的"文化"含义

如同东西方文化的区别，中外"文化"一词的起源与含义也有着较大的不同。在中国的古汉语中，"文化"是由"文"和"化"两个汉字形成的。汉语的"文"可追寻到先秦文献，指色彩交错的图形或纹理。从纹理含义的"文"，又衍生为语言文字及其相关的各种象征符号，进而引申到文物典籍、礼乐制度等。"化"，变也。其本义为变易、生成、造化。将"文"与"化"两字组合使用，最早见于战国末年的《周易·贲卦·彖辞》①，其将"人文"与"以化成天下"相连，体现出"以文教化"的思想。西汉之后，"文"和"化"两个汉字组合成为"文化"，指同"武功"相对的"文治"与"教化"。西汉刘向的《说苑·指武》② 中写道："凡武之兴，为不服也；文化不改，然后加诛。"《昭明文选》所载晋人束广微《补亡诗·由仪》③ 写道："文化内辑，武功外悠。"其中的合成词"文化"，均指与"武功"相对应的"以文教化"。可见，在中国的古汉语中，文化一开始就是指向人的教化、教育之意。

从中西方"文化"一词的起源与发展来看，中国强调了对人的教化，西方则突出了人对自然的行为与状态，二者有着较大的不同。但是，辨析其内涵，两者均指向人类社会所特有的活动，无论是"文治"还是"耕耘"，无论是"教化"还是"照料"，都是别异于自然的人类所特有的行为与观念，用文化一词所命名的新事物皆是人类对自己所创造的事物。

（三）现代汉语中的"文化"含义与渊源

根据《现代汉语人辞典》中对文化一词的解释，文化共有三个层面的含义。

---

① 　高亨：《周易大传今注》，清华大学出版社 2010 年版，第 169 页。
② 　（西汉）刘向：《说苑译注》，程翔译注，北京大学出版社 2009 年版，第 398 页。
③ 　（梁）萧统编，（唐）李善注：《昭明文选》，中华书局 1977 年版，第 273 页。

第一个层面是指人类创造的物质财富和精神财富的总和，或者特指精神财富。第二个层面是指考古学用语，如仰韶文化、龙山文化、河姆渡文化等。第三个层面是指运用文字的能力及一般知识，如文化水平、知识修养等。

稍加注意就会发现，文化在现代汉语中的意义与上述古汉语有很大的不同，虽然有词语本身变迁的原因，但更多的原因是因为现代汉语中"文化"一词并非来自古汉语的"单一遗传"，而是混合了外来基因，是在古汉语的基础上，经过译介和"本土化"而形成的一个混合词语，其间经历了一个外来词语"本土化"的过程。

中国学者对文化一词的使用过程，也是中国文化解释西方"文化"一词的过程。1922 年，梁启超在《什么是文化》一文中明确指出："文化者，人类心能所开释出来之有价值的共业也。"[1] 紧接着，他在《中国文化史目录》中还将朝代、种族、政治、法律、教育、交通、国际关系、饮食、服饰、宅居、考工、农事等一一列入文化范畴。[2] 钱穆在《中国文化史导论》中提出了自己的观点，他说："大体文明文化，皆指人类群体生活而言。文明偏在外，属物质方面，文化偏在内，属精神方面。故文明可以向外传播与接受，文化则必由其群体内部精神累积而生。"[3] 梁漱溟在《东西文化及其哲学》一书中认为，文化乃"人类生活的样法"[4]。蔡元培在《何谓文化》的演讲中指出，文化是人生发展的状况，包括了衣食住行、医疗卫生、政治、经济、道德、教育、科学等方面。可见，此时在中国学者看来，文化是一个包括了人类所创造的物质、制度与精神产品的极其广泛的概念。

经过上述过程，"culture"（文化）一词成了中国学界频繁使用的概念，完成了本土化的第一个阶段。"culture"一词的第二个本土化阶段是通过中国社会各界人士对其含义的"论战"而完成的，是以中国文化对其再阐释的过程。

参与此次论战者对于文化的理解大致可以归为三类。

第一类为"综合论"。即认为文化就过去而言是一个民族求生存的总成绩，就现在而言是为适合目前时代和环境所需的生存方式、方法，就将来而言是为求将来继续生存所从事的准备工作，因此，文化是人类应对时间和空间以求生存进化的总成绩。可见，这里的文化含义是对中国民族文化的价值肯定。

---

① 梁启超：《梁启超论中国文化史》，商务印书馆 2012 年版，第 1 页。
② 梁启超：《梁启超论中国文化史》，商务印书馆 2012 年版，第 1 页。
③ 钱穆：《中国文化史导论》，商务印书馆 1996 年版，前言第 1 页。
④ 梁漱溟：《东西文化及其哲学》，商务印书馆 2009 年版，第 17 页。

第二类是"精神论"。该观点认为，"文化"是一种"观念形态"，是"精神的东西"，它将"文化"定义为产生于物质生活又作用于物质生活之精神体系，在形式上表现为各种观念形态。该定义着重强调了文化对社会发展的作用。

第三类是"工具论"。该观点认为文化是人类调适于环境所创造以满足生活需要的工具，人类的生活就是创造和运用工具的过程，也就是创造和运用文化的过程。

19世纪中期以来，中国经历了巨大的历史转折，面对西方的坚船利炮，千年的封建帝国及其应对自然和世界一直卓有成效的传统文化突然显现出了前所未有的无力与无奈。为了寻找应对之策，中国历经了借助外力的"洋务运动"、改良自身的"戊戌变法"、反思文化的"新文化运动"与"五四运动"等，寻找中国和中国文化的出路成为那个时代的主题。"文化"一词作为一种新概念、新思想、新观念在那个特殊时期被"译"进来，在引进该概念和被接受、使用及确定内涵的过程中，中国学人敏锐地把握到文化概念可用于表达本民族文化价值特别强调以文化作为反映民族文化成就的概念工具。近代中国民族意识的觉醒和对自身文化出路问题的关注，造成了对"文化"概念理论阐释和实际运用的强烈需求。在这样的历史背景下，经过中国思想界的译介、阐释、论争和建构，文化一词完成了它的本土化过程，成为中国民族文化价值表达的重要途径。

综上所述，现代汉语中的文化定义，第一个层面的含义主要是由"译"而来，第二个层面的定义则是由"译"与"释"结合而成，第三个层面的含义明显是中国古汉语的基因，是"以文教化"概念意义延伸与发展的结果。由此，文化一词的双基因性质清晰可见。

（四）人类学的文化定义

1. 强调整体论的文化定义

19世纪末，人类学家提出了现代意义的文化概念。第一次十分明确和全面的"文化"定义来自于爱德华·泰勒，他在《原始文化》一书中指出文化是包含了人类所创造的精神文化、制度文化和物质文化的自足客体，且具有复杂性和整体论。同之前的克莱姆和赫德一样，泰勒根据科学的理性进展与技术对自然的控制来追溯社会发展与进步成果，并认为这些构成了人类的文化。可见，泰勒认为文化是人类过去所创造之物的总和。该文化定义被人类学界所接受，虽然，随着时间的推移和研究的深入产生了诸多的质疑和诟病，但是，其至今仍然被相当多的学者沿用。

自泰勒提出文化概念以来，人类学的文化定义工作就从来没有停止过，各种文化定义层出不穷。英国人类学家马林诺夫斯基认为，文化是一个有机整体，它包括工具和消费品、各种社会群体的制度宪纲、人们的观念和技艺、信仰和习俗。

总之，文化是部分由物质、部分由人群、部分由精神构成的庞大装置。日本学者中村俊龟智在《文化：关于概念和定义的探讨》一文中提出，文化是指衣食住、生业、信仰、年中例行活动等风俗习惯，以及反映在服装、器具、居住建筑及其他方面的事物。美国人类学家博厄斯则认为，文化包括社区中所有习惯、个人对其生活的社会习惯的反应，及由此而决定的人类生活。博厄斯的弟子阿尔弗雷德·克鲁伯追随其导师的观点，在《文化：关于概念和定义的批判性回顾》一书中认为文化包括语言、社会组织、宗教信仰、婚姻制度、风俗习惯以及生产的各种物质成就。文化不是与生俱来的而是后天习得的，所以是"超有机体"。

上述文化定义从人类学学科视角出发，均视文化为客体，即一个复杂的自洽系统，其中囊括了人类过去所有创造之总和。

2. 突出价值与信念的文化定义

随着研究的深入与反思，文化定义的视角也发生了变化，人类学家哈维兰把这种变化表述为"文化定义更倾向于明确地区分现实的行为和构成行为原因的抽象的价值、信念以及世界观。换一种说法，文化是共享的理想、价值和信念，人们用它们来解释经验，生成行为，而且文化也反映在人们的行为之中。"[①] 美国人类学家本尼迪克特的文化定义，也明确强调了这一点，她认为文化就是一个社会群体所共同具有的观念和准则。拉尔夫·林顿则明确提出，文化是物质范围以外的东西，是社会成员通过后天学习获得和分享的思想、一定条件的情感反应以及习惯的行为模式的总和。

此类文化定义明确提出，文化就是指人类所创造的精神文化，它是一套价值体系和观念，这与泰勒整体论的文化观有了较大的差别，文化定义由客观视角向主观视角转变。

3. 注重象征与意义的文化定义

20世纪80年代，定义文化的角度发生了更大的变化，美国人类学家克利福德·格尔茨开创了定义文化的新视角。格尔茨提出："'文化'是从历史沿袭下来的、体现于象征符号中的意义模式，是由象征符号表达的传承概念体系，人们以此达到沟通、延存和发展他对生活的知识和态度。"[②] 文化是作为思想体系或象征意义的结构，由传统提供的意义符号组成，但是，其象征意义与符号是处于不断

---

① ［美］威廉·A.哈维兰：《文化人类学》（第十版），瞿铁鹏、张钰译，上海社会科学院出版社2006年版，第36页。

② ［美］克利福德·格尔兹：《文化的解释》，纳日碧力戈等译，上海人民出版社1999年版，第103页。

地再创造的洪流之中，文化的核心是不断地想象和类比。美国人类学家莱斯利·怀特进一步明确指出，文化是由一组符号组成的，符号使用构成的思想、信念、语言、器皿、习俗、情感、制度等事件组成文化领域。没有符号就不会有文化。之后玛丽·道格拉斯，维克多·特纳以及格尔茨本人用一系列实证研究正式并建构了这一方法论的基础。

在此，文化被定义为一个符号系统，包括了物、人、关系、活动、仪式、观念、时间等，符号背后所蕴含的人类文化的内涵和象征意义是由人类自己建构的，不同的文化所建构的象征意义不同。这一定义文化的视角不限于之前的归纳与反映，也不再是观念与准则，而是指不断创造的、主观的符号与象征体系。人类定义文化的视角由"客观论"，发展到纯粹的"建构论"，在方法论上有了突破。需要指出的是，由于该视角的文化概念刚刚被提出几十年，对其内涵和外延还在讨论之中，学界还有相当部分的学者仍然秉持第一种定义。但是，新定义的视角打开了定义文化的另一个天地，增加了文化概念的张力，对人类学有着积极的意义和启示。

4. 注重物质与精神的文化定义

马克思虽然没有明确地指出文化的定义，但却对文化指涉的范畴做出广义与狭义的划分。广义层面的文化，是指人所创造的不同于自在自然和自身生物本能之物，如生产工具、社会制度、观念习俗等。马克思认为，人类在历史发展的早期阶段主要使用自然的生产工具，人的生存主要依靠提供生活资料的自然资源；而在历史发展的较高阶段，人类主要使用由文明创造的生产工具，人的生存主要依靠提供生产资料的自然资源。"在文化初期，第一类自然富源具有决定性的意义；在较高的发展阶段，第二类自然富源具有决定性的意义。"①而狭义层面的文化，则指观念文化，与政治、经济等范畴相对应，以社会心理与意识形式为主要内容，并将之视作与政治、经济统一的有机整体。总体而言，物质生产及其方式规定着精神文化思想的客观内容和历史形态，而文化指涉范围及其内涵的变化，体现出人类社会的发展过程以及蕴含其中的物质与精神、经济基础与上层建筑之间的相互关系。

由上可见，人类学的文化定义经历了一个发展变化的过程。从泰勒主张的"客观稳定的系统"，到"反映在人们行为中的价值、信念和价值观念"，再到"发展变化、多元不同的符号和象征的意义体系"，这一发展变化的过程也反映了人类学对于本学科研究对象和方法论认识的变化。综合人类学关于文化定义的演变及

---

① 《马克思恩格斯文集》第 5 卷，人民出版社 2009 年版，第 586 页。

其多样、复杂之陈述，并结合马克思主义理论与科学精神，我们将文化简要定义为，人们在生活中创造的生存工具与物质产品和共享的观念、价值与信仰，并以之解释经验、指导行为实践。由此，我们可以将文化分为物质、社会（制度）、精神（意识形态）三个层面。物质层面的文化，指人类活动有意或无意的遗留，包括古代与现代的建筑与人造物，借此可以透视人们认识世界和适应环境的方式；社会层面的文化，指人们的行为与组织方式以及约束人们行为的规范与制度；精神层面的文化，指人们用来解释经验，生成行为的理想、价值及世界观。三个层面作为我们认识文化的分析工具，相互之间并未分离，彼此联系紧密，合而为一。

二、文化的属性

一般认为，文化具有六大属性。

（一）普遍性与特殊性

文化是人类赖以生存的工具，不同的自然环境、社会环境形成了人们的不同需求，而不同的需求导致不同的文化，因此，文化往往具有地域特征，从而也形成了文化的多样性，构成了文化的特殊性。但是，这并不意味着文化是完全独特而没有共性可言的，相反，迄今的人类学研究表明，人类的文化具有诸多的普遍性，也正因为如此，人类学家才能够从中找到规律性的东西，从而在不同的人类文化之间展开比较研究。

在人类学的研究成果中，文化的这种普遍性与特殊性十分醒目。如人类学的亲属制度研究发现，每种文化都存在"乱伦禁忌"，但是禁忌规则的内容却各自不同。然而，由于乱伦禁忌所规范的对象均是人类的婚恋行为并且各文化婚姻制度的共性大于独特性，以至于人类学家可以将其归纳为几种类型展开比较研究并取得了不俗的成果。再如，每种文化又都不可避免地要处理孩子的抚养问题，由此形成了各种不同的生育文化，但是，这些不同的生育文化却有一个共同的诉求，那就是人类的繁衍，这也使生育文化具有了相互类似的特征。而由权利、义务、责任构成的社会关系，也是每种文化均需处理的问题，无论是个人主义的，还是集体主义的，无论是注重血缘关系的差序格局，还是注重个人权利的契约类型，均可以在交往文化这个范畴中进行比较，并且他们之间的共性清晰可见。由此，文化的独特性与普遍性成为文化的基本属性。

文化的独特性和普遍性在具体的文化中又往往表现为多样性与共享性。

（二）多样性与共享性

文化作为不同群体适应自然的工具，既具有不同的形态、内容和特征，也因其属于某一个或某几个族群、民族或者某一个地域范围而具有共享性。不言而喻，文化的多样性（Cultural Diversity）是人类文化的显著特征，任何一种文化，只有在它能够与其他文化相区别时才能被辨识，也才能被认识。"相应于不同的自然环境和历史条件，文化的起源和演化不可能是同一的；另一方面，人类需求结构的差异性和欲望理想的丰富性，也只能由文化的多样性来表达和满足。文化多样性可能是人类这一物种继续生存下去的关键。"①

从人类学的研究来看，文化的共享性主要表现在两个方面，一是在不同的文化之间通过文化传播与采借，通过文化之间的交流与碰撞，分享成果，形成互补，达成共享；二是在文化内部所有成员共享一套理想、价值和文化规则。正是这些共同的准则，"使个人的行为能为社会其他成员所理解，而且赋予他们的生活以意义，"② 文化内外部共享的原则、价值和行为准则，使他们之间能够预见在特定的环境里，人们最倾向于如何行动，以及如何做出相应的反应，从而达成相互的理解进而开展合作。

一般认为，人类文化的共享性是由两个原因促成的，一是人性普同③；二是需求类似。从生物学意义上来讲，人类的基本需求是类似的，因而赋予文化的基本任务是相同的，需要解决的问题是有共性的。例如，人类对于了解自然界的渴望促使了天文学知识的共享与传播，而人类社会技术的使用与不可或缺性同样促进了技术成果的共享。人类文化的特殊性与共享性推动人类文化的不断发展与进步。

（三）习得性与习俗化

所有文化都是习得的而非生物遗传，著名的人类学家拉尔夫·林顿把这一现象称为人类的"社会遗传"。人们与文化一起成长，因而习得自己的文化，文化也借此从一代人传递给下一代人，该过程并非仅仅局限于原貌复制而是伴随着濡化现象④进行，"经过濡化，人们学会在社会上恰如其分地满足自己生物的需要"。⑤

---

① 《世界文化报告 2000：文化的多样性、冲突与多元共存》，北京大学出版社 2002 年版，第 159 页。
② ［美］哈维兰：《文化人类学》（第十版），瞿铁鹏、张钰译，上海社会科学院出版社 2006 年版，第 36 页。
③ 古典进化论的观点，认为全人类的"心理一致"，有相同的心智，共同的基本需求、接近的人性等。
④ 濡化指发生在同一文化内部的、纵向的传播过程，是人及人的文化习得和传承机制，本质意义是人的学习与教育。
⑤ ［美］哈维兰：《文化人类学》（第十版），瞿铁鹏、张钰译，上海社会科学院出版社 2006 年版，第 42 页。

濡化是人类文化习得性的具体体现，表现在人类满足生物需求的方式上。不同文化有着不同的形式与内容，这些不同的形式与内容又在社会遗传的过程中，形成不同的"遗传方式"，一般认为最为普遍的方式就是习俗化（除了语言外）。如衣食住行与婚姻家庭规则的习俗化，从而形成了不同的餐桌礼仪、餐具使用、着装要求、居住规则和节日禁忌等习俗，也形成了各具特色的餐饮文化、服饰文化、建筑文化、节日文化等，并且通过累积和世代强化成为一种独特的风俗习惯，进而演化为文化的符号或标志。例如，中餐与西餐、春节与圣诞节、旗袍与西服、中西方建筑等都已经习俗化并且成为其文化的符号与标志。

文化的习得性与习俗化不仅表现在沿袭满足自身需求的方式上，也表现在沿袭对该方式的价值判断上。由此，虽然人体结构差异不大，但中国人认为什么样的床睡得舒服与日本人就存在着极大的不同，从住得舒服到吃得文雅，再到衣着得体，欧洲人与非洲人及亚洲人也有各自不同的标准。可见，人们通过习得而使自己的文化得以保存和延续，又通过习得习俗而使文化传承成为可能。

（四）传承性与变迁性

人们通过世代的习得行为完成文化的传递，从而形成了文化的传承性。然而，研究显示，文化的传承是有选择性的，如同生物遗传一样，文化传承也并非原样复制，其选择性构成了文化的变迁属性。

文化变迁源自自然与社会条件的变化和人们需求的改变，为了适应变化，文化通过选择而改变，选择一般包括文化整合、文化采借及文化创新，由此，文化旧有的均衡状态被新的需求所打破并通过创新、采借等机制寻求新均衡，主要有两个类型：一是因不同文化间的横向交往而发生文化传播及选择引起的文化变迁；二是因内部创新引起的文化纵向的演化或进化选择。

研究表明，文化变迁是一个恒常运动，其存在于任何文化中。有些我们能够直接感知，如中国的改革开放和由此出现的经济发展与文化变迁。而有的则处于潜移默化之中，如改革开放后职业文化的变化、农民对土地情感的变化、家族观念的变迁等，我们就不能够仅仅依赖有限的感知，而需要通过统计、分析和研究后才能够把握。

文化的传承与变迁既保持了文化的特色，也保证了文化的活力，同时，还保持了对人们不断变化需求的满足。

（五）结构性与符号性

结构主义的代表人物列维-斯特劳斯认为文化具有结构性的特点，这个特点可以划分为有意识模式、无意识模式、机械模式和统计学模式四个种类。有意识模式是人们根据自己对自己文化的认识和理解，提供给人类学家的信息，如当地人能够告诉你他们如何过圣诞节，他们怎样合作灌溉，为什么要信仰宗教等。无意识模式是指人类学家自己观察到的、当地人没有意识到，也无法直接意识到的真正结构。如人类学观察和提炼的乱伦禁忌规则与婚姻家庭的关系类型，绝非当地人自己所认识的具体细节与内容。机械模式则是指某一文化法则所规定的人们的行为，如馈赠规则、性别分工、婚姻制度等。统计学模式是指那些违反社会规范的行为的统计，包括越轨行为及反常行为等。列维－斯特劳斯认为，人们观察到的社会现象不是社会真正的结构，真正的社会结构需要进行分析和概括后才能被感知。人类学研究的任务和目的在于通过有意识的模式揭示这种社会和文化表象之下的"无意识模式"。在斯特劳斯这里，这种无意识的结构不是随意的，而是具有一定规则性的，这个规则就是从结构语言学那里借鉴过来的结构的转换法则。

上述的一个基本观点是文化具有结构性，且具有人们无法感知的深层结构。

结构人类学的研究在一些领域中成绩显著，为我们展示了这些领域的结构模式，主要有语言的结构研究、亲属关系的结构研究、信仰的结构研究和认知的结构研究等，以语言为例，语言的表层结构是语法，而深层结构则是不同语言语法所具有的共性。以此类推，亲属关系、仪式、人类认知均有自己的表层结构和深层结构。虽然，结构人类学没有把结构理论与方法运用到更多的人类学研究领域中，但这种示范性研究足以让我们相信人类所创造的文化具有结构性。

文化的符号特性则被美国人类学家莱斯利·怀特在象征与意义的视角下所揭示。他认为，所有人类行为都源自符号的使用，如艺术、宗教和货币都使用了大量的符号。文化最重要的符号特性是语言，表现为用词代替对象。文化以符号为基础，借助语言符号，人们能够把文化一代又一代地传递下去。

（六）整体论与整合性

泰勒早在他的文化定义中就明确提出了文化是一个复杂的系统，强调了文化的整体论。其后的功能学派代表人物马林诺夫斯基、历史特殊论代表人物博厄斯，直至结构人类学代表人物列维－斯特劳斯都不同程度地强调了要整体地看待文化，由此，整体论、全貌论成为人类学的方法和方法论。整体论强调文化是一个自洽系统，而整合性则强调该系统内各个部分之间的有机联系，如生产与习俗之间的联系，观念与行为之间的联系，制度与禁忌之间的联系等。各个部分的有机整合，互为基础，构成了文化的整合性。整体论与整合性虽各有侧重，但总的来说，反映了文化的运作机制，马林诺夫斯基对库拉贸易的研究就充分展示了文化的整体论和整合性。

三、文化的功能

研究表明，留存至今不同的文化都能够成功地处理那个社会的基本问题，如适应自然与社会环境的变化、满足人们的物质与精神需求、规范人们的行为、为人们的生活提供交流的可能等，这些就构成了文化的功能。

文化具有以下几种功能。

（一）满足功能

如前所述，文化是人类适应自然、利用自然和改造自然的工具，在这个适应、利用和改造自然的过程中，文化保证了人们基本需求的满足，由此，文化具有满足需求的功能。

功能学派的代表人物马林诺夫斯基是文化功能理论的主要代表人物，他认为文化本身必须保证人类的生存并且文化特质和习俗还具有满足人们心理的功能，特别是减少恐惧和焦虑等。例如，他认为巫术的功能就在于保障人们可以控制未知的或危险的力量和环境，并赋予人们自信心，采取更有实效的行动来解决面临的问题，从而满足人类的精神需求。而人类习惯性行为的功能则在于满足食物、维持体温、安全和生殖等基本物质需要，这些需要相应地分别由生活技艺和技术、房屋和衣服、对工作和活动的指令、体育和幽默、教育类型、维持安内御外的方针和家庭等得到满足。

人类学的民族志成果丰富了我们对于文化功能的认识，人们为了生存形成了诸多的生计方式，沙漠中的绿洲灌溉技术、海边的捕捞方法、农耕与牧业生产方式等，从而形成了不同的生活和社会习俗，文化帮助人类适应自然，满足人们的需求。

（二）适应功能

人类与动物的区别就在于人类依靠自己所创造的文化适应自然和改造自然，而动物则依靠本能和生物进化适应自然。文化满足人们需求的同时，也构成了人们适应自然的能力，文化具有适应功能。

文化适应指两个恒常运动：一是人类通过创造文化适应自然环境的运动；另一个则是人类通过文化变迁适应自然与社会环境变化的运动。文化的适应功能主要体现在文化的应对和应变作用上。适应自然的应对能力是在与自然界长期的适应、利用和改造中积累而成的，而应变能力则是通过文化创新、发明创造、传播与采借完成的，两者相结合使文化具有了超强的适应功能。

人类学的研究向我们展示了这一文化功能。例如，中国封建时代曾经用严格的门第婚配制度来排异其他阶层和通婚圈外的成员进入本族，以保证家族势力的兴盛，应对家族间的竞争。再如一些文化中存在的"夸富宴"，实质是夸富者对于自身权力、地位的一种维护，或者是一种"危机公关"，以应对权力地位危机。

正如博厄斯所言，每个民族的文化都有其历史特殊性，而这些与众不同的方面正是文化适应功能的具体体现。

（三）交流功能

人类学的传播学派曾经提出一个观点，他们认为人的发明能力有限，人类文化中的所有成就绝大多数是源自文化的传播与采借。因此，文化具有内部和文化之间的交流功能。

文化的交流功能指文化内部和外部的价值与物质共享过程。文化交流是一个普遍现象，其基础是文化的共享特性，实现途径是文化传播。一般认为，文化交流的实现与质量取决于交流者和交流文化之间的相似性，相似的文化之间有更多的共享价值、信念与文化符号，因此，更容易理解行为的文化意义，也就更容易达成交流的目标。

文化的交流功能主要依靠语言、技术、情感、行为等文化要素来完成，文化交流会促进文化共同体的形成。人类学传播学派和历史学派所提出的文化圈、文化层、文化区等概念，就是文化通过交流达成共享文化特质的结果。

此类研究有诸多的领域，包括文化空间研究、人文地理研究及人类学的文化传播研究等。如中国、东亚、东南亚等组成的"儒家文化圈"就共享一套儒家文化，虽然存在着差异，但基本的文化特质具有共性，而这是历史上儒家文化传播的结果。

（四）意义功能

文化交流不仅共享价值信念，也共享其提供的意义。格尔茨曾经在《文化的解释》一书中说，文化是体现在象征意义中的模式，是人们自己编织的有意义的网。因此，在他看来，文化不是锁定在人们头脑中的东西，而是体现在公共象征符号中的东西，这些象征符号包括价值观、民族精神等。由此可见，文化具有赋予人们行为以意义的功能。

格尔茨在阐释"深描"一词时，曾经用了一个"眨眼"的例子说明文化意义的相对性和变化性。在"眨眼"这个行为中，意义是现场性的，临时性的，是可变的，是人们约定的，可以用来暗示、交流或者替代某些语言意义。人类学的诸多研究也显示出了文化建构人类行为意义的功能。如在中国的仪式研究中，文化同样建构了"烧香""坐月子""守岁"等日常仪式化习俗及其象征意义。

（五）规范功能

文化的意义功能使人们的行为神圣化与价值化，而对象征意义的认同又使人们的行为规范化。文化具有规范功能。心理人类学派的代表人物之一，美国人类学家林顿在他《人格的文化背景》一书中提出，文化与个人的关系之一是模塑了个人的人格特征，从而形成了他的行为模式，也就规范了他的行为。同为该学派著名人类学家的本尼迪克特在她的《文化模式》中，描述了三个不同类型的文化群体特征，生动地展示了不同文化下人们的不同行为方式及其行为规范。她的另一部描写日本国民性的著作《菊与刀》同样揭示了日本人的人格特征和行为规范。上述研究表明，一个群体的行为具有共性，而这个共性就是该群体文化特征的体现，而使他们达成共性的正是文化规则，文化具有规范人们行为的功能。

上述研究显示，文化赋予了不同人群不同的职责、权利与义务，从而创造了社会秩序；文化提供了对于越轨和反常行为的处置方式，从而维护了社会秩序；文化还为人们树立了价值标准，从而提供了社会秩序可持续发展的可能。

可见，文化提供了一套共享的价值标准和思想体系，而礼仪规范正是其思想体系、价值标准的一个重要外显部分，因此，文化具有较强的规范功能。

第二节　文化传承

一、文化教育

文化传承是文化自身的基本属性之一，也是人类所创造的文化得以延续的基本保障，更是人类社会进步的基础。

从历史发展的角度来看，人类文化传承的方式与途径多种多样，迄今主要包括社会记忆基础上的口耳相传、制度和法规所形成的社会强制、生活中的潜移默化、道德和禁忌形成的心理约束和近代兴起的系统传授文化知识的学校教育等。特别是学校教育，已经成为当前人类文化传承的主要途径，从某种意义上来说，学校教育已经成为人类文化传承的主要手段。

学校教育下的文化传承依赖于文化自觉，文化自觉既是文化传承的基础也是结果。人们对自己文化的认识构成了文化传承内容的取舍，而文化传承的方式也是人们认识自己文化的表达。由此，学校教育与文化自觉成为文化传承的两个最为重要的因素、手段与基础。

教育是人类主动性的文化传承与习得活动，是人类社会重要的文化现象之一。

教育也是人类学的主要研究对象之一，人类学视角的教育研究主要有两个学术传统：一是德奥传统，一是美国传统。其中德奥起步较早，20世纪六七十年代，联邦德国的大学就已经成立了教育人类学系，致力于从文化现象的视角研究教育。美国的教育人类学则主要起步于移民和原住民的教育政策研究，目前研究涉及跨文化教育、文化中断、文化剥夺、学校实验民族志、教育与文化的关系等诸多问题。

教育人类学从文化传承与文化习得的视角出发，主要研究人类的教育实践，教育的本质、教育与文化之间的关系等，以便全面认识人类文化的传承与习得规律。教育人类学认为，教育是一个全方位的文化传承与文化习得活动，它与人类的其他文化传承及习得实践有直接的联系，因此，在学者们看来，教育从来就不是孤立于社会文化之外的，其受文化整体系统运作的制约，是不可分割的文化运作的一部分。

研究显示，文化教育在传承与习得文化的活动中，带有文化传播与采借的性质，同时既可以传承也产生创新，既承担习得也完成采借，还有可能造成文化的涵化，也就是说文化教育与文化变迁有着直接的关联。在少数民族地区就存在着传统文化的传承与习得和现代学校教育知识的传播和现代观念采借之间的矛盾关系，这也是各个国家和民族共同面对的问题，例如美国的"熔炉教育"① 与多元文化主义教育之间同样存在着矛盾。

文化教育还是一个价值传递的过程，无论是文化既有的价值还是所传播知识背后的价值，文化教育活动均无法回避，因此，文化教育也是模塑价值观、模塑人格的过程。文化教育是人类传承文化、习得文化的重要手段，不同的文化有不同的文化教育形式。

1. 家庭教育与人格模塑

家庭教育是社会成员完成文化濡化的最初阶段，也是其社会化的最初场所。人类学视域中的家庭教育指文化传承的一种活动，其目的是模塑理想的文化人格，因此，家庭教育的特点是礼仪教育、规范教育与人格教育，其功能是传递规则和模塑人格。

美国著名人类学家玛格丽特·米德在她的人格与文化研究中十分注重家庭教

---

① 指"美国化"教育。即将移民通过英语、美国精神、价值观和文学、艺术等美国审美教育而成为美国人的教育过程。

育研究，她对"萨摩亚人青春期"的研究家庭教育问题是重点问题之一，她认为，不同文化有不同的家庭教育理念和教育方式，从家庭教育的实质出发，她认为家庭教育是以训练孩子的选择能力和建立健康的人格为目标，而这对人的青春期，甚至人的一生都有决定性的意义。从这一点出发，她认为美国的教育是造就孩子们青春期反叛的主要原因，因此，她认为青春期不是生物现象，而是一个文化现象，是既有文化的传承过程的外在表现，美国的青少年青春期的反叛正是美国家庭教育与人格模塑的结果。

2. 社区教育与群体行为塑造

社区教育源自终身教育与大教育的理念，也是地方性知识的传承与习得的一个重要途径。现代意义社区教育的探索从北欧开始，兴盛于美国，其主要是学校教育的补充与代偿机构，与地方性文化的传承和习得关系渐行渐远。

在中国古代，类似的机构有私塾，也称私学、书塾，是旧中国（清末以前）基础文化教育的主要形式，其主要教学内容以蒙学和国学（主要指儒学）经典为主。中国的私塾教育历史悠久，从孔夫子所缔造的第一个私塾算起，其在中国存在达 2 500 余年，传统社会的伦理道德、宗法观念、等级礼制都是在这里传播的，直到 20 世纪，经历清政府 1905 年"废科举兴学堂"、民国政府 1917 年明令取缔私塾后，才渐趋式微直至濒临消亡。作为中国传统教育的重要组织形式和承载了几千年文化的传承，私塾对中国传统文化特别是儒家文化教育的形成、发展和传承以及人才的培养等发挥了巨大的作用。

3. 经堂教育与信仰传承

经堂教育又称寺院教育，一般指在寺院开展的以宗教为主的教育，其以经书的诵读为主，也教授语言和基本的社会文化知识等。在全民信教的民族，经堂教育还教授该民族的传统知识和文化观念，是传承民族文化和习得民族文化知识的主要形式之一。在中国，信仰藏传佛教的藏族，信仰南传佛教的傣族，信仰伊斯兰教的回族等均设有经堂教育。在一些较大的藏传佛教寺院往往专门设有佛学院开展经堂教育，除了教习藏传佛教经典外，还集中教习藏族语言、哲学思想、藏医学、技术、工艺、音乐、美术、书术、占相、咒术等，统称"五明"①，包括了藏传佛教和藏族的所有文化传统和知识，此类经堂教育成为传统文化传承的主要场所。

---

① 明，梵语学问的意思。五明指五类学问，又分大五明和小五明，大五明指声明、工巧明、医方明、因明和内明，即语言学、技艺、医药学、逻辑学、佛学。小五明指修辞学、辞藻学、韵律学、戏剧学、历算学。

经堂教育是历史上形成的一种文化传承与文化习得的形式之一，其在民族文化传承中具有重要的意义，虽然，目前其与现代学校教育有一定的冲突和矛盾，并且已经逐渐退出文化传承的主流舞台，但是，其曾经承担的文化传承及习得的文化实践功能仍然是人类学研究的关注点，其基本元素及运作机制对今天我们的教育实践具有重要的可借鉴性。

4. 学校教育与知识传递

学校教育是近代兴起的一种文化传承、传播与习得活动。学校教育与之前人类的文化传承活动相比，具有突出特点。

首先，现代学校教育的理念诞生于文艺复兴与宗教改革时期，是现代工业文明的一部分，是与大工业生产相适应的文化传承与知识学习及传播的主要方式。与之前习俗化等文化传承方式不同，现代学校教育的文化传承采取集体、集中、集约传授方式，年龄、性别等成为学校教育的重要量化指标。知识的传授成为主要的传授内容，而经验与体验在传授中转化为实验科学。宗教教育被排除在国民教育系统之外，而道德教育与价值教育取代了其从前的教育地位。作为文化传承与习得重要方式的现代学校教育已经成为与现代工业社会相适应的主要文化传承方式之一。但是，无论其有何不同的变化和侧重，其传承文化、传播知识、习得规则、共享价值的文化传承性质并没有变化。

其次，与之前的文化传承方式相比，现代学校教育具有更强的文化传播与采借功能。如前所述，现代学校教育在传授知识和习得技能方面大大优于之前的言传身教、师徒传承、家庭教育等小范围的宗教及精英教育。因为采取同龄班级教学、固定时间教学、学校的规模化与机构化，因此，能够在有限的时间内最大化地生产大工业化所需要的掌握知识和技术的工作者，从而与其社会文化发展的需求相适应，完成文化的传承和习得过程。由于现代学校教育所传授的文化知识具有跨地域的特性，因此，无须两个不同文化体系之间直接接触，通过现代学校教育就实现了跨地域与跨时空的文化传播与文化采借，在这里，现代教育成为不同地域与时空知识的采集者和传播者，其将文化传承与文化习得、文化传播与文化采借的过程合二为一，具备了之前教育活动所不具备的功能，借助现代学校教育通过科学知识的传播和科学理念、科学方法、科学态度的传播，实现了文化传承的同时，完成了对科学价值认识的传承。

再次，现代学校教育在传承文化的同时也成为促进文化变迁的一个重要手段。如前所述，文化变迁的机制包括文化创新、文化传播与文化涵化，而文化变迁的动力和途径主要有物质超前论的技术变迁路径和价值决定论的观念变迁路径等。

由于现代学校教育具备了文化传播与文化采借功能，而与此同时，其还承担着知识再生产和技术创新、观念创新和价值传播的任务，由此，现代学校教育成为推动文化变迁的一个重要手段。中国的义务教育就成为中国少数民族社会文化变迁的重要推手，以现代知识文化为传授内容的义务教育的推广，实现了知识与价值的跨地域、跨时空传播，从而，让远离现代工业社会的偏远地区，同步获得了现代知识与文化，从而推动了该地区民族文化的变迁。

另外，现代学校教育的文化传承与习得还具有跨文化、跨国家与跨民族特点。由于现代学校教育所传授的文化知识是过去人类所取得知识的综合，而并非只传授某一个文化体系或者某一个民族与国家的文化知识，因此，知识的共享性与文化的共享性就决定了现代学校教育所传承文化的跨文化性、跨国家性与跨民族性。

现代学校教育是现代社会重要的文化传承与习得、传播与采借的手段，也是知识再生产、文化创新的主要场所，更是文化变迁的主要推动方式之一。

二、文化自觉

文化自觉是费孝通在北京大学重点学科汇报会上首先提出来的。他认为，当今世界各种文化都在接触与碰撞之中，世界正在进入一个地球村，形成一个全球多元文化的时代。这是北京大学能够开创一代新风气的时机，至于开创什么新风气，他用了"文化自觉"四个字来表达。

之后，费孝通在整理讲话稿时进一步对文化自觉的概念加以阐述。他认为，文化自觉是指生活在一定文化中的人对自己文化的"自知之明"，明白自己的来历，形成过程以及在生活各方面所起的作用，就是指要明白自己文化的意义和所受其他文化的影响及其发展的方向。

其后，他进一步阐释文化自觉概念的内涵，指出文化自觉是一个艰巨而复杂的过程：首先要认识自己的文化，其次是理解所接触的文化。只有达到了文化自觉之后，这个多元文化的世界才能在相互融合中出现一个具有共同认可的基本秩序和形成一套各类文化和平共处、各抒所长、联手发展的共同守则。

此后，他在 1997 年 1 月北京大学举办的第二届社会文化人类学高级研讨班上反复强调"文化自觉"，以及后来在多种场合呼吁"文化自觉"，阐释"文化自觉"主张，直至生命的最后。归纳费孝通数次对文化自觉的论述，基本内容如下。

1. 文化自觉的内涵

自费孝通提出此概念并经其多次阐释，一般认为"文化自觉"包含有两个方面的主要内容。

第一，要自觉、系统、全面地认识中国传统文化，理解所接触到的多种文化，从而认识中国文化的世界地位。

费孝通说："文化自觉只是指生活在一定文化中的人对其文化有'自知之明'，明白它的来历、形成过程、所具的特色和它发展的趋向。……自知之明是为了加强对文化转型的自主能力，取得决定适应新环境、新时代、新文化选择的自主地位。……文化自觉是一个艰巨的过程，首先要认识自己的文化，理解所接触到的多种文化，才有条件在这个正在形成中的多元文化的世界里确立自己的位置，经过自主的适应，和其他文化一起，取长补短，共同建立一个有共同认可的基本秩序和一套与各种文化能和平共处、各抒所长，联手发展的共处守则。"①他认为"……我们生活在具有悠久历史的中华文化中，而对中华文化本身至今还缺乏实事求是的系统认识。我们的社会生活还处在'由之'的状态，还没有达到'知之'的境界。"②"……我们要致力于中国社会和文化的反思，用实证主义的态度、实事求是的精神来认识我们有悠久历史的文化。"③ 作为中华民族的成员，我们有责任先从认识自己的文化开始，在认真了解、理解、研究传统文化的基础上参加现代中华新文化的创造。

而对于何谓中国传统文化，如何全面认识中国传统文化，费孝通也有自己的见解，他说："不要动不动就搞汉族中心主义。"习惯上中国的文化都是以汉族为中心的，史书的记载和撰写，也都是顺着朝廷的更替，本着文化上和政治上的正统来写的。但事实上中国是由五十六个不同的民族组成的，因此，文化自觉还应该包括对中国文化的全面认识，不仅是汉族文化，还有少数民族文化；不仅是精英文化，还有民间的草根文化。因为世界上不论哪一种文明，都是由多个族群的不同文化融汇而成。中华文化之所以能长盛不衰，历史脉络从未中断，其重要原因之一在于它的"多元一体格局"，在中华文明中可以处处体会到这种多元和统一的辩证关系。而这种认识又会促进我们对以汉族为主体的中国传统文化有更深一步的理解。

之后费孝通提出了著名的"各美其美，美人之美，美美与共，天下大同"作为文化自觉的概括。"各美其美"就是不同文化中的不同人群对自己传统的欣赏。这是处于分散、孤立状态中的人群所必然具有的心理状态。"美人之美"就是要求

---

① 费孝通：《论文化与文化自觉》，群言出版社 2005 年版，第 248 页。
② 费孝通：《费孝通文集》第 14 卷，群言出版社 1999 年版，第 408 页。
③ 费孝通：《论文化与文化自觉》，群言出版社 2005 年版，第 247 页。

我们了解别人文化的优势和美感。这是不同人群接触中和合作共存时必须具备的对不同文化的相互态度。"美美与共"就是在"天下大同"的世界里，不同人群在人文价值上取得共识以促使不同的人文类型和平共处。总而言之，这一文化价值的动态观念就是力图创造出一个跨越文化界限的"席明纳"①，让不同文化在对话、沟通中取长补短。

可见，费孝通所提倡正确、系统、全面地认识中国传统文化，是指自觉地认识由五十六个民族共同创造的、多元一体的中国传统文化，同时，在了解和欣赏不同文化的基础上，自觉地把握中国传统文化的精髓与特点，进而明确中国传统文化在世界文化中的位置。

第二，要完成文化转型，从传统走向现代，将中国的民族文化融入世界文化体系中，并在这里找到自己文化的位置与坐标。费孝通把这种漫长、复杂而且充满矛盾的转型过程形象地称作"三级两跳"，即从传统的农业社会跳跃到工业社会，再从工业社会跳跃到信息社会，从一个封闭的、乡土的、传统的社会转变为一个开放的、现代化的、和平共处的社会。费孝通认为，这同样关乎如何认识自己文化的问题。他指出，在中国面向世界的过程中我们首先要自己认识自己，才谈得到让人家来认识我们和我们去认识人家，科学地相互认识是人们建立和平共处的起点。

费孝通认为，要达到中国文化的更新必须打破二元对立的观念，即传统与现代的对立，民族性与世界性的对立。费孝通说："无论是'戊戌'的维新变法，'五四'的新文化运动和解放后的历次政治运动，都是在破旧立新的口号下，把'传统'和'现代化'对立了起来，把中国的文化传统当作了'现代化'的敌人。'文化大革命'达到了顶点，要把传统的东西统统扫清，使人们认为这套旧东西都没有了。"② 但是，中国文化的特点是不可能割断历史的，"传统"和"现代化"之间找到契合之处，说明文化不仅仅是"除旧开新"，而且也是"推陈出新"或"温故知新"。"现代化"一方面突破了"传统"，另一方面也同时继续并更新了"传统"。

费孝通提出的文化自觉的含义让我们进一步思考传统与现代的关系。其实，对任何现实的理解和认识，都有它无法摆脱的先行结构，这就是传统。我们并非绝对自由地存在于这个世界，我们有一种先于我们的久远的历史，有先于我们而

---

① Seminar（研讨、讨论）的音译，指学者之间的对话。这里泛指不同文化之间的对话。
② 费孝通：《论人类学与文化自觉》，华夏出版社 2004 年版，第 192 页。

存在的价值原则、道德规范、知识结构和语言，这一切成为我们不能否定的制约，无法摆脱的传统，而一切对现实的理解只能在这一前提下进行。传统是前人理解的积淀和系统化，以及过去遗留下来的价值、原则、规范、经验、观念和知识的总和，其并不完全是人们要加以克服的消极的东西，而是理解和阐述现实的不可缺少的基础。

2. 文化自觉的意义与作用

文化自觉概念的提出，对于中国文化价值的认识和文化建设具有重要意义。

首先，只有达到文化自觉的境界，才能完成传统文化的现代转型，获得文化转型的自主地位和自主能力，从而应对文化变迁与全球化的影响。

文化的发展表明，文化变迁是一个恒常运动，任何文化都是一个变化过程，无论是远古还是现代均存在文化转型的问题。就世界而言，从农耕文明到工业文明，从工业社会到后工业的科技社会完成着一次次转型。就中国而言，近代开始的社会文化转型至今仍然在继续中，文化转型是文化对变迁的适应。只有把握自己文化的特点，对自己的文化有了自知之明，才能够在这种文化转型中占据主动地位，才能够把握自主权，从而避免被动应对，完成传统与现代的接轨。费孝通在对鄂伦春族和赫哲族的考察中就指出了这一点，"80 年代，我考察了内蒙古的鄂伦春，这个民族是一个长期在森林中生活的民族，世世代代传下了一套适合在森林中生活的文化，以从事狩猎与养鹿为生。近百年来，由于森林的日益衰败威胁到了这个现在只有几千人的小民族的生存，90 年代我又在黑龙江考察了另一个只有几千人以渔猎为主的赫哲族，其社会存在问题是同样的，中国 10 万人口以下的人口较少民族就有 22 个，在社会的大变动中他们如何长期生存下去？特别是跨入信息社会后文化变化得那么快，他们就发生了自身文化如何保存下去的问题。我认为只有从文化转型上求生路。要善于发挥原有文化的特长，求得民族的生存与发展，可以说文化转型是当前人类共同的问题。"① 一如近代中国社会的转型一样，费孝通所强调的文化自觉正是在转型中对自己文化的清楚的认识和把握，因为，只有掌握了自己文化的来龙去脉，才能把握它的发展方向，从而取得适应新环境、新时代选择的自主权力和自主能力。

其次，只有完成文化自觉的任务，才能真正开展我们与西方文化的比较，从而，在与世界的文化交流中占据主动地位，将中国文化中的优秀因子提炼出来，将中国的变为世界的，将本土的变为全球的，将国家的变为人类的，构建人类文

---

① 费孝通：《文化自觉的思想来源与现实意义》，《文史哲》2003 年第 3 期。

化和平共处之道路，为人类做出贡献。

进入 21 世纪，世界范围内的各种文化交流越来越频繁，而在不同文化的交流中，文化自觉是抵挡文化误读、防止文化冲突、解决文化争端最有力的武器。在文化交流中，对自己文化的"自知之明"会促使你将自己文化的内容和特点全面的介绍给对方，最大限度地避免文化误读，减少文化交流中不必要的冲突，从而构建人类文化和平共处的"村规民约"。以传播中国文化为己任的"孔子学院"为例，孔子学院在近十年中得到了飞速的发展，从最初传播汉语到如今全方位地传播中国文化，所面临和要解决的首要问题就是如何把中国文化完整地介绍给世界，如何将中国文化的核心与精髓介绍给世界，实践证明，只有自己全面认识和把握了中国文化，实现了"文化自觉"，才能达成这一目标。

再次，只有树立文化自觉的意识，才能促进社会发展。马克斯·韦伯在《新教伦理与资本主义精神》一书中提出了"价值决定论"，即资本主义制度是新教伦理道德观念、新教价值观念的产物。也就是说，新教伦理与资本主义制度的形成与发展相互契合、互为动力。研究表明，价值观念对于一个社会的发展具有先定与限定作用，而文化的本质就是人们共享的一套价值体系。由此可见，文化具有推动社会发展的作用。因此，可以说，只有把握了自己文化的来龙去脉，对自己的文化具有"自知之明"，才能了解和把握自己文化的特色以及这一特色对社会发展的影响，从而，推动和促进社会的发展与进步。

综上所述，文化自觉的时代意义就是主张各民族乃至全人类对自己的文化做到"心中有数"，其是探讨和确立人类文化和平共处之道，是通过未雨绸缪、防微杜渐和树立警示牌等"预警机制"，防止人类文化发展陷入迷途、陷阱和民族中心主义、文化中心主义。倡导文化自觉，既是为了实现中华民族的伟大复兴，也是为了促进世界和平发展和人类文明的共同进步。

三、文化自信

若将费孝通先生所提出的文化自觉广延开来，事实上关乎一个群体乃至一个民族的过去、现在和未来。换言之，审视过去，也是为了理解现在，展望未来。文化自觉不仅是知识分子的话语，更是扎根于现实世界的日常实践，尤其是面对社会转型与文化变迁时，文化自觉更能让人们知道自身及其文化的来龙去脉，从而更好地把握当下，并将传统和现代、过去和未来有序地衔接起来。这样的日常实践最能在非物质文化遗产的传承、延续中体现出来。

按照马克思主义理论，人类的文化被分为物质文化与精神文化两大组成部分，而非物质文化指人类在社会历史实践过程中所创造的各种精神文化。按照内容的不同，大体可以分为三个部分：（1）与自然环境相适应而产生的知识与实践，如科学、宗教、艺术、哲学等；（2）与社会环境相适应而产生的民风民俗，如语言、风俗、道德、乡规民约等；（3）与物质文化相适应而产生的技术与技能，如建筑技术、使用器械的方法、刺绣、剪纸的技艺等。就微观层面而言，非物质文化既体现出其活态化、传播性以及共享性等精神文化的特质，其文化产品又折射和反映出物质与两种文化层面的交织，如各种与民间习俗、节庆相契合的手工艺。

非物质文化遗产与非物质文化不同，指的是现存的、以人为承载与传承基础的、无形的、活态的文化遗存。非物质文化遗产的概念界定经过了一个发展过程，它并非源自学术研究，而是源自先于研究的文化遗产保护实践。1998年，联合国教科文组织发布了《人类口头和非物质遗产代表作条例》，将非物质遗产（Intangible Heritage）定义为来自某一文化社区的全部创作，这些创作以传统为依据，由某一群体或一些个体所表达并被认为是符合社区期望的，作为其文化和社会特性的表达形式、准则和价值，通过模仿或其他方式口头相传。它的形式包括：语言、口头文学、音乐、舞蹈、游戏、竞技、神话、礼仪、风俗习惯、手工艺、建筑术及其他艺术。除此之外，还包括传统形式的传播和信息。

2003年10月17日，联合国教科文组织在《保护非物质文化遗产公约》中正式将非物质文化遗产定义为：被各社区群体，有时为个人视为其文化遗产组成部分的各种社会实践、观念表述、表现形式、知识、技能及相关工具、实物、手工艺品和文化场所。这种非物质文化遗产世代相传，在各社区和群体适应周围环境及与自然和历史的互动中，被不断地再创造，为这些社区和群体提供持续的认同感，从而增强对文化多样性和人类创造力的尊重。非物质文化遗产包括下列方面：① 口头传统和表现形式，包括作为非物质文化遗产媒介的语言；② 表演艺术；③ 社会实践、礼仪、节庆活动；④ 有关自然界和宇宙的知识和实践；⑤ 传统手工艺。

作为人类珍贵的文化遗存，非物质文化遗产具有重要价值。首先，非物质文化遗产具有重要的历史价值。不同于物质文化遗产，非物质文化遗产作为以活态存续的历史遗存，是一种现实存活的历史文化形态，这种"活态的文物"对于我们认识历史和把握文化发展规律，了解历史更迭与文化存续特征具有重要的参考价值。如《格萨尔》史诗、《玛纳斯》史诗、雕版印刷技术等既是艺术也是口传历史，既是技术也是科学思想发展史，把握其发展规律，梳理、记载其历史，对于我们全面认识自己的历史文化，实现文化自觉具有极高的价值。

其次，非物质文化遗产具有科学研究价值。非物质文化遗产中有一大类是人类长期积累下来的技术、技能与技巧，具有科学性，但又与今天的科学观念不同，如列入世界非物质文化遗产的浙江龙泉青瓷、雕版印刷、传统木结构营造技艺等，均蕴含了先人的智慧与科学观念。这些古代先民的智慧，既能满足人们的生活与审美的需要，又巧妙地利用了自然资源，同时不构成对环境的威胁，值得认真研究、继承、保护与开发利用。

另外，非物质文化遗产具有极高的审美价值。非物质文化遗产名录中有大量绝美的天才创造、无与伦比的艺术技巧和独一无二的艺术形式，充满了奇思妙想，是整个人类智慧的积累和结晶，其中的真善美与自然和谐的价值取向，荡涤着人类的灵魂、升华了人类的情感、美化了人类的生活、丰富着人类的精神世界，在具有极高审美价值的同时，对社会情感、道德水准也有着重要的影响。

总体而言，非物质文化遗产是指现存的民族传统文化，是以活的形态出现的，与人本身密不可分的，以人为本的活态文化。其更注重的是技能和知识的传承，它是人类历史发展过程中各国或各民族的生活方式、智慧与情感的活的载体，是活态的文化财富。① 有学者认为，非物质文化遗产是"活"着的文化形态，是有"生命"的文化体系，是具有体系结构和丰富内涵的文化"生命"体。因其无形的特点，非物质文化遗产更加倚重人的存在和传承。亦即生活在具体社会、文化环境中的人，如何理解代代相传的文化传统、习俗与技艺，又如何在社会变迁中发扬、传承，使之富有时代气息与活力，并以此增强群体凝聚力与自豪感。对于某一社群的发展而言，文化自觉至关重要。

能否形成文化自觉，进而形成推动民族乃至国家发展的内在动力，则与一个民族、一个国家对自身文化价值的充分肯定和积极践行，并对其文化的生命力持有坚定信心，亦即文化自信息息相关。文化自信与道路自信、理论自信、制度自信一起，被视作21世纪中国治国理政的新观念。文化自信是其中更基础、更广泛、更深厚的自信。习近平指出，"文明特别是思想文化是一个国家、一个民族的灵魂。无论哪一个国家、哪一个民族，如果不珍惜自己的思想文化，丢掉了思想文化这个灵魂，这个国家、这个民族是立不起来的。""只有坚持从历史走向未来，从延续民族文化血脉中开拓前进，我们才能做好今天的事业"。② "没有文明的继承

---

① 何星亮：《非物质文化遗产的保护与民族现代化》，《中南民族大学学报（人文社会科学版）》2005年第3期。
② 习近平：《在纪念孔子诞辰2565周年国际学术研讨会暨国际儒学联合会第五届会员大会开幕会上的讲话》，人民出版社2014年版，第9、14页。

和发展，没有文化的弘扬和繁荣，就没有中国梦的实现。"①

文化自信更来自于生活在各地的人们千百年来沿袭的理念、信仰与生活态度，经由世代传承，浸润于人们心中，并成为日用而不觉的价值观与精神世界。小至日常生活中提及的"工匠精神"，即专心敬业、精益求精，不惜花费时间精力，淡泊名利，专注坚持，追求完美和极致；大到上下五千年的文明历史，如习近平所言，中国传统思想文化，"体现着中华民族世世代代在生产生活中形成和传承的世界观、人生观、价值观、审美观等，其中最核心的内容已经成为中华民族最基本的文化基因，这些最基本的文化基因，是中华民族和中国人民在修齐治平、尊时守位、知常达变、开物成务、建功立业过程中逐渐形成的有别于其他民族的独特标识"。②

文化自信的提出为关注日常生活、社会发展与文化变迁的人类学研究提供了更好的发展契机。文化自信来自于文化的积淀、传承与创新、发展，来自于文化持有者对自身文化的理解与实践，以及面对社会转型与时代变迁时所做出的能动回应，也可以视作产生文化自觉的内在动力。这对于理解转型时期的人口迁徙、文化适应、族群互动、地方发展以及传统与现代之关系而言，甚为重要。以上述非物质文化遗产保护为例，对文化自信与文化自觉的关注，并与遗产保护的基本准则相互配合，将有利于我们进一步理解、把握其保护原则。

第一，不同于物质文化遗产的"博物馆式"保护，非物质文化遗产保护的基本原则在于活态保护。中国学者刘魁立、苑利、顾军等人均从不同角度强调了这一原则，由于非物质文化遗产的核心在于人，因此，活态化保护是一切保护原则的前提与基础。例如，中国的昆曲、印度的卡提亚达姆梵剧、格鲁吉亚的复调唱法、西班牙的埃尔切神秘剧、意大利的西西里傀儡戏、俄罗斯的塞梅斯基口头文化等，均倚重人的表演而活态化存在，没有人的活态化展示其也就不存在了。技艺技能类的遗产更是如此。中国的木结构技术、桑蚕丝纺织技术、安徽宣纸的制作技巧等，如果没有掌握这些技术技巧的传承人的制作，这些技艺遗产就将不复存在。因此，活态化保护是非物质文化遗产保护的最基本、最重要的原则。而创造客观条件，提升非物质文化遗产传承人的文化自信，使之在新的形势与环境中能够充分发挥主观能动性，将更有利于非物质文化遗产的传承、保护与创新。

---

① 习近平：《出席第三届核安全峰会并访问欧洲四国和联合国教科文组织总部、欧盟总部时的演讲》，人民出版社2014年版，第17页。
② 习近平：《在纪念孔子诞辰2565周年国际学术研讨会暨国际儒学联合会第五届会员大会开幕会上的讲话》，人民出版社2014年版，第12页。

　　第二，整体论保护原则。非物质文化遗产既有其内在的存在基础，也有其外在的表现形式，更有其严密的系统结构，这三者构成一个整体，才使得非物质文化遗产得以存在。如传统的技术技能的外在表现形式就是这些技能的成果，古建筑的技术的外在形式就是故宫等建筑物，古琴制作技术的外在表现形式就是古琴，而织技的外在表现形式就是织物，它们共同的内在存在基础则是掌握技艺的人，这三者共同构成非物质文化遗产的存在结构。因此，非物质文化遗产的保护就必须遵循整体论保护原则，既要保护其内在的存在基础，也要保护这些外在的表现形式，还要保护非物质文化遗产的传承人。从这一点来说，非物质文化遗产的保护要与物质文化遗产保护结合起来，其持续之发展，不单来源于遗产保护制度的保障，更来自于文化持有者以及民众对于非物质文化遗产保护的认可和支持。

　　第三，原真性保护原则。中国学者李淑敏、李荣启就曾分析了原真性保护原则的重要意义。他们认为，由于非物质文化遗产的活态历史价值就存在于原真性之中，因此，任何虚假性的表演、人为附加的过程、刻意增加的内容均会破坏非物质文化遗产的价值。如中国的端午节、乌兹别克斯坦的博恩逊区的文化空间、韩国的宗庙皇家祭祖仪式及神殿音乐等如果加入了人为的展演因素，将使其失去原有的价值。就原真性议题而言，基于文化自信而产生的文化自觉，亦即文化持有者本身的主体意识和实践能力及其对所持有之文化的自豪感，对杜绝非物质文化遗产传承中虚假、附会的行为而言，至关紧要。

　　第四，可持续性保护原则。随着社会文化的变迁、生活方式的改变，人类的非物质文化遗产所倚重的基础发生了重大的变革，特别是工业社会对人类生活方式的改变，使这些非物质文化遗产存在的基础发生了变化。一些节日类、技能类、艺术类的遗产因为传承人自身生活方式的变化和个人喜好等发生了程度不同的传承危机。如中国的木结构技术就面临着传承危机：一是因为古建筑技术的师徒传承方式限制了传承人的选择范围和成才率；另一方面是现代生活方式对古建筑的需求被限制在一定的范围内，这促使合格的传承人有了其他选择而导致技艺技能面临失传。另外，由于生活节奏的加快、价值观念的改变，对于像端午节等这类非物质文化遗产来说，也面临着仪式的简化和内容的变迁。而像西班牙的埃尔切神秘剧，一年演出一次，戏剧服装和道具的保存、演出舞台的设计变化、演员等问题也面临不可持续的危机。因此，在强调原真性保护原则的同时，也不能回避发展与变迁的问题。既然是活态保护就无法避免外部环境变化对其构成的影响，而发展中的保护才能够使非物质文化遗产具有可持续性，这是非物质文化遗产保护需要思考的问题，也是一个重要的保护原则。同样，在实践过程中，将遗产保护原则与传承人及其所面临的新环境结合在一起，也有助于加强传承人的文化自信，提升传承人对所持文化重要性的认识，激发文化自觉，辅之以外力协助，将非物质文化遗产所承载的历史与现实的处境和可见的未来联系在一起。

第五，文化自信同时也涉及跨文化之间的交流，随着中国的和平崛起，"一带一路"倡议被提出，中国走向世界已非仅仅停留在政治、经济层面的议题，更为紧要的是如何与世界各国建立新型、友好的合作关系。而随着全球化进程的推进，越来越多的外籍人士进入中国求学、工作、经商，同时，越来越多的中国人走向海外，双方之间的互动涉及中国制造、中国设计与中国形象等一系列问题，并逐渐影响人们的日常生活。中国民众对世界的理解以及世界对当代中国的印象，都在民众来往与互动中发生着微妙的转变。换言之，全球流动中，中国及其民众如何理解不同国家、地区的文化，如何与各国人民和谐相处、互惠互利，又将以怎样的心态走向世界，已成为中国人文社会科学关注的焦点。

大国崛起，不单依靠物质硬实力，更有赖于文化软实力的提升。截至 2017 年 12 月 31 日，全球 146 个国家（地区）建立了 525 所孔子学院和 1 113 个孔子课堂。虽然其中存在所在国政治环境影响、机构组织效力以及文化适应等方面的问题，但我们坚持文以化人、文以载道，让文化成为不同语种、不同地域、不同国家和平交流沟通的媒介，超越时空，薪传中华文明，为中国走向世界营造和平环境，已经收到了显著的效果。因此，如何在开放的时代，践行文化自信，增进人文交流，展现中华文明的独特魅力，传承中华文化，弘扬时代精神，使之成为世界共享的文化资源，同时为中国经济、外交和安全影响力的扩展提供更加有效的软保护、构筑更有利的软环境，为国家、社会的发展提供更持久的力量，是我们必须重视的时代课题。

第三节　文化变迁

从人类的整个发展进程来看，文化变迁是一个常态。尽管很多人追忆过去，很多人为逝去的文化扼腕叹息，哈维兰认为，尽管稳定可能是很多文化的一个显著特征，但是没有哪种文化是一成不变的。在一个稳定的社会中，变化变迁是温和而缓慢地发生，不会以任何根本性的方式改变该文化的潜在逻辑。但有时，变化的步伐会突然加快，从而导致在一个相对短的时期内发生急剧的文化改变。

促使文化发生变迁的原因有很多，不同原因促成的变迁有不同的途径，所造成的后果也不尽相同，但其共同之处是社会与自然环境的变化所引发的人类生存需要的改变。

人类学的文化变迁研究可以追溯到 19 世纪或更早，至今大致可以分为三个阶段。第一阶段是 19 世纪的文化进化研究，进化论是当时解释文化变迁的主流观点。第二阶段是 20 世纪早期，英美文化人类学家用文化传播、结构-功能等来阐释和理解文化变迁。第三阶段是 20 世纪 40 年代以来，此阶段文化变迁研究显示出综合性的特点，文化变迁动力、机制、途径等均成为文化变迁研究关注的主要问题。

一、文化变迁

（一）文化变迁的内涵与形式

文化变迁与社会变迁既有联系又有区别。有些学者将文化变迁与社会变迁看作相同的概念，有些则认为两者各有自己的规律。美国人类学家克莱德曼·M. 伍兹在《文化变迁》一书对此作了深入的分析，他指出，文化变迁和社会变迁，都是同一过程的重要部分，但在必要的时候，在概念上也可以区分。倘若文化可以理解为生活上的各种规则，那么，社会就是指遵循这些规则的人们有组织的聚合体，而社会制度就是指社会互相作用的模式。

文化变迁主要是指被新需求打破了旧有的文化均衡状态后，文化通过调节寻求达到新均衡的过程。一般认为，文化变迁会导致社会的进步与发展，但是，从社会实践来看，变迁多指向具体的改变过程，而与历史性的文化进程相区别。从理论上讲，任何用进化表述的问题都隐含着进步意义，而变迁则未必，变迁并不隐含这一价值判断，其有可能是进步的，如科技的变迁带给人类诸如通信、交通、交流等生活上的便利。而有时候变迁带来的也可能是威胁和危机，如人类生计方式变迁，诸如工业化带给环境的破坏和对人类福祉的威胁与生存危机。因此，文化变迁只是指一种客观现象，并不指代对这一现象的褒贬等价值判断。

社会变迁是指社会制度的结构或功能发生的改变。例如，种族关系的改变，阶级差别的消除，或者家庭结构或功能的变化等。但是必须注意的是，这些变迁并非简单的、表象的变化，而是伴随着文化规则的改变。既然文化变迁和社会变迁的关系如此密切，其区别通常也就被人们所忽略，或者经常干脆统称为社会文化变迁。但是，我们仍然认为区分社会变迁与文化变迁是有意义的，因为，文化变迁明显地可以影响社会变迁，而社会变迁也会反过来作用文化变迁，任何一方在变迁速度上的迟滞，都能产生破坏性后果，这一现象已经得到令人信服的证实，因此，区分不同重点的文化变迁或社会变迁更有利于人们认识变迁的基本规律。

（二）文化变迁的类型

文化变迁可以分为两种类型：一是因不同文化间的横向交往而发生文化传播引起的文化变迁；二是因内部创新引起的文化纵向的演化或进化所引起的文化变迁。因此，我们可以把文化变迁看作文化适应过程，即文化变迁是文化内容与形式、功能与结构乃至于文化特质因内部发展或外部刺激所发生的适应性改变。

研究表明，在通常情况下，文化变迁多是缓慢累积至临界点而发生质变以求得满足人们需求改变后的文化适应过程，但在特定背景下，也可能会发生剧烈迅速的改变。文化变迁研究，需要一系列的分析概念与范畴，在人类学及文化研究等主要以文化为研究对象的学科中主要运用适应、涵化、互动、接触、特质、采借、传播、整合、趋同、融合、创新等概念和分析范畴展开研究，这些概念和分析范畴是在文化变迁研究中建构研究的基本素材。

文化变迁又可以按照变迁的特点分为无意识变迁和有意识变迁。前者指受文化自身发展规律作用，在较长的时间内文化潜移默化的变迁过程。后者则指在外力主动的作用下发生的变迁，此类变迁包含主动变迁、指导性变迁和强制变迁等。两种变迁往往是继替性、延续性和间或发生的。如中国的"家族文化"在长达千年的时间里文化内涵和文化逻辑没有发生大的改变，其在自身发展规律的作用下缓慢地进行着"潜移默化"的变迁，直至清朝末年，在西方坚船利炮和价值观念完全不同文化的双重冲击下，中国及中国文化开始了迅速地变迁，经过"新文化运动""五四运动"、新中国的成立、农业合作化与人民公社，直至今日，家族文化正在融入现代社会。又如新中国成立后，中国少数民族进入社会主义社会，在短时间内从生计方式到生活方式所发生的巨大变迁可称为指导性变迁。而有意识变迁的另一种形式，强制性变迁，在人类社会和人类历史上也比比皆是，如中国历史上的朝代更迭强制推行的文化融合，甚至文化同化；为了推广机器的使用，强制性地改变人们的生活方式以适应这种大机器工业文明；为了维护生产、生活和自然生态环境的可持续性，强制性地改变生计模式，从而使其生活方式和文化发生剧烈的变迁和激烈的文化适应过程均属于强制性变迁。

（三）文化变迁的原因与方式

文化变迁的原因是复杂多样的，但无论是无意识变迁还是有意识变迁，其共同之处都是为了应对人们需求的改变。研究显示，社会内部和外部需求的改变都会引发文化系统与文化逻辑的变化，从而引发文化变迁。因此，文化变迁的机制一般表现为了满足新需求而形成文化内部的创新，在文化间的接触中，通过文化采借而使文化适应新的需求，而由战争、迁移、自然灾害、强制性同化等其他特殊因素所导致的文化改变也是文化变迁的机制之一。

需要说明的是，在文化变迁中，上述创新、传播、自然灾害等因素并非单向的因果关系，他们是一个相互作用、相互影响、相互推动与相互交织的互动关系，正是这种互动关系推动了文化变迁，也构成了文化的变迁机制。

文化变迁的方式是多种多样的，从激烈程度来看，可以分为"润物细无声"的和缓变迁与冲突式激烈变迁；从变迁的内容上来看，可以分为"量变"的累积式变迁和"质变"的根本性变迁；从变迁性质来看，又可以分为内部变迁和外部推动式变迁，等等，上述种种变迁方式均与变迁原因有着直接的关联性。

二、文化变迁的机制

（一）文化创新与创造

文化创新是文化满足需求以适应社会与自然环境变化的终极保证，也是文化变迁机制中最为重要的机制。

创新，指发现前所未知的规律，发明前所未有的技术，实施前所未行的举措，创造前所未见的事物。文化创新指在继承的基础上通过发明、发现、创造以满足新需求的过程。美国人类学家霍默·巴尼特的《创新：文化变迁的基础》一书被认为是研究文化创新的奠基性著作。他在书中指出，创新是所有文化变迁的基础。创新应被界定为任何在实质上不同于固有形式的新思想、新行为和新事物。严格说来，每一个创新是一种观念，但有些创新仅存于心理组织中，而有些则有明显的、有形的表现形式。由此，文化创新所创造的全新文化，有可能是指一种新的文化精神、文化价值观、新的知识及知识体系，其存在于人们的观念中，以心理组织为存在形式，也可能是一种全新的文化结构，一种文化现象，可以是社会现象，也可能是一种社会制度，如亲属制度等。

1. 文化创造

发明、发现与创造是文化创新的基本表现形式，创造是发明的同义语。文化作为人类适应自然、改造自然、解决生存问题的主要手段，其要义是满足人们的生存需要，而发明创造正是达到这一目标的主要手段。

发明创造可以看作首次创新，它看似偶然，其实必然。发明创造也可以是间接的二次发明，即对已知原理的有意应用而产生的后果，其结果是可预测的和既定的，是对已知逻辑的创造性应用。

历史上有很多发明创造都是经过首次创新而产生的。如青霉素的产生看似偶然，但是，在实验室里真菌经常使细菌研究中断早已不是秘密，因为真菌经常污染培养菌和杀害细菌从而使研究者不得不经常彻底擦洗实验室。两个看似不相干的东西，被"抗感染"的需求连在了一起，于是青霉素产生了。正如很多人的判断那样，如果不是佛莱明发现了它们之间的联系，在那样的环境下，也会有其他人发现它。

人类的许多发明创造也都是二次发明，如人们在"火烧黏土得到坚硬黏土"的首次发明的基础上，创造了各类生活材料，满足了人们的生存需求。再如在满足计算庞大数据需要的前提下，人们发现了设计计算机的原理。诸如此类的发明创造是对已知原理的有意应用，其结果是既定的，已经预料到的。二次创新与首次创新一样，都是满足人们需求的重要手段，也是促成文化变迁的重要机制。

2. 文化发现

文化发现也是文化创新的一个重要形式之一，是指发现一种原先已经存在的、不为人所知的文化逻辑或文化现象，是使某些原本已经存在于世界但不为人们所了解与认识的事物变成为人所知。人们无论是有意去发觉还是偶然发现都是一种找寻（Finding）的行动。当然，这种意义上的发现不是一般生活中的发现，这种发现往往具有空前性和决定性，这一发现会给予原有文化逻辑一种全新的解释，赋予原有文化全新的意义，有些文化会因为此发现而获得了新的形态与生命力，从这个意义上来讲，文化发现并不是一种就事论事的文化活动，而是一种赋予以往文化当下的、全新意义的"再创造"。

当然，发现和发明在不同的文化背景中，以及在不同的文化时期也会有完全不同的结果，并非发明总是比发现能引发更大的变迁。一般而言，在某些既定的文化目标、价值和知识的背景下，一些特定的创新几乎是注定要发生的。但是，这些创新必须被全体社会成员所接受，才能成为导致文化变迁的机制。如果发现与发明创造得不到人们的认可，不被接受与运用，则它只是一个被搁置的想法，自然也不会引起文化变迁。这与文化的特性之一———习俗性有着直接关系，人们倾向于对自己的习惯保持一定的忠诚，尽管有的发明创造对人们有利，但不一定都会被接受，如历史上哥白尼的"日心说"，当代美国拒绝现代文明的阿米什人①等。

---

① 阿米什人（Amish）是美国和加拿大安大略省的一群基督新教再洗礼派门诺会信徒（又称亚米胥派），以拒绝汽车及电力等现代设施，过着简朴的生活而闻名。他们是独立于北美主流社会之外的特殊社区，宗教教义对他们的生活影响很大。"无欲求，无浪费"是他们的信条，因此现代社会流行的汽车、电力等至今仍然为很多秉持传统生活方式的阿米什人所摒弃。他们用最传统的手工方式打铁、制作镶嵌木工艺品、手工纺纱制作棉布、做刺绣的被子、制作奶酪，几乎成了18世纪乡村生活的"活化石"。

（二）文化传播与借用

1. 文化传播

克莱德·M. 伍兹认为，"没有一个研究变迁的当代学者，会不同意说传播或借用是创新的最普遍形式。由此，在文化内涵中绝大部分的因素是借用来的——现代社会更是如此。"[1] 他引用了人类学家林顿一段风趣的描述来展现文化之间传播的普遍性和文化元素被采借的程度。

> 我们富有的美国公民早晨从床上醒来，这种床的制作样式发源于近东，在北欧改造过以后，才传到美国。他掀开床罩，床罩是用棉花做的，棉花是印度人驯化的，或者是亚麻做的，亚麻是在近东驯化的，或者是羚羊的毛做的，羊也是在近东驯服的，或是用丝绸做的，而丝绸的使用是中国人发现的。所有这些材料都是用发明于近东的方法纺织的……

上述描述让我们相信，文化变迁的另一个重要的机制是文化传播，而文化传播就是一个文化的成员向另一个文化借用文化元素的过程。人类学的传播学派就断言文化的变迁过程就是传播过程，文化主要是在传播过程中发生改变，其在传播中通过借取其他文化的要素而满足自身文化的需要。林顿认为，任何一种文化的 90% 内容都可以通过借用得到。然而，人们对他们借用的东西是有所创造的。文化采借现象虽然较为普遍，但其是否发生却不是随机的，人们更乐于接受那些与自己传统生活方式和价值观念不相冲突的新技术、新观念和新的生产方式等。反之，某些文化元素在传播过程中则会被熟视无睹或者遭到抵制。如"剖腹自杀"不会在美国传播，因为它与美国人的宗教信仰和价值观教育背道而驰；牛肉制品技术在印度同样会遭到冷遇，因为印度人从来不会食用牛肉；同样，避孕在天主教国家会遭到抵制，因为这在他们的价值观中是罪恶行为。

2. 文化采借

上述文化传播中文化元素被接受的现象称为文化采借。需要说明的是，文化采借并不是一个单向运动，而是采借与被采借双方相互作用的过程。文化采借在不同的文化及文化系统之间流动，这种流动的速度和流动的有效性，取决于不同的文化对于对方文化采借的可能性。如前现代社会的贸易，人们不仅在贸易中交换商品，也相互采借文化元素，从而组装成自己的文化，移民至美洲的欧

---

① ［美］克莱德·M. 伍兹：《文化变迁》，何瑞福译，河北人民出版社 1989 年版，第 26 页。

洲人没多久就从印第安人那里学会了玉米、大豆、南瓜的种植与烹饪技术，但也很快就将自己的口味需求与学习的烹饪技术结合起来，形成了与印第安人食物不一样的食品，而印第安人也很快地接受了欧洲人的金属锄头、铲子和大砍刀等生产工具。同样，在使用过程中创造了与欧洲人不一样的方式与功能。而美国作为一个移民国家，上述林顿所描述的美国文化也是一个很好的文化采借的例子。

文化的采借可以依照其形式分为有意识采借和无意识采借；也可以按照其途径分为直接采借、间接采借与刺激性采借；还可以根据采借内容分为选择性采借和全面采借等。其中，有意识的文化采借是指一个国家或民族、族群有目的、有计划、有组织、有步骤地采借文化或文化元素，表现为一个国家或民族、族群为发展自己的文化，有目的、有计划、有组织、有步骤地模仿、引进和吸取他国或他民族、他族群的文化因素。无意识的文化采借是文化发展的一种自然趋势，它会随着不同文化之间的交流和交往而向各方不断地采纳。直接采借指文化间的直接交流与采借活动。间接采借则指文化通过中间媒介产生的文化采借，中国历史上就曾经由商旅将中国的丝绸和瓷器传播至其他民族从而为其所采借，而近代由传教士、旅行家带来了西方宗教和观念，他们与中国历史上的商人一样成为东西方文化采借的媒介。刺激性采借主要指某一文化特质的采借引发了另一文化的灵感进而产生了文化创新。选择性采借与全面采借则主要对应有意识采借和无意识采借，一般而言，选择性采借多发于主动性采借，目的比较清楚。而全面采借则源自两个或者多个文化长期全方位的互动，从而形成相互的采借。

中国是一个多民族国家，在历史上，秉持多种文化的族群和民族间的文化传播与文化采借是十分普遍的，依据文化采借的不同程度，表现为两个族群间的不同互动关系和采借类型。在中国西北的安多藏区存在着三大文化体系，他们是以藏族为主，由土族、裕固族、蒙古族共同构成的藏传佛教文化体系；以回族为主，由撒拉族、保安族、东乡族共同构成的伊斯兰文化体系和以汉族为主的汉文化体系。三大文化体系在文化互动与采借中形成了不同的互动类型与族群关系。从整体来看，主要有对等、交错、裹挟、涵化、依存五种互动采借族群关系类型。以对等类型为例，"对等采借"类型的族际关系具有两个主要特征，即长期对等性与短时随机性相结合的互动采借，在这种关系类型下，双方或多方的调适表现出显著的相互作用的特征，并且作用频率及作用力度也基本相当，呈现出明显的对等性。互动双方的文化采借都是积极主动的，表现在主动吸纳一些对方文化要素并将其纳入本民族的文化体系之中。因此，互动各方都在对方的文化界面上留下了

"己文化"的作用痕迹，并且都对族际关系的走向、格局及实质留下了自己的影响，而并非是某一方受到外来压力而做出被动反应的"单向流程"。对于一个文化积淀深厚，已经形成稳定文化传统的文化体系来说，全盘的文化采借或文化借用几乎是不可能的，新的外来文化特质必须与既定的文化总体达成一定的妥协，才能形成以自身文化为本位的具有选择性和再解释性特点的文化借取。由于对等互动关系双方实力相当，谁也不能够深入对方的文化核心，改变对方文化的价值观念、语言体系、思维模式及道德伦理，从而使他们之间保持着清晰的个体主观上对外的异己感和对内的情感联系及人们在特定的资源竞争关系中为了维护共同资源而产生的族群界缘（族群边界）。

上述案例可见，文化采借是一个复杂而持久的过程，文化变迁只有通过这样的一种复杂互动的形式，才能实现不同文化及文化系统之间的交往和互补，从而应对人类各种需求的变化以解决生存问题。

（三）文化的涵化与变异

1. 文化的涵化

文化的涵化指两种以上不同的文化在接触中所引起的各自内部的文化变迁。赫斯科维茨在《涵化——文化接触的研究》一书中，强调了他的涵化定义。涵化是由个别分子所组成而具有不同文化的群体发生持续的文化接触，导致一方或双方原有文化模式变化的现象。也就是说，涵化是指不同民族接触引起文化发生变迁的过程。

博厄斯在 1896 年撰写的《美洲神话学的成长》一文中指出，不同部落发生文化涵化的结果，是使他们大多数的文化特征变得一样。1935 年，人类学家 R. 雷德菲尔德、R. 林顿和赫斯科维茨发表了《涵化研究备忘录》。1953 年，由几位人类学家向美国的社会科学研究委员会建议讨论涵化问题，会议在斯坦福大学举行，会后发表了《涵化：一个探索的表述》备忘录。对比上述两个备忘录，后者对涵化所下的定义更宽更简洁，他们认为"涵化是指两个或多个文化系统相接触而发生的文化变迁"。特恩沃尔德认为涵化不是一个孤立事件，是一个过程，是从另一个文化获得其根本性核心文化元素的过程。弗特斯则进一步指出，文化涵化不是一些文化元素从一个文化传递到另一个文化，而是不同文化集团间互动的持续过程。莱塞在论述波尼研究印第安人的"手耍游戏"时指出，涵化是两个文化的核心元素混合与合并的过程，可见涵化与文化采借不同。

由此，"涵化"的定义可以理解为以下三个层面的意思。

第一，涵化是指两个独立的文化系统相遇时发生的质的变迁。

第二，涵化是有别于传播、创新、发明和发现的一种变迁过程。

第三，涵化概念可用作形容程度。"如 A 集团比 B 集团更'涵化'些"。

2. 涵化的过程与特征

人类学者都认为涵化与传播有相关性。文化特质和文化观念通过被传递到接受文化的一方，产生影响，发生涵化。但传播只是涵化过程的一个方面或步骤之一，涵化不是传播本身而是传播的结果。其次，在文化接触中各个文化系统作为一个独立单位而存在，它们具有某些根本性的要素以保持界限、内部结构的灵活性和自我完善机制。保持界限在一些封闭的社会执行得很严格，以此防止外来文化的影响。内部结构的灵活性则指文化系统内各种社会组织在功能上的相互联系，以及个体间关系的灵活程度。而自我完善机制是指一个社会总是包括有冲突的力量和凝聚的力量，它的平衡能力有助于社会的自我完善。而涵化即为改变其文化中的核心要素，从而改变其界限、内部灵活性和自我完善机制，进而改变其文化性质。

另外，涵化的过程表现出以下特点。

首先，涵化是文化特质的传播。这种传播可以小至一个技术交换，大至整个宗教信仰的传播。接受文化一方的成员选择接受或是拒绝，其结果是接受了一些文化特质而拒绝了另一些文化特质。

其次，涵化表现为文化的接受。涵化不是被动的吸收，而是一个文化接受的过程。特别是在没有外来压力的情况下，涵化在本质上是一个文化系统能自愿或被迫抛弃一些原有的特质转入新的特质的接受过程。在这一过程中产生的许多质性变化是一个文化创造的过程。

再次，涵化可以是替代。与上述的文化接受相反，文化替代则是新元素取代了先前存在的东西。但实际上是新的文化特质替代旧的文化特质，这个过程往往是漫长的，也是根本性的文化性质的改变。

另外，涵化也是融合和同化。融合是指两个不同文化系统的文化特质融合在一个模式中，成为不同于原有两个文化的第三种文化系统。如果先前的两个文化系统已不存在，但可以从这个新的系统看到前两个系统的痕迹，或者两个文化系统合二为一，就是同化。同化后的新系统既是一个整合系统，也是一个新的社会文化体系。

最后，涵化是一种"反应运动"。在一个民族侵略和统治另一个民族的情况下，前者将自己的生活方式、价值观等文化的核心元素强加于后者，当统治和文化同化还未达到压倒之势时，"反涵化"的反应运动就会产生，反之，该反应运动则是"接受过程"。

三、文化变迁的动力与路径

文化变迁在上述机制的作用下沿着不同的路径发生、发展、变化、结局，这与推动其发生发展的动力有着直接的关系，长期以来，多学科的学者不断探索，提出了多种理论与观点，主要包括以下几类。

（一）进化论——竞争路径导向

人类学诞生以来，社会文化的发展过程一直是其关注的重要主题之一，特别是人类的过去与现代变迁更是各个学派都在研究的主要内容，也形成了各种不一的社会文化发展理论与研究路径。

社会进化学派是人类学的第一个理论学派，由于用社会进化来解释人类社会变迁，所以被称为"进化论"，从创始人泰勒、摩尔根到怀特再到萨林斯，构成了社会进化论的主要理论体系，按其内容的发展分为两个不同阶段。以泰勒和摩尔根为代表的早期进化学派，又称经典进化论学派，用文化进化理论来说明文化发展的普遍性，认为人类文化普遍由低级向高级、由简单向复杂发展进化，形成一个发展变迁顺序。他们认为是人们要求进步的"心智普同"导致了社会的发展变迁，他们拟构了人类社会文化发展变迁的宏观序列阶段，由于忽视文化之间碰撞融合，忽视各个文化的特殊性特别是无法解释为什么有的社会退化甚至灭亡而普遍受到质疑，随着人类不同地区民族志研究的增多，其拟构的宏观进化序列也被证实不具有普遍意义，进化论由此而迅速衰落。

第二次世界大战后，美国出现了复兴进化论的热潮，其主要代表人物有 L. A. 怀特、J. H. 斯图尔德、M. 萨林斯等，他们坚持进化论观点、同时又提出了一些与古典进化论不同的内容，故被称为"新进化学派"（New Evolutionary School）。新进化论在古典进化论的基础上，提出了一般进化与特殊进化共同构成的"双重进化论"。双重进化强调了文化史与"文化进化"的不同，创立了新的文化学（Cultureology），提出了文化的普遍进化变迁可以依照"在技术发展中对能量的运用来加以测定"[①] 的观点，即"文化发展能量论"，该观点的创始人怀特强调："文化的进化，根源于能量利用人均总数的逐步增长，或能量利用手段的效率（技术）的不断提高。"[②] "换句话说，更为先进的技术能使人类控制更多的能量（包括人

---

① 指每个平均消耗自然力量的增长。
② ［美］L. A. 怀特：《文化的科学》，沈原等译，山东人民出版社 1988 年版，第 360 页。

的能量，动物能，太阳能等），其结果是导致了文化的扩展和变迁。"① 这一理论取向是内部归因倾向，强调了文化发展进化的内部作用，环境等外部条件对社会变迁的作用往往被弱化。

新进化论的另一个代表人物斯图尔德把怀特的进化论观点称为"普遍进化论"，他提出了自己的理论——"多线进化论"，认为社会的变迁是多线进化结果。

萨林斯将怀特的"普遍进化论"和斯图尔德的"多线进化论"作为进化论的两个部分同时并存于自己的理论中，认为演化是指一个特定社会在给定的环境中变化与适应的特殊顺序，从而整合与发展了新进化论的观点，即认为文化与社会变迁的机制是人类文化对特殊环境的适应，假定在文化与自然的相互作用过程中，自然处于优先地位，决定着文化的实践与变迁。

（二）传播论——互动路径导向

传播学派注重于进化论所忽视的文化地理、空间和地方性变异，着重研究文化的横向散布，认为文化的变迁过程就是传播过程，文化主要在传播过程中发生变迁。他们认为人类主要是模仿者，而非创造者，认为文化变迁是文化的传播与借取的结果，是文化之间互动的结果，这一理论主要有两个派别，包括德奥学派和英国的极端学派。德奥学派认为人类文化的传播构成了不同的文化圈，而文化圈间的差异就是传播的结果。英国极端传播学派则认为所有文化由埃及文化传播而成。涉及文化传播变迁的还有一些学派。其中，美国历史学派的代表人物 F. 博厄斯对文化变迁的内部因素、外部因素和环境因素的全面关注使文化变迁研究有了理论上的突破。

博厄斯强调每个民族的历史和文化的特殊性，认为这种特殊性一方面取决于社会的内部发展，另一方面取决于外部的影响。既有独立发明，也有传播的作用。与此同时，他也反对极端传播论，1932 年，他在《人类学研究的目的》一文中指出，人类学必须研究文化现象的相互依赖，必须通过对现存社会的研究获得资料，不仅要知道现存社会的动力，还要知道它们是如何变成这样的，总之，我们试图开展的研究是建立在可以观察得到的社会动态变化之上的。他强调要做详尽的描述性的民族学调查，从中观察到文化变迁的过程。

（三）均衡论——功能路径导向

人类学的功能学派认为社会文化是一个均衡的整体，由各具功能的元素构成，

---

① ［美］C. 恩伯、M. 恩伯：《文化的变异——现代文化人类学通论》，杜杉杉译，辽宁人民出版社 1988 年版，第 66 页。

任何一种文化现象,不论是抽象的社会现象,还是具体的物质现象都有满足人类实际生活需要的作用,即都有一定的功能。人的需求与文化功能的均衡构成社会文化,而功能的丧失或需求的变化打破均衡后,社会文化系统将自行调整恢复功能,从而形成社会文化变迁,因此社会文化变迁的动力是均衡。马林诺夫斯基与拉德克利夫-布朗是功能论的代表人物。马林诺夫斯基的《文化变迁的动力》一文,对文化变迁做了具体的论述。他认为解释人类文化事实的唯一途径是说明它在一定文化中正在发挥的功能,因此,文化研究的目标是把握文化整体与各个部分之间的有机联系,从文化功能的视角转化研究文化变迁。与马林诺夫斯基相比,拉德克利夫-布朗更加注重社会结构的研究,他论述了文化接触产生的相互作用,认为研究文化变迁时,共时性研究优于历时性研究,当然也必须进行历时性研究,只有将共时研究与历时研究相结合,才能发现文化变迁的规律。

（四）价值决定论——价值文化导向路径

价值决定论是指社会变迁的根本源泉是价值观念。该观点最具代表性的研究成果是德国社会学家马克斯·韦伯关于资本主义制度的研究。韦伯在《新教伦理与资本主义精神》一书中提出,资本主义的兴起不仅仅是一个经济和政治制度综合体的建立,它有着特殊的精神信念与文化意义,其所呈现的特征与某种宗教上的伦理态度相互呼应,共同构成了资本主义制度的普遍生活方式。从文化的角度讲,近代资本主义在欧洲而不是其他大陆发轫和发展的根源,是制度背后的精神力量,是经历了数百年时间才酝酿出来的资本主义的生活秩序。即新教伦理,新教的禁欲主义教条化为一种以勤劳、节俭和积累为核心的行为理想与职业观,这种新的职业观和禁欲主义打破了传统伦理对获利行为的禁锢,当节欲和获利活动自由地结合在一起的时候,就使资本源源不断地投入生产过程成为可能,一种理性的、追求效率的资本主义生产方式最终战胜了其他的生产方式在西方世界占据了统治地位,由此,韦伯认为推动西方社会发生变革的巨大力量,是来自人们对信仰的追求。正是由于其成为社会认同的美德,而大大促进了欧洲资本主义的原始积累,促进了欧洲资本主义的兴起与发展。被韦伯称为美德的就是西方所说的资本主义精神。

除了马克斯·韦伯外,认为观念是变迁决定因素的,还有托克维尔、亨廷顿、埃弗雷特·哈根、伯特·莫尔等一众学者。

（五）物质文化超前论——技术路径导向

物质文化超前论是德国社会学家威廉·费尔丁·奥格本提出的解释社会变迁动力的理论,与马克斯·韦伯价值决定论相反,他认为大多数社会变革都是由物质文化的变革，特别是科学技术的变革引发的，一旦物质文化发生变革，非物质文化的制度文化即价值观、规范和意义、社会结构等也发生变化。因此，物质文化的变迁是文化变迁的决定因素，也是先于制度文化的社会变迁源泉，非物质文化的变革也就总是落后于物质文化的变革。

物质文化超前论，强调物质给人们带来的更高层次的满足，其着眼点在于物质文化中的技术发明与创造，正是这些发明创造的运用改变了人类社会的结构。如蒸汽机的发明就从根本上改变了人们的时间、空间概念，打破了人们对经验和长者的崇拜，打破了旧有的价值观念体系，从而导致了文化与社会变迁。从这个意义上说，物质文化超前论认为发明创造在文化变迁中居于决定性地位，科学技术作为社会结构体系中独立存在的知识系统，对于现代社会的变迁有着越来越大的影响。科学技术发明创造一方面直接影响到社会经济、政治、观念和生活方式的变化，另一方面促使现代社会变迁日益加速。

但是，奥格本显然也未忽视不同社会的社会变迁中物质技术作用的"有限性"，因为他在 1957 年发表"文化滞后理论"时，就已经提出文化变迁的自变量也包括意识形态和非技术变量。他还列举了长子继承制与古印度的变迁动因是制度与宗教而非技术，从而修正了其早期物质文化超前论的绝对性。

（六）冲突论——权力矛盾路径导向

冲突论的代表人物是德国社会学家 R. 达伦多夫和美国社会学家 L. A. 科赛。他们认为，应该将社会体看作各个部分被矛盾联结在一起的整体，最主要的社会过程不是均衡状态，而是各个社会集团为争夺权力和优越地位进行斗争所造成的冲突。社会权力的资源是有限的，没有获得权力的集团为了自身利益要求获得权力，已经掌握权力的集团要防止别人夺走他们的权力并想获得更多新的权力，任何社会成员都在为权力的分配与再分配进行斗争，一切复杂的社会组织都建立在权力分配的基础之上。人们对于权力再分配的欲望是无止境的，围绕权力所进行的斗争是持续不断的，由此造成的社会冲突是社会内部所固有的常态和现象。这种利益不可调和的冲突是社会变迁的基础。因此，社会变迁是必然的、急剧的，后果是破坏性的，任何宏观的社会变迁理论只有涉及与权力相联系的冲突时才是有价值的。

综上，我们发现，人类学界关于文化变迁的动力与路径的探讨，事实上与各个学派的理论、研究者立场及其所处社会状况与时代背景息息相关。进化论路径对于文化变迁的讨论初衷来自人类发展的心智普同以及发展过程当中的"物竞天择，适者生存"，这也使得进化论趋向于对人类文化的发展变迁以及文明进程的宏观探求，而忽视了影响变迁的内外因素的相互交织，以及变迁路径的多样性和复杂性。而传播论则过于强调地理空间中的文化交流与传播，忽视了每个民族文化发展的独立性和特殊性，在人类文明发展的历程中，往往是独立发展与文化传播两种因素同在，需要进行更加深入的探讨和分析。以功能论为代表的均衡论取向，则将变迁的动力归于均衡，强调人的需求和文化功能的均衡构成社会文化，其本身具备面对变化的均衡与恢复能力，但忽略了文化变迁的历时维度。而价值决定论将价值观念视作社会变迁的根本源泉，并以新教伦理为例，探讨引发形成资本主义普遍生活方式的基本动因，但却没有太多关注政治、经济力量以及重商阶层在大转型中发挥的重要作用。物质文化超前论强调技术发明与创造给人带来更高层次的满足，从而肯定物质文化发展在变迁中的决定性作用，但社会的构成并非简单依凭技术文明的进步，如何处理物质文化发展与其他社会要素之间的关系，是物质文化超前论未能解决的问题。冲突论认为社会权力的资源有限，各个社会集团因争权夺利而造成社会冲突和斗争，从而导致权力和资源的再分配，由此引发社会变迁，但冲突并非常态，亦非引发社会变迁的唯一因素，如何处理变迁的文化根源，乃该学说的一大局限。可见，不同时代的学者，由于对文化变迁的理解及其研究经验的差异，形成了对文化变迁各不相同的解释，每一种解释均有其独到之处，但同时也映射出时代的局限性。如今，面对全球流动所产生的迅捷变化，我们需要结合不同的理论，以当下观察到的社会文化现象和经验事实为基础，从多元的维度探索理解文化变迁的动态路径。

思考题

1. 何谓文化？分析人类学文化概念的内涵与外延。
2. 文化的属性与功能是什么？
3. 文化传承的途径与意义是什么？
4. 何谓非物质文化遗产？为什么要保护传统文化？如何保护传统文化？

▶ 答题要点

第五章　生态与环境

生态人类学是 20 世纪 60 年代以后在人类学中迅速发展起来的一个分支学科，是现代人类学研究的重要组成部分。生态人类学运用人类学的理论和方法研究环境、文化与人的关系。在生态人类学研究中，人不是一个自然存在的客体，而是一个文化性的存在，具有复杂的观念体系、技术体系和社会体系。对这种"文化的人"的强调，丰富和加深了不同学科对"自然中的人"的理解，提供了一条理解文化与自然关系的特殊路径。随着现代社会环境问题日益成为人们关注的热点，生态人类学者积极参与各种环境问题的讨论和治理，更是使这一分支学科具有极强的应用性。

第一节　作为生态适应机制的文化

人类学视野中的文化的面相千变万化，它可以被视为一种维护特定社会系统的手段，亦可被表述为一种特殊的人格类型和价值观念，或是一套复杂的象征符号体系和特定人群的生活方式等。在有关文化的诸多理解背后，我们不能忘记人类文化系统最基本的一项功能，即它是人这种动物适应环境的一种手段。在人类漫长的进化历程中，任何一种文化的存在都有赖于其与环境保持一种和谐的适应关系，以保证其成员能够获得维系群体和文化延续所必需的能量和资源。

一、从环境决定论到环境可能论

早期的学者主要从因果关系角度阐述文化系统与环境的关系，认为环境因素决定了人类的社会特征和文化特征。希波克拉底的体液理论是最早的环境决定论。体液理论认为人有四种体液：黄胆汁、黑胆汁、黏液和血液，分别代表火、土、水和气。这四种体液构成的不同比例导致个人在体格与人格，以及虚弱与健康方面的差异。他认为气候是造成体液"平衡"状态的原因，因此，也是形成体质形态和人格与个性的地域差异的原因。所以，因过度炎热和缺水，居住在热带的人们易动感情，沉溺于暴力，而且懒散、短命、轻浮和敏捷。

还有学者认为气候对人格、个性和智力的影响决定着其他人类事务，特别是政体和宗教。如古希腊哲学家柏拉图和亚里士多德就曾机械地把气候与政治体制联系在一起，认为温和的气候易于产生民主政体，炎热的气候产生专制政体，而寒冷的气候则不能形成完善的政体形式等。18 世纪法国思想家孟德斯鸠将这一理论观点运用于宗教分析，认为炎热的气候易产生消极的宗教，而寒冷的气候则产生适应个人自由和活力的侵略性宗教。地理学家亨廷顿把这种思想全盘搬到了 20世纪。他在《文明的原动力》一书中，认为最高形式的宗教均产生于世界的温带地区。他的基本主张是温和的气候更有益于产生理智的思想。

环境决定论对环境与文化关系做简单的、线性的因果解释，这种解释在经验世界中很容易被否定，因此很快引起了后辈人类学家的质疑，因为在极为相似的环境下文化系统可能会截然不同。于是这就导致了一个结论：环境在决定文化系统的特征方面实际上并不太重要。这也促成人们从历史因素（如历史融合）、社会结构或认识过程的角度寻求解释文化异同的答案，其中环境的影响则被视为文化系统的构成要素之一，"环境可能论"继而出现。

持这种观点的主要是美国的历史学派的博厄斯、克罗伯、威斯勒等学者。环境可能论认为环境不是积极地模塑人类文化，而只是在文化的发展方向和水平上做一些限制，它只是指令（dictating）事物的可能性，因此环境是文化特征发展的限制因素，而不是原生性的、创造性的力量。例如，博厄斯认为文化特征和文化模式的起源一般发现于历史传统而非环境之中。环境虽然与文化特征的起源无关，但它限制和修改现存的文化。进而言之，环境可以解释一些文化特征为什么不发生，而不能解释一些文化特征为什么发生。"环境对人的习俗和信仰有重大影响，但这种影响充其量只是有助于决定习俗和信仰的特殊形式。然而，这些形式却主要建立在文化条件的基础上，而这些条件本身却是历史原因造成的。"①

克罗伯研究发现玉米耕作在北美土著居民中的分布情况受气候限制。因为玉米需要 4 个月的生长期，在生长期中，需要足够的降水量，而且不能有毁灭性霜冻。北美大平原农耕的地理分布与当地的降水量密切相关。农业只出现在那些年平均降水量高到足以保证作物生长的地区，以及那些不经常发生干旱的地区。在一些年平均降水量充足，却经常发生大干旱的地区，则实行农耕与攫取食物（狩猎和采集）相结合的谋生方式。在一些经常干旱、平均降水量又极少的地区，则仅见采集狩猎者。

同时他也发现，同一气候区域中不同群体之间也存在着显著的文化差异。可

---

① ［美］弗兰兹·博厄斯：《原始人的心智》，项龙等译，国际文化出版公司 1989 年版，第 89 页。

见环境可以"模式化"物质文化和技术的地理分布，但却不能用于解释为什么同一个气候区域中有的人群具有父系继承的特点，而另一些人群则以母系继承为特征，有关这些文化出现的原因只能从文化史角度来加以说明。正如克罗伯评论道，文化根源于自然，因此，只有联系文化植根于其上的自然环境才能完全理解文化。这是事实。但是，像植根于土壤的植物不是由土壤造成的一样，文化也并不是由文化植根于其上的自然环境所造就的。文化现象的直接原因是其他文化现象。

环境决定论和可能论的研究者两者在理论研究上的一个共同点在于从文化的结果角度来确定一方对另一方的作用和影响：决定论观点坚持环境能动地塑造文化；而可能论观点则认为环境起一种限制或选择的作用，文化和环境各处一方，互不相容。而事实上，文化和环境均是一个不断变化的过程，人与环境之间的相互作用始终在不断地进行，两者之间并不存在"这一方"与"另一方"的明确"分野"，因此我们不但要理解文化，还更要理解环境。这样一种理论视角的转变促使人类学者开始关注生态学的相关研究，并把生态学的相关概念和方法引入人类学的文化研究中，从而推动了生态人类学的形成和发展。

二、生物适应和文化适应

生态学是研究动物、植物与其环境之间关系的科学，适应是其研究的重要概念。生物适应是指生物物种在自然选择的推动下，积累遗传创新，使该物种在所处环境中获得更大的生存机遇与稳态延续能力。自然界的各个物种以多种多样的方式来适应环境，其在适应的方式上既可能具有特殊性，也可能具有普遍性。生态学认为所有生物在其"生存竞争"中必须相互适应。早期的学者多通过生物物种的外观特征和行为特征去探讨生物适应的问题。随着研究的深入，生物的遗传机制，特别是遗传信息的载体基因链的发现，彻底改变了传统的研究范式。

1950 年，朱利安·斯图尔德将"适应"一词引入文化人类学的研究，借以说明生态环境对相关民族文化特征形成的作用，构建了文化生态学的理论框架，文化适应成为生态人类学研究的重要概念。人类学者所关注的文化适应，是指特定的文化系统在社会选择的推动下，积累文化创新，使其在所处环境中获得更大的生存与发展能力的过程。

斯图尔德认为文化具有层次性，而文化特征体现文化的层次性。文化特征是在逐步适应当地环境的过程中形成的，不同的文化特征受环境因素的影响程度不同。一个文化内部总会有一组文化特征较另外一些特征更易于受到环境影响。斯图尔德就此提出"文化核心"的概念，代指那些直接源于与环境互动而产生的文化特质。越是早期的人类社会，受到环境的影响就越直接。与"文化核心"相对的文化部分则是"次要特征"，主要受纯粹的文化—历史因素所决定，较少受环境的影响。

"文化核心"与"次要特征"相对比，斯图尔德认为"文化核心"具有更重要的功能文化特征。他把文化系统的决定因素分为核心制度和外围制度，核心制度包括技术经济、社会政治和意识形态。在核心制度中，技术经济又是最主要的决定因素。换言之，"文化核心"与生计活动及经济安排有密切联系，是文化适应环境的结果，其存在对社会、政治和宗教等文化模式具有决定性意义。

以文化核心特征为基础，斯图尔德提出了文化类型的概念。文化类型的划分取决于核心特征，核心特征则产生自环境适应。文化类型这一概念被他释义为基于公式的、功能的、生态的因素以及为一个特定的、历时的，或发展水平所代表的文化特征。简言之，文化类型是核心特征的群集，核心特征相同的文化可划归同一类型。斯图尔德据此将全球文化体系分为狩猎和采集者的文化类型、父系群队的文化类型、农民的文化类型、封建社会的文化类型等。这些文化类型在"社会文化整合水平"上由低到高发展，分别代表了三个整合级别，即家庭、群落和国家，三者之间有质的区别。

马文·哈里斯的文化唯物论则更向前迈进了一步。他坚持认为，文化系统是由技能和环境的相互作用所决定的。人们每到一个新环境，就自然地涉及环境与技能相互作用的问题，所以必须创造出一种适于在这种环境中生存的技能，而这种技能决定了他们社会关系的总框架，并进而决定了他们关于事物本质的各种观点。适应环境被视为文化唯物主义最重要的解释机制，他将人类学传统上被当作象征性的或宗教性的文化现象，如饮食传统、禁忌、食人习俗等，都视为环境适应的结果，并从生态学的角度，以基础决定论作为阐释模型进行解释。哈里斯对印度神牛的解释就是一个典型例子。印度是牛数量最多的国家，当地人决不会故意杀死或饿死一头牛。从当地人主位的观点来看，这是因为人们忠实履行了印度教禁止杀牛和食用牛肉的教义。而哈里斯从人与自然关系调整的角度出发，得出了一个生态人类学式的客位解释。哈里斯的研究发现，禁杀禁食牛的教义并非自古有之。据印度教最早的神圣文本《梨俱吠陀》记载，一个以养牛和耕种为生的群体在公元前1800年到公元前800年间统治着印度北部，这一时期的印度社会和宗教已经区分出印度教的四个主要种姓。《梨俱吠陀》既不禁食牛肉也不保护母牛，牛是吠陀时代最重要的牺牲献祭的动物。在重大仪式中，武士和祭司常常向他们的追随者分发牛肉，作为对他们忠诚的物质回报，并显示自己的财富和权力。

随着人口的增加和生态环境的变化，半畜牧化的生活方式让位给了农耕和养牛，越来越多的人可以通过有限的肉食，再加上牛奶和各种植物性食物维生，特别是牛拉犁的使用提高了劳动效率，人们对牛的劳作需求胜于食用需求。印度教教义不杀生原则的确立必须考虑上述生态和生计要素的变化。在这个例子中，由于基础结构，亦即生存环境与生产模式的改变，促成了上层结构，亦即宗教的改变。①

三、文化适应中的人与自然关系

人类学者对人类文化适应问题的研究，充分体现了人与自然、人与环境的积极互动关系。有学者对马克思主义有关人与自然关系的学说进行了系统总结。在马克思主义学说中，人是自然界发展到一定阶段的产物，是自然界的一部分；同时，人的存在和发展依赖于自然界提供的物质生活资料，人靠自然界生活。人虽然与自然界的其他生命体一样，需要从自然界取得物质和能量，以维持自身的生存，但与其他生命体被动地适应自然有着根本的不同，人是具有自我意识的能动主体，人类通过自己的实践活动改变自然界，与自然进行物质能量交换，创造人类需要但自然界并不直接存在的物质，从而不断重构人与自然的关系。"整个所谓世界历史不外是人通过人的劳动而诞生的过程，是自然界对人来说的生成过程。"②人类作用于自然的过程就是自然的人化过程，即人类在从事改造自然的实践活动的同时也在形成和创造自己的社会关系。自然的人化只有在社会之中才能进行，只有在人与人的社会关系中才有他们对于自然的关系。"人们在生产中不仅仅影响自然界，而且也互相影响。他们只有以一定的方式共同活动和互相交换其活动，才能进行生产。为了进行生产，人们相互之间便发生一定的联系和关系；只有在这些社会联系和社会关系的范围内，才会有他们对自然界的影响，才会有生产。"③因此，自然界的属人的存在只对于社会的人或人类社会才是有意义的。脱离了人及人类社会的自然与脱离了自然的社会均不是人类世界中的自然及社会，只有二者的统一才构成人类世界中属人的自然及社会。在人类作用于自然、改造自然的实践活动中，人类自身的因素也进入自然中，赋予自然存在以人的尺度，通过人的活动"在自然物中实现自己的目的"。④

---

① ［美］马文·哈里斯：《好吃：食物与文化之谜》，叶舒宪等译，山东画报出版社2001年版，第49—51页。
② 《马克思恩格斯文集》第1卷，人民出版社2009年版，第196页。
③ 《马克思恩格斯文集》第1卷，人民出版社2009年版，第724页。
④ 《马克思恩格斯文集》第5卷，人民出版社2009年版，第208页。

正是基于对上述人与自然关系的认识，生态人类学者在跨文化的文化适应研究中研究人和自然环境的相互关系，包括人口结构、社会组织、技术、环境等重要组成要素。获取食物和繁衍人口是人类生存最基本的活动。其中，为获取食物而组成的集团、活动、技术等，被统称为生产方式。生产方式一般是人口结构、社会组织、文化体系等的连接点。在狩猎采集部落、游牧部落、农耕部落等容易直接受自然环境影响的简单社会，生产方式汇集了与食物获取及消费有关的各种社会、文化特性。人口繁衍方式不仅涉及食物获取量的问题，还要受到人口的人为控制、婚姻制度等社会、文化的影响。因此，在分析人的生存机制的时候，必须考察食物资源的分布、生产方式、繁衍方式这三方面的问题，其中生产方式是生态人类学中最基本的问题。围绕上述分析方法，以生计适应为核心，生态人类学总结了狩猎采集、畜牧、农耕三类不同生计的文化适应模式。关于这三类不同文化适应模式的具体内容，在下一章"经济生活"中会具体展开，在此不再赘述。

第二节　作为生态平衡机制的文化

文化在帮助人类适应自然、实现自我延续和发展的同时，更是一种重要的影响自然和改造自然的力量。在人类发展的早期，自然环境对人类的繁衍具有决定性影响，文化主要从适应自然的角度构建和调整人与自然的关系。随着人类利用自然、改造自然的能力不断加强，人类对环境的形塑作用越来越大，很多地域的生态环境甚至因为人类的行为而发生了根本的改变。不论是哪个时期，人类及其行为与动植物和自然地域的面貌一起，成为构建和维系生态系统平衡的重要组成部分。因此，在生态人类学者的视野里，人类在适应和改造自然过程中所形成的相应的风俗习惯以及社会、经济、政治生活极大影响了自然界各类物种与环境之间物质和能量的交换。可见，文化是一种重要的生态平衡机制。

一、自然界的生态平衡

生态平衡问题是生态学所研究的主要问题。本节将简要介绍生态学有关生态平衡的基本观点。生态平衡是一定时间内生态系统中的生物和环境之间，生物各个种群之间，通过能量流动，物质循环和信息传递使它们相互之间达到高度适应、协调和统一的状态。生态系统（eco-system）是指在一定时间和空间中共同栖息着的所有生物（即生物群落）与其环境形成的有机整体。地球上的森林、草原、荒漠、海洋、湖泊、河流、城市和乡村等，虽然它们种类多样，外貌有别，生物组成各异，但都是生物和非生物两大部分的有机组合，其物质循环、能量流动和信息传递不断发生和演进的生态系统。根据研究的目的和具体的对象，生态系统的范围可大可小，可大至整个生物圈，包括地球上一切生物及其生存环境，可看作全球生态系统；生态系统也可小至一块土地、一个池塘。

生态系统具有趋向于达到一种稳态或平衡态的特点，使系统内的所有成分彼此相互协调。这种平衡状态是靠一种自我调节过程来实现的，借助于这种调节过程，各成分都能使自己适应于物质和能量输入和输出的任何变化。例如，某一生境①中的动物数量取决于这个生境中的食物数量，最终这两种成分将会达到一种平衡。如果因为某种原因（如降水量减少）使食物产量下降，而只能维持比较少的动物存在，那么这两种成分之间的平衡就被打破了，这时动物种群就不得不借助于饥饿和迁移加以调整，以便使两者达到新的平衡。

生态系统主要通过反馈机制来实现自我调控。所谓反馈，是指当系统中某一成分发生变化的时候，必然会引起生态系统其他成分出现一系列的相应变化。反馈可分为正反馈和负反馈两种类型。生态系统达到和保持平衡或稳态，负反馈的结果是抑制或减弱最初发生变化的那种成分所发生的变化。如草原上的食草动物因为迁入而增加，植物就会因过度啃食而减少，植物数量下降后，反过来就会抑制动物数量的增加。正反馈比较少见，它的作用刚好与负反馈相反，即生态系统中某一种成分的变化所引起的其他成分一系列的变化，反过来不是抑制，而是加速最初发生变化的成分所发生的变化，正反馈的作用常常使生态系统远离平衡状态。正反馈常具有破坏作用，但它是爆发性的，所经历的时间也很短，从长远看，生态系统中的负反馈和自我调节将起主要作用。

生态平衡是非常复杂的生态现象。由于受生态系统最基本特征（生命成分的存在）决定，生态系统始终处于动态变化之中（基本成分都在不断变化）。在没有人为干扰的情况下，生态系统发育的结果是结构更加复杂多样、各种组成成分间的关系协调稳定、各种功能渠道更加畅通。生态系统发育过程中在结构和功能等方面发生的一系列变化常被作为生态系统平衡与否的度量指标，主要包括五个方面：

1. 生态能量学指标

群落初级生产与呼吸消耗比值（P/R 比值）接近，也即生态系统的能量生产

---

① 生境：是指生态学中环境的概念，又称栖息地。它是指生物的个体、种群或群落生活地域的环境，包括必需的生存条件和其他对生物起作用的生态因素。

和消耗基本平衡。

2. 营养物质循环特征

物质循环功能上的特征差异是,成熟期生态系统的营养物质循环更趋于"闭环式",即系统内部自我循环能力强,由环境输入的物质量与还原过程向环境输出的量近似平衡。

3. 生物群落的结构特征

发育到成熟期的生态系统生物群落结构多样性增大,包括物种多样性、有机物的多样性和垂直分层导致的小生境多样化等。其中物种多样性、均匀性是基础,它是物种数量增多的结果,同时又为其他物种的迁入创造了条件。

4. 稳态

这是指代生态系统自身的调节能力。成熟期的生态系统,这种能力主要表现为系统内部生物的种内和种间关系复杂,共生关系发达,抵抗干扰能力强,信息量多。这是生态系统发育到成熟期在结构和功能上高度发展和协调的结果。

5. 选择能力

生态条件稳定,有利于高竞争能力的 k-对策物种①。幼年期生态系统的生物群落与其环境之间的协调性较差,环境条件变化剧烈。与之相适应的是,栖息的各类生物种群以具有高生殖潜力的物种(r-对策物种②)为多。相反,当生态系统发育到成熟期后,生态条件比较稳定,因而有利于 k-对策者和高竞争力的物种。

各类生态系统,当外界施加的压力(自然的或人为的)超过了生态系统自身调节能力或代偿功能后,都将造成其结构破坏,功能受阻,正常的生态关系被打乱以及反馈自控能力下降等,生态平衡失调就出现了。引起生态平衡失调的自然因素主要有火山喷发、海陆变迁、雷击火灾、海啸地震、洪水和泥石流等。这些因素对生态系统的破坏是严重的,甚至可使其彻底毁灭,并具有突发性的特点。但这类因素常是局部的,出现的频率并不高。在人类改造自然界能力不断提高的现在,人为因素导致的生态平衡失调更加普遍。这些影响并非是人类对生态系统的故意"虐待",通常是伴随着人类生产和社会活动而产生的。如农业生产上为防治害虫而施用了大量农药;工厂在产品生产的同时排放了大量的各类污染物;森林大面积开采,牧业发展带来的过度放牧所导致的草场退化;大型水利工程兴建

---

① k-对策物种多为个体大、寿命长、存活率高,适应稳定的栖息环境,如乔木、大型食肉动物等。

② r-对策物种有使种群增长率最大化的特征,表现为快速发育,小型成体,数量多且死亡率高。这种高扩散能力有利于建立新的种群和形成新的物种。

所获得的经济效益与同时可能产生的生态影响等。人为因素的影响往往是渐进的、长效应的，其破坏性程度与作用时间及作用强度紧密相关。可见，无论是生态系统结构的破坏或功能受阻都能引起生态系统平衡的失调。结构破坏可导致功能的降低，功能的衰退亦能使系统的结构解体。

二、文化与生态系统的平衡

从上述生态学者有关自然界生态平衡的论述可以看到，人类是影响生态系统平衡的一个重要力量。在生态学的研究中，人被假定和其他生物、非生物一样，通过相互之间的物质和能量交换，在一个物质交换体系中互为环境、互有影响。而在生态人类学的视野中，人在生态系统中不仅仅是一种自然性存在的物种，人凭借文化加入到生态系统中，不同的文化构建方式和文化认知方式都会影响其与自然界的能量交换，由此文化成为影响生态系统平衡发育和维系的重要力量。

（一）食物和能量

为了了解人类是如何凭借文化参与到生态系统的运作中去的，就要弄清楚其各个组成部分的物质交换过程是如何达到平衡的。这就要求人类学者对不同食物的营养价值、不同耕作方式对土壤肥力的影响、人类不同类型的活动的耗能、家畜对环境的影响等进行衡量和比较。因此，在实地调查基础上开展包括人类集团在内的生态系统的"能量流"在生态系统的构成要素之间的能量流动研究成为生态人类学讨论的热点。生态人类学主要关注围绕人类集团的能量流动，即人类集团和他们直接利用的生态系统的构成要素（动植物和其他非生物资源）之间交换的能量。也就是说，要搞清楚该集团为了生存，文化帮助人类从什么样的资源获得了多少能量，以及集团内部怎样利用这些能量。此外，也必须考虑不同人类集团之间的能量交换，由此判断人类在维系生态系统平衡中所扮演的重要角色。人类利用能量的形式多种多样，包括食物能、畜力能、燃料能、水能、风能等。学者们主要从能量的产出、摄取和消耗三个阶段来讨论人和环境之间的能量流动：（1）能量的产出。一个集团所产出的能量，可以用该集团获得和生产的食物以及通过交易和赠予从他集团得到的食物中包含的能量之总和来表示。关于产出能量的计量，必须考虑从不同的生计中获得的食物的种类和数量、食物的属性、食物的能量价和废弃率。此外，还需要收集有关生计活动及技术的资料，包括劳动力和非劳动力的比率、劳动力的构成、分工等劳动习惯、食物以外交易产品的采集、生产和物品（工具类等）的生产等。（2）能量的摄取。主要以产出的能量在集团成员之间怎样分配、怎样摄取来表示。通常以一个群体成员一天的摄取量的平均值来计算，在很多情况下还要考虑性别和年龄，而通常以作为个人生存活动所必需的能量，会因为性别、年龄、健康状况、活动的种类和强度、气温等因素而发生各种各样的变化。（3）能量的消耗，指的是集团维持和再生产的能量消费，实际是集团各成员的基础代谢和活动所消耗的能量总和，特别是掌握能量生产的活动所消耗的能量。同时，虽然与食物的获取没有直接的关系，但对于维持个人和集团运作不可缺少的各种活动（获取建材、盖房屋、家务事和育儿等）的能量消耗，也是重要的能量消耗。调查能量消耗非常复杂。人类学家一般是先做出一个特定人群活动的一览表。然后把其中的某一类活动所包括的一系列劳作进行分类，如将刀耕火种这一活动分为伐木、播种、运输、收获等劳作。再根据实际测定这些劳作的单位时间能量消耗量来进行推定。在正常状况下，从事劳作之时，可以通过对呼吸量的测量求出能量代谢率。通过大量测量，算出构成活动的各个动作的平均延续时间，使之和已经求得的能量代谢率相组合，就能得出各个活动的单位时间的能量消耗量的平均值。

（二）社会制度和生态平衡的维护

有关食物和能量交换的研究主要侧重于从人类生计方式的角度出发，考察分析文化和自然的平衡关系。在生计活动的基础上，人类社会建构了各种社会组织和结构，如家庭、亲属组织、年龄组织、地域组织、政治组织等，并形成了一系列整合的机制和制度，如生育制度、通婚规则、继嗣制度、分工体系等，协调人与人之间的关系，保证社会的正常运作。这些组织制度与人类特定的生计活动紧密结构，成为生态平衡维系的重要力量。

历史上，生活于广西金秀大瑶山区的茶山瑶、坳瑶和花蓝瑶等瑶族支系，均有节制生育的民俗传统。尤其是在茶山瑶族村寨，一般的家庭结构是"二、二、二"或是"二、二、一"，即一对夫妇生育两个孩子，加上赡养一对老人或是一个丧偶老人。最常见的家庭规模是五六口人，很少有七口以上的家庭。每家无论男女留一个孩子在家里继承宗嗣，另一个则要出赘或出嫁。那么，到底是什么因素导致茶山瑶在历史上就存在这种在现在看来极为符合现代化发展要求的生育民俗呢？其原因主要包括自然因素、社会因素和文化因素。

第一，自然因素。大瑶山位于中国广西壮族自治区中部偏东，是桂江、柳江的分水岭。那里群峰林立，直插云天，常年云封雾锁、深幽莫测。层峦叠嶂的大瑶山是茶山瑶赖民以生存的土地，面对有限的山场土地和恶劣的生存环境，茶山瑶民始终无法回避的问题便是，无论水田还是旱地，作物产量极低，这在客观上造成了他们不得不以节育民俗作为平衡自然环境与人口数量的生存方式。恶劣的生存环境要求茶山瑶民只有通过辛勤劳作才能勉强换来一家人的果腹。一年中，他们除了从事田间劳作外，仍然需要以狩猎、采集等山场作业佐以补充。茶山瑶民男性大多都在山场里居住，干完活后才回家。这样一来，夫妻之间两地劳动，不仅使得受孕机会减少，而且也会产生不愿拖累子女的观念而减少生育数量。

第二，社会因素。除了无法改变的自然原因外，茶山瑶民节制生育民俗传统的形成与其社会的土地制度、婚姻制度以及大瑶山独特的石牌制度是密不可分的。瑶民的祖先在历史上不同时期从不同来源地来到这里，占据着大瑶山的土地、山林与河流，以自己的智慧，与艰苦的自然环境做斗争，勤劳勇敢，代代相传。由于祖先留给后人可耕作的土地是一定的，财产继承成为每个家庭必须考虑的问题，而无节制的生育只能带来更严重的贫穷，在此情况下，生育上的节制、"留一嫁一"的模式成为瑶民不得不采取的生活策略。1949 年前，茶山瑶族有着不得与其他两个瑶系通婚的婚姻制度。多生育子女必将造成性别不平衡，产生子女出赘和出嫁困难的现象，节制生育则是良策。此外，石牌制度与节制生育民俗有着重要关系。为了使茶山瑶民的生产、生活有章可循，山内产生了石牌制度，在婚姻、生育、通婚等方面均有明文规定，不遵循石牌制度者将会受到严苛的惩罚。无疑，石牌制度对生育的限制作用是极为有力的。

第三，文化因素。茶山瑶民凭借祖先先入大瑶山的优势，占据了大瑶山区大部分土地、山场、河流等重要自然资源，逐渐形成了较之于盘瑶和山子瑶相对优越的山主地位，与此同时，也逐渐形成了以特权、知足、封闭为主要特征的山主意识。茶山瑶民为了保护自己祖先在历史上逐渐形成的山主地位，以世代延续此种特权，生育上的节制策略成为他们唯一的选择。茶山瑶是一个极为注重生育礼仪和宗教礼仪的民族。茶山瑶民有很多宗教礼仪，所敬神祇也多，大型的祭祀活动自然花费不少。祭祀活动或按人口，或按户出"份子钱"。仅仅在孩子从出生到成年礼期间所要举行的仪式活动的花费就很难让面对恶劣生活环境的瑶民承受，再加之其他的必要的大型宗教祭祀活动所需要承担的费用，经济压力的担子让茶山瑶民逐渐接受并形成了节制生育的传统民俗。

综上可见，茶山瑶族在历史上形成的特有的节制生育制度与大瑶山的生态环境紧密结合，形成了属于大瑶山瑶民特有的生活策略，维系着世代更替的生态平衡。

又如侗族居住区主要在贵州、湖南和广西的交界处，气候温和、雨水充沛、层峦叠嶂、林木繁盛，有着连绵起伏的大林区。侗族的祖先可以追溯到秦汉时期的百越、干越。亚热带的气候加之大自然的赐予，不仅利于农业生产，更有利于林木的生长。历史上，在原始的生产、生活方式下，侗民对森林资源利用仅限于就地采伐，以用于简单的生产和生活所需。森林长期自然生长的蓄积量一直超过人们的采伐量，因此该地区森林覆盖面积一直有增无减。侗族人民的生活、生产与山林之间逐渐形成了密切的关系，他们居住木房，用木犁、木耙耕作，建设木桥，制造木船，山林的恩赐让侗族人把山林看作"衣食父母"，他们在不断的发展生产中产生了很多对大自然的崇拜敬仰之情，侗族人民也在这样的发展过程中形成了自己独特的山林文化，并在不断的经验积累中，拥有了自己的信仰和崇拜。

基于山林之于侗族人独特的情感与赐予，侗族人形成了他们特有的保护山林的方式，即"侗款"及石牌制度。"侗款"的目的在于保证侗民赖以生存的山林得以延续，能够祖祖辈辈为侗族人民谋福祉。"侗款"中的条款内容包括林业经营规则、节令条约、林界的划分、林地的管理、林权纠纷的调解以及相关禁忌等，村民们需要完全按照"侗款"的条款执行，倘若有违反条款的行为，则会受到严厉惩罚。在那部分林权纠纷较大的地方，侗民将村规民约刻在石牌上，以字为证，当遇到纠纷时，则按照条款解决，这就形成了石牌制度。1949 年前，户与户之间的纠纷多由保长、甲长、族长出面调解；村寨之间的纠纷由乡长或区长出面调解；乡之间或户之间的纠纷不服基层裁决的可告到县，由县政府进行解决。

不难发现，森林作为侗族人生存、世代更替的摇篮，世居在黔东南的侗族人民，逐渐形成了"靠山吃山，靠山养山"的爱林护林传统。侗民以他们的智慧发展出的保护山林的组织制度，构成了侗民独特的生活策略，成为黔东南侗民居住区生态平衡维系的中坚力量。

（三）文化的生态分类体系

文化作为生态平衡的重要机制，还体现在不同文化对其所生活的生态环境体系的主位性认知和分类上。总的说来，虽然不同民族的生态分类体系各有差别，但都倾向于对与其生存最紧密的生态要素，如物种、气候、土壤等形成严密精细的分类体系，这些分类包含诸多地方性文化对生态的理解，可以为人类学者分析文化与环境的互动机制提供很好的研究切入点。

菲律宾棉兰老岛哈努诺族的语言中，关于植物部位至少有 150 个名称，他们可以说是少有的植物学者，他们使用 822 个基本的名词识别了 1 625 种不同的植物类型。在 1 625 个植物类型中，栽培或受保护的植物约为 500 个，余下的 1 100 多个属于野生。如此丰富的知识，自然是源于其对植物的强烈关心，而非好奇心所致。实际上，在哈努诺族利用范围内的植物达到 1 524 种，占其识别植物总数的 9 成以上。这些植物的利用范围很广，大的方面可分为食用、物质文化、超自然的目的（包括药用）。其中供食用的达 500 种以上，用于物质文化的约 750 种。除了物质层面对植物的利用，植物还成为哈努诺族精神生活的重要组成部分，如哈努诺人诗歌中吟唱的植物有 554 种。哈努诺人如此丰富和详尽的"植物学"分类知识是以植物的实用性为基础的。从栽培植物的分类可见，有关魔芋、薯蓣、香蕉等主要作物的识别名称有 30 种，而稻类有 90 种。

除了对自然界的要素进行"实际的分类方式"外，很多文化还有一系列有关自然的"象征的分类方式"，其中图腾崇拜就是一个典型。图腾崇拜主要使用自然界的各种物种（哺乳动物和鸟等）来象征人类集团。列维-斯特劳斯认为图腾是使用动植物等自然物种符号对人类社会集团进行的分类，也就是说，把动植物作为符号使用的图腾崇拜，是表现构成人类社会的各社会集团的相关关系和对立关系的一种形式。至于选择哪种自然物种做图腾，并非是从其经济的价值，即"适于食用"的角度，而是通过与其他自然物种相并置，能够在相关或对立等关系方面做比喻，即从"适于思想"的角度进行的选择。

如此详细的品种分类，实际上已经越过了作为生计活动的农耕所需，而且很多有关植物的分类名称不仅仅是对其自然生成状态的描述和分类，还代表了当地人对自然和文化界限的理解，代表了当地人对自然界生物多样性的一种认可。这样，动植物不仅仅是一种自然存在的客体，它的多样性就是文化的多样性，是人类文化理所当然的存在。

三、仪式和生态：一个分析案例

生态人类学家拉帕波特在《献给祖先的猪——新几内亚人生态中的仪式》一书中对新几内亚山区僧巴珈人仪式过程的分析中，将仪式作为一种生态平衡的控制机制，展现了人类文化与其生存环境互动的过程。

僧巴珈人居住在新几内亚澳大利亚托管地的马丹地区，是说马林语民族中的一支。该族群以游耕农业为主，主要靠他们种植在家园里的根茎作物维持生计。他们还饲养猪，但平时很少宰杀食用。

拉帕波特把生态系统作为僧巴珈人文化构成的重要组成部分。他认为僧巴珈人参与了两个不同的系统。一是僧巴珈地区形成了一个地域性的生态系统，各物种间形成了一个营养和能量交换的系统，而僧巴珈人是这个生态系统的重要组成部分。二是他们一方面与住在他们地区以外的与之相似的群体交换女人、财宝和货物；另一方面与相邻地区发生战争。战争带来了地方群体之间土地的重新分配及人群的重新分布。这样，僧巴珈人加入了一个生态系统，一个地域性的人类这一物种内部的交换系统。地域系统中的事件会影响地区性系统中的事件，反之亦

然。由此，这两个系统不是互不相干的系统，而是共同构成了僧巴珈人的文化
系统。

　　僧巴珈人的一系列围绕"猪"展开的仪式活动则是把地域性和地区性两个系
统结合在一起，而且调整了这两个子系统内部的关系及其与整个僧巴珈人文化系
统的关系。僧巴珈人长期处于战争与和平相互交替的过程中，整个过程伴随着一
系列以"猪"为核心开展的仪式。当敌对行为停止时，一个地方群体要仪式性地
在传统的地方种上一棵名叫"闰槟"① 的树，以象征这个群体对这片领土的所有
权。伴随着种树行为，要杀许多的猪。除了小猪仔可以幸免，其余的猪一律杀了
献给祖先以感谢他们在战争中的帮助。但行祭者并不认为献给祖先的猪可以解除
他们对阵亡者所欠的情，他们告诉阵亡者，到有足够的猪的时候将为之举行一个
更大的祭祀。当生者对其祖先欠下祭祀时，他们不能开始新的仇杀，因为没有祖
先的帮助不可能取得胜利，而祖先只有得到以猪祭祀的回报后才愿意助战。因此，
休战会一直持续到有足够多的猪把生者从对死者的债务中解脱出来为止。可见，
被认为足以回报祖先的猪的数量与要达到这个数量所需要的饲养时间，便是调整
战争频率的关键因素。除了战争和节庆有关的仪式外，在人们生病和受伤的时候
也会举行一系列杀猪和吃猪肉的仪式。病人和伤者往往会处于一种生理紧张的状
态中。保存一定量的猪用于仪式，以消除此种生理紧张状态，也是僧巴珈人养猪
的一个重要目的。

　　猪的数量由资源的承载力决定。当地的猪主要食用人种植的次等甜薯。随着
猪数量的增加，人们势必要为猪开辟土地以种植猪的口粮。根据拉帕波特的调查，
1963 年僧巴珈人猪的饲养量达到了顶峰，达到了 170 头，当地 36% 的耕地都被用
来种植猪的口粮。大量的田间劳动压到了妇女的肩上，随着猪越来越多，她们对
工作的抱怨日益增加。与此同时，越来越多的猪侵犯田地，导致严重纠纷。当这
一切使人们不可忍耐时，他们便达成一致意见，认为已经有足够的猪可以回报祖
先了。用生态学的术语来说，就是当猪与人的关系从互惠变成寄生或是竞争的时
候，便有足够的猪可以回报祖先了。很快，"闰槟"便在意识中被连根拔掉，长达
一年的节庆便开始了。在此期间人们广泛宴请盟友，大批的猪被宰杀。当节庆结
束时，这个群体已完成了它对祖先及盟友的义务，又可以打仗了，于是战争被限
制在每一个仪式周期内只能发动一次。

---

① 闰槟是一棵具有象征意义的树，通过战争结束后在其领土上种树，来象征僧巴珈人对领土的
　　占有。拔掉闰槟，则意味着战争的开始。

可见，僧巴珈人的仪式是一种文化的生态调节机制，在调节群体与群体、群体与环境之间的关系中扮演着重要功能。一方面，仪式的执行把猪的数量、妇女的劳动强度、抛荒期的长短等要素控制在人群生存的范围，并通过杀猪吃肉的形式保证了人们享有一定数量的高质量蛋白质，是地域性子系统的平衡机制；另一方面，仪式又调整了战争的频率，是把打仗的次数限制到不危及地区种群生存的程度，并通过战争推动了更加具有生态适应力的群体的扩大，调整了人与土地的比例，它又成为地区性子系统的平衡机制。

第三节　地方性知识与可持续发展

生态人类学在 20 世纪 60 年代以后的迅速发展，与人们对人类社会面临的日益严重的环境问题的关注紧密相关。尤其是在发展名义下的环境破坏和不顾后果地乱占资源的进程中，人们越来越强烈地感到必须尽快修复人类与环境的关系。作为人类学主要研究对象的各种从事采集、农耕、畜牧、捕捞等民族，他们在漫长的历史过程中形成的特定的适应环境的生存方式，也许能够为我们提供某些与环境共生的智慧和经验，这样的期待也日益突出。因此生态人类学的应用取向一直非常明显，学者们除了为我们提供人类与特定环境问题相关的生态知识外，还致力于从当地人的价值观、信仰体系、亲属结构、政治意识形态以及仪式传统等比较宽广的层面上寻找有利于环境保护、社会可持续发展的生活方式与人类行为，倡导从地方性知识的角度理解当地文化与环境，发现地方文化的生态智慧、生态意义和生态价值，并从当地人自身的文化中寻找环境问题的原因和解决问题的途径。

一、人类学视野中的生态问题

人类学在理解生态问题的时候，将人类的文化（不仅仅是单纯的人类行为）识别为导致生态失衡的重要因素，并从人类文化的特点着手，理解文化在生态失衡中扮演的决定性作用。

在生物界，生态系统不同物种的进化历程极为缓慢，而且不同物种间又不能相互学习和借鉴适应的本领和生存技巧，这就使得每一物种的生存空间都被控制在一个特定的范围内，也就是生态学所称的"生态位"。该生物物种的种群扩大一旦突破所处生态系统的承载能力，就必然遭到其他物种的挑战以及自身所需食物来源和生存空间的制约。该物种只能牺牲多余的生物个体，以保证该物种的稳态延续。生态系统当然也就不会因为个别物种种群的过分膨胀而导致毁灭。

而人类的文化却不同，文化变迁是人类文化的重要属性，技术和经济的发展大大提高了人类社会改造自然和利用自然的水平，人类群体的规模不断扩大，其社会组织结构也越加复杂。尤其是工业革命以来，工业化和城市化进程使人类社会在短短几百年的时间发生了巨大变迁，人类文化的这种变迁速度大大超过了自然界物种进化的速度，其带给生态系统的影响也是极为巨大的。

越快速的文化变迁越有可能打破生态和文化的平衡关系。相关研究注意到，人类文化变迁中的文化创新具有针对性与目的性，创新速度越快，其短期功利目标也会更加明确。其中最明显的是，在文化的快速更新给当事民族带来了一些直接利益的同时，该民族的成员很容易忽视民族文化更新需要与地球生命体系的演替保持协调。文化的快速演替一旦与地球生命体系的自然演替脱节，就必然导致对相关生物资源的超额利用。人类社会其实是在无意识中冲击了自己所依存的自然生态系统，而且这种冲击常常被短暂的直接利益所掩盖，这正是生态危机出现的文化根源之一。

文化还表现为一种群体性行为，导致了人们对生物资源利用方式的趋同，趋向于集中消费有限种类的食物以及其他有限种类的生物资源，倾向于按人们的意志局部地改变自然面貌等，导致了人们往往习惯于向自然生态系统索取，忽视了人类社会的存在只能是寄生于所处自然生态系统之中这一根本性实质。这种群体性生态行为很容易对所处生态系统构成一种持续、稳定的外部作用，足以诱发自然生态系统的本质改变。这种变迁的速度受该种文化功利目标的驱使，其速度肯定大大超过生态系统的自然更新，没有给生态系统的自我调节留下充裕的时间和空间，致使这种快速的变迁必然会以生态蜕变或者生态灾变的形式表现出来。

生态人类学者指出，每个民族都不是从纯粹的自然中获取生命物质和能量，而是从民族生境中获取生存和发展的各种物质和能量。这样一来，生态灾变如果与人类的活动相关联，那么它肯定不是发生于原生的自然生态系统之中，而是集中表现在各民族的生境之中。

作为特定文化干预下的产物，民族生境必然具有该种文化的特性，同时文化的固有属性在民族生境中，也会得到不同程度的反映。其中最为明显的表现在于，民族生境内的生物物种构成格局总是以特定文化的需要为转移，并通过该文化的干预来维持这一构成格局的延续。一旦失去了文化的干预，民族生境内的生物物种构成以及物种间的配置关系，就会与原生的自然生态系统趋于相同。就这一层面去理解，民族生境的特殊性正在于它完全是特定文化在生态领域内的再现，并与特定文化的运行相始终。

从这一逻辑出发，我们能清晰地看到，发生在民族生境中的人为生态失衡，其实是文化运行失范的派生结果。由此，人类学家尝试通过文化的创新去实现特定族群对其所处生态环境的再适应。而自然生态系统的构成极其复杂，任何族群的生境建构都仅仅是分割利用其中一个极其有限的部分，这就为文化的再适应提供了无比广阔的空间。

二、地方性知识的生态价值

文化的一项基本功能是调节人与自然的关系，围绕这一基本功能，各个族群文化体系中都会有一个记录其生物性适应历程的组成部分，其中包含着大量的生态智慧、技能和技术，从而构成该民族地方性生态知识的重要组成部分。从现代的科学理论出发，对这些地方性生态知识进行再认识，是人类学者理解和应对人为生态灾变的独特视角。

任何一种民族文化中的地方性生态知识，都是一个不断丰富与完善的知识体系，集中表现为一个组织有序的知识网络。在这个网络中，地方性生态知识总是与其他的知识交织在一起，历史的经验、外来的经验、当代的经验彼此纠缠在一起。一个民族的地方性生态知识在该民族的成员中，分布很不均衡。往往只有一部分人知之甚深，并能熟练利用，只有极少数人能对这些智慧与技能做符合逻辑的解释，多数人表现为默认、理解或者是宽容。

各民族对自己的地方性生态知识的解释自成体系，这样的体系总是与该种文化的其他要素融为一体，但也常常与现代科学的诠释体系相左，甚至凭借现代技术手段，在短期内也很难证实这些智慧与技能的合理性。因而，在实际的田野调查中，研究者很容易将各民族文化中最有价值的生态智慧和技能忽略，甚至是视而不见，充耳不闻。在我国西南已经高度石漠化的喀斯特山区，当地的苗族和布依族总能找到最佳的植树位置，而且是将树苗定植在杂草丛中。他们的解释是树苗和人一样，必须与各种杂草结成各式各样的社会关系，如亲戚关系、血缘关系、朋友关系等。这样的解释他们认为理所当然，而植树的成效又极为可靠。但其间的逻辑关系，不要说当代的林学专家，就是该地区的其他民族成员也不会认同他们的这种解释。只有经过长期的观察和归纳总结，才会发现他们的这些做法实际上具有无可比拟的合理性。他们认定与某种树苗有亲戚关系的那些杂草，往往是根系发达的宿根性杂草或者小灌木。这些植物生长位置的岩缝下面，土层较为深厚，足以支撑一株乔木的生长。此外，在高度石漠化的地段，地表升温极快，容易导致新植树苗脱水，在杂草丛中定植树苗，可以避开这一不利条件。总之，他们的解释和成效之间并不具备现代科学意义中的逻辑关系，但是他们的这种解释仍然具有社会价值。

各民族的地方性生态知识往往与该民族的社会组织、资源管理，甚至是伦理观念有机地结合在一起。如果相关的社会组织和资源配置一旦因为各种原因而受阻，相关的生态知识和技能尽管在他们的观念中一直完好地保存着，但这些知识和技能却无法发挥应有的生态效益，甚至会酿成居民间的争斗和纷扰。如彝族的生态智慧集中体现为农牧用地的交替轮换，河谷地带的农田冬天要改作冬牧场，高原台面上的越冬作物农田收割后要改作夏牧场。这一做法好处很多，既提高了单位面积上的载畜能力，又能利用牲畜的粪便给农田施肥，而且不需要兴建大规模的畜圈，照管畜群的劳动力投入也极其有限，农牧生产都不会留下废料，土地的轮歇利用也有利于多种植物和动物的并存。地表的植被覆盖率常年可以超过75%，能有效地抵御流水和重力对土壤的侵蚀。但是要实施这样的农牧兼营作业，土地必须大面积连片规划利用，相关各个家庭的农事操作也必须按计划定时定点完成。在历史上，彝族是靠披上了土司制度外衣的各家支头人去分别组织完成农事操作，具体家庭不允许将土地资源私有化。土地承包到户后，传统的农牧兼营操作也就无法继续实施了。与此同时，牲畜啃食别家的农作物也经常成为各家庭之间纠纷的祸端。若没有相应社会制度的支持，没有在伦理观念中得到明确的价值定位，在日常生活中没有相应的传统习俗，架空了的地方性生态知识就不可能发挥其生态实效。

各民族的地方性生态知识，还会与该民族的日常生活方式牢固地结合在一起。如中国瑶族的布努支，用落叶和食物残渣人工饲养蚯蚓，作为肉食的来源之一。这项看起来匪夷所思的生活方式恰好是布努支瑶族一项具有极高价值的生态技能，可以将使用价值极低的枯枝落叶和食物残渣转换为蛋白质含量极为丰富的肉食。同时，还消除了生产和生活的废料，回收了有价值的农家肥，蚯蚓的生存还有助于土壤的活化。对他们生活的地区而言，既有多重的生态维护效益，也有明显的经济效益。

生态人类学者的观点是生态地方性知识的建构与文化和社会的萌生同步，是人类在漫长的文化发展中，持续积淀下来的各类生物性适应经验。掌握了各民族的生态智慧与技能就可以帮助我们突破现代科学技术视野的短视，复原现代科学技术萌发以前各民族的生态行为，并从中找到有益的借鉴。从资料积累的时间上看，任何意义上的现代科学技术都不能与各民族的地方性生态知识相比。失去了各民族地方性生态知识的支持，我们事实上无法凭借现代科学技术去正确地认识经历漫长岁月积淀下来的人类生态问题。

三、从发展反思到生态文明

对地方性知识生态价值的关注，使人类学拥有了从文化批评的视角理解现代的、专业的、先进的科学知识和发展体系的态度。这种文化批评的态度促使人类学者对现代的环境问题和可持续发展开展了一系列重新思考，生态人类学出现了新的发展动向，学者研究的重点从探讨生态问题的产生上升到对发展话语形塑环境过程中所涉及的权力和经济问题的关注，形成了一股反思发展的重要力量。

以牺牲环境为代价谋取经济利益是当今世界范围内环境问题出现的主要原因，环境破坏已经成为西方工业文明最具风险性的一个方面。在那些有过被殖民统治历史的国家中，环境问题由于牵涉西方霸权、文化适应等因素显得尤为复杂。对发展的一系列反思将环境问题置于西方与第三世界之间的霸权体系中展开分析，指出政治的独立并不代表真正的独立，前殖民地国家依然受到帝国主义意识形态的影响及其经济手段的控制。经过殖民统治，许多地区已经无法以其传统的生产方式进行生产活动，人与环境的关系已经发生了天翻地覆的变化，现代性的引诱使得发展中国家对自身的环境失去控制。后殖民社会只有成为对环境毁坏的野蛮刺激者时才能继续享受着现代性的开化的益处。更具讽刺意味的是，西方社会还通常会严厉指责这些环境遭到破坏的地区，将土地与食物的短缺、人类的健康威胁、濒临灭绝的物种等环境问题归咎于第三世界的落后，控诉殖民体系的下级群体对于动物和土地的退化不够敏感，常用人和动物的等级差别来比喻在殖民社会中的种族等级。

从学科产生的开始，人类学就非常关注文化与环境之间的相互作用。人类学在后殖民语境下对环境问题的关注，在延续传统研究的同时，也融入了后殖民思潮中对环境背后的权力关系的分析视角。环境成为考察前殖民地社会文化变迁和西方霸权的一个重要维度。在具体的研究实践中，人类学者通常从两个方面来考察环境问题建构中的社会和权力关系：一是物质环境改造过程中的利益斗争，这包括各类自上而下的权力（西方的、国家的、财团的等）、各类专业性实践、媒体与普通民众等不同利益相关群体的环境体验和诉求的互动；二是对环境改造所致的新社会意义的建构，主要包括伴随环境变迁出现的社会结构类别、差异和层级的固化，社会网络和集体行动的重新安排，文化规则、认同、记忆和价值观的内化等方面。

人类学者对发展进程中环境问题的反思充分体现了马克思主义理论有关人与自然关系的一系列思想。要确保社会的持续有序发展，既要保持人与人、人与社会的良好关系，也要保持人与自然的良好关系。在人类作用于自然的物质变换中，应当做到人与自然的生态平衡，应当合理地调节人与自然之间的物质变换。马克思说："社会化的人，联合起来的生产者，将合理地调节他们和自然之间的物质变换，把它置于他们的共同控制之下……靠消耗最小的力量，在最无愧于和最适合于他们的人类本性的条件下来进行这种物质变换。"① 有学者分析认为，马克思的这一观点向我们明确表达了人与自然应相互依存、和谐共生以及协同进化的生态原则。这一原则要求我们在从事生产实践活动过程中，应当尊重自然、爱护自然、善待自然、保护自然，遵循自然界的客观规律，按客观规律办事。人类作为自然界的一部分，尊重自然，就是尊重自己。人如何对待自然界，实质上已经是人类如何对待自己的问题，这是涉及部分与整体、片面与全面、眼前与长远、现在与未来之间的关系的问题。因此，在人与自然的关系问题上，在人类的生产实践活动中，人类不应该把自然仅仅当作满足自身物质需要的工具，以征服者的姿态对待自然，毫无节制地掠夺自然、肆意破坏自然，打破人与自然的生态平衡，而应该在改造和利用自然的同时，从人的角度关照自然，把人的尺度与自然物的尺度统一起来，避免损害自然，造成人与自然的冲突和对立，追求人与自然的统一与和谐。人类为了自身的永续发展和健康发展，不分国家、民族，都应把大自然看作自身赖以生存的共有家园，都有共同维护好这个家园、维护好人与自然生态平衡的责任与义务。

中国共产党在新时代中国特色社会主义的建设中，更是把马克思主义的生态思想上升到了国家战略的层面，党的十八大报告对生态文明建设做了详尽的阐述和战略安排，从建设社会主义市场经济、社会主义民主政治、社会主义先进文化、社会主义和谐社会和生态文明建设这五个方面，明确提出了"建设中国特色社会主义的总布局是'五位一体'"的科学论断。生态文明是人类文明发展的一个新的阶段，是人类遵循人、自然、社会和谐发展这一客观规律而取得的物质与精神成果的总和，是贯穿于经济建设、政治建设、文化建设、社会建设全过程和各方面的系统工程，反映了一个社会的文明进步状态。

新时代中国共产党有关生态文明建设思想和战略的提出，为生态人类学的研

---

① 《马克思恩格斯文集》第 7 卷，人民出版社 2009 年版，第 928—929 页。

究开辟了广阔前景。特别是随着生态文明成为一项国家政策，各地区的发展决策出现了从单一经济层面的考虑向生态决策的转变，那么如何平衡发展的内在需求和生态可持续的要求？这为生态人类学者提供了一个了解新的环境与权力关系的契机。同时，生态人类学者还需要继续在生态文明建设的国家话语体系中，关注不同民族和族群传统生态文化体系的现代转型，并致力于发掘地方性知识体系的生态平衡价值，解决特定民族和族群的资源短缺与环境破坏问题。在这些研究中，生态人类学者凭借其丰富的本土知识和社区研究经验，基于扎实的田野调查资料的支持开展理论构建，把地方知识完整地挖掘整理出来，阐释其机制和功能，使之被更多的人理解和尊重。

思考题

1. 如何理解不同生计方式中人、文化和自然的关系。
2. 如何理解生态人类学的研究对生态学研究的意义。
3. 如何理解文化与环境可持续发展的关系。

▶ 答题要点

第六章　经济生活

经济是指一定范围内，组织一切生产、分配、流通和消费活动与关系的系统。经济包括生产力和生产关系两个方面。人类社会的产生与发展都离不开经济活动，人们的经济生活是所有人类活动的基础。从马克思主义人类学视野理解人们的经济生活是我们理解人类社会文化的重要方法。

第一节　生产与生计

生产是在特定的技术条件下，通过将人的劳动作用于劳动对象和劳动资料，提供人们所需要的各种物品或服务的过程。生产不仅具有一般的技术属性，反映人与自然的相互关系，也具有文化的属性，反映特定的人群与自然的关系以及人与人的社会关系。

生计是指人类群体为适应不同的环境所采取的整套的谋生手段。在不同的历史时期和不同的地区，人们维持生活的生计方式也是不同的。由于人们面对的生态环境、技术水平和社会组织方式不同，人们获取生活所必要的资料的方式也就不尽相同。从人类学的角度看，在人类历史发展过程中，人们大都经历了采集、狩猎、农业、牧业和渔业等不同的生计方式。这些生计方式的共同特点是分工不显著、以自我满足式消费为主要目的。现在，大部分地区的人们都在经历工业化与后工业化等不同的创造物质财富的活动和过程，这些生计方式一般都是高度分工的，生产活动以商品生产为主。

一、采集、狩猎

人和动物不同，动物仅仅利用外部自然界，而人类则必须通过劳动改变自然界，创造自己生活所需要的物质资料，并进行精神产品的生产。在人类历史的早期，人们进行生产时就具有社会性，如马克思所指出的："人是最名副其实的政治动物，不仅是一种合群的动物，而且是只有在社会中才能独立的动物。"① 人类的生计方式都要受制于技术条件，人类的发展也要依赖于自然环境。在人类社会的

① 《马克思恩格斯文集》第 8 卷，人民出版社 2009 年版，第 6 页。

早期，这些依赖性表现得十分突出。采集、狩猎经济就是完全依赖自然生长的植物和动物来维持人类生存的生计方式。从表面上看，这样的获取食物的生计方式和其他动物并没有太大的区别。在这个历史时期，人们事实上很难有更多的办法和能力来改变自然界，使之更好地为人类服务。但是，从根本上讲，由于人们的采集、狩猎方式是使用工具，并且常常是有组织地进行生产，而使人与其他动物有着本质的区别。

采集、狩猎可以说是最古老的谋食方式。这种通过直接采摘可食用果实和猎捕食物的生计方式在人类发展历史中经历了非常漫长的历程。假如人类已有 400 万年的历史，那么，人类 99% 以上的时间是以从事采集和狩猎为生的。采集狩猎可能是人类出现以来到旧石器时代为止唯一的生存技能。在 12 000 年前，幼发拉底河和底格里斯河两河流域，中美洲以及安第斯地区出现农业之前，采集狩猎都是最为重要的生计方式。在新的生计方式出现之后，采集狩猎方式逐渐被绝大多数人类群体放弃。然而，直到 20 世纪，依然有一些族群还以这种方式为生。到 20 世纪中叶，全球仅有南非的布须曼人、澳大利亚土人、北极地区因纽特人①、中非及东南亚少数居民是狩猎—采集者。就中国境内而言，20 世纪 50 年代，在东北大小兴安岭的森林地区及黑龙江、松花江、乌苏里江的交汇处，其中包括了讲阿尔泰语系通古斯-满语族诸语言的赫哲族、鄂伦春族及部分鄂温克族均以渔猎兼采集为主要的生计方式，其特点是直接攫取野生动植物，但其内部还可以分为以鄂伦春族为代表的山林狩猎型和以赫哲族为代表的河谷渔捞型两种经济文化类型。还有许多民族虽然不再完全采用采集狩猎方式维持生计，但采集狩猎作为一种谋食方法，在许多初级农业社会中仍占很大的比重。如 20 世纪 50 年代民主改革前，云南的独龙族人，在大多数家庭中，采集的食物约占其总食量的 25% 以上。

这些直到 20 世纪依然采用采集狩猎方式进行谋食的民族大多处于一国之内或一个文化区域中非常边缘的位置上。这些采集狩猎民族之所以还继续保持这种生计方式，往往是因为这种古老的生计方式仍然能有效地适应其生存的环境。对这些当代的采集狩猎者的研究有助于理解人类早期文化。但是，将这些采集狩猎者视为文化的"活化石"的看法则是错误的。因为，早期部落与现代采集狩猎者居住的生态环境不同，前者占据了一些富饶地区，而后者的生存环境大都是贫瘠之地；前者的邻近人群大致处于同一技术水平，后者的周围人群则在技术水平上大都超过他们。这些与周边不同人群的关系自然也会影响到采集狩猎者的生活。此

---

① 因纽特人过去一般被称为爱斯基摩人。

外，由于幸存下来的采集狩猎者为数极少，因此，很难将当代调查的一些生活比较有保障、比较闲适的，如南非卡拉哈里沙漠中的孔桑人的生活，看作是史前采集狩猎者的典型生活。同样，也不能把现代看到的一些生活困顿的采集狩猎者的生活简单地比附为早期的采集狩猎者的生活。

人类学家在有关采集狩猎群体的研究中发现，对于采集狩猎者来说，采集往往是更为重要之事。在对 90 个采集狩猎群体进行研究之后，人类学家发现 75% 的群体更为依赖的是采集而不是狩猎，只有 25% 的群体是以狩猎作为主要生产生活方式。

采集狩猎时代的技术水平是十分低下的，工具以木棍、刮削器、石斧、骨刀、骨针、角钻等为主。由于劳动工具简陋，生产效率低下，在正常情况下，他们的生活资料只能够维持自己和亲属的生活。采集狩猎经济一个非常大的特点就是低能量的收支。他们在生产中消耗的能量仅仅是他们肌肉中的能量。他们的生计活动对生态环境的影响一般来说是很小的。

采集狩猎群体已有简单的劳动分工。妇女从事采集，男子狩猎，妇女采集的食物占食物来源的大部分。他们总是保持一定的工作量，不像农民那样从事季节分明的活动。采集狩猎群体往往随着季节变化和追踪猎物而迁徙。绝大部分社会的基层组织是核心家庭。有亲属关系的家庭可以联合成为族，几个族也可能结合为群。群的大小从二三十人到一二百人不等。资源丰富时联合，资源匮乏时分开。采集狩猎者在获取食物时通常以家庭为单位，但也经常与群体分享食物。采集狩猎者最明显的生活方式特征就是灵活性。这既表现在采集食物方面，也表现在群体和家庭基础上的社会组织方面。在这些群体中，一般没有固定的权威。社会控制属于非正式的，秩序靠习惯来维持。

二、农业、牧业与渔业

如果说采集狩猎经济主要是依靠老天的赐予，那么农业、牧业就是以人为主体控制自然的一种生计方式了。植物栽培和动物驯化是世界历史上的一项重大发展。

根据考古资料，人们一般认为农业出现的时间距今 1 万年左右。在西亚、东亚、东南亚、中美洲等地，一些人群各自独立地开始了获取食物方式的巨大变化。在 1 万年前，世界上的人们都是以采集狩猎为生。到距今 2 000 年前，大部分人都已从事农业和畜牧业，只有极少部分人还在以采集狩猎为生。在长期的采集狩猎过程中，人们逐步了解了一些植物和动物的生活习性，对季节变化也有了初步的认识。在旧石器时代晚期和新石器时代，即公元前 8 000 年左右，人们开始驯养繁殖动物和种植谷物，人类社会进入了农业阶段。

关于农业的起源有一些不同的观点，但现在大家基本上都认为农业的出现经历了一个相当长的过程。人们之所以放弃风险相对较小又已经成为习惯的采集狩猎生计模式，而选择在初期风险较大且艰苦的农业，主要是由于人口逐渐增多而使原有的生计模式难以支撑人的新的发展需要。我们知道，在采集狩猎阶段，由于获得的能量有限，人口增加是很困难的，甚至还有人为地控制人口增加的一些措施存在，但是，从长远来看，人口还是在缓慢增长。这一结果导致的就是单纯依靠上苍的赐予已经难于保证人们的生存与发展的需要了，这是不得不做出新的选择的客观压力因素。而从人的主观能动性来说，漫长的采集狩猎活动，使得人们对植物动物的习性有了相当程度的了解，这些知识的储备也为农业的出现提供了必要的条件。当然，也可能是由于环境的变化使人们不得不吃他们不太想吃的食物，而为了吃想吃的食物，他们开始自己种植食物作物。由于资料有限，这些观点都只能说在一定程度上是可以成立的。

无论如何，人们开始有选择地种植、栽培可以供人食用的草、根茎和树木，并加以改良，且成功驯化了一些野生动物，尽其所能地为它们提供饲料、进行保护，以满足自己的各种需要。农业的出现在人类发展史上具有非常重要的意义。考古学家柴尔德将这种人类控制他们自身食物的供给视为改变人类经济的第一次革命，或者说是新石器时代革命。

人们在很早的时候就开始耕种水稻、小麦、大麦、粟、玉米、薯类等植物。这些植物至今依然是最为重要的农作物。在当时，耕种就意味着随意地在灌木丛或丛林中开垦出一块地，用简易的生产工具进行播种，然后收获庄稼。这一时期人们的劳动工具有刀、斧、铲、掘木棒等，在早期是用石、蚌、木制造，之后开始出现了金属工具。早期农业的技术十分简单，没有灌溉、犁和畜力牵引。在这一经济模式中，人类自身的力量是生产的基本动力来源。这种最原始的耕耘形态，即初级农业也常被称为"锄耕"或"园耕"，或者叫作"园圃农业"。但是，由于人主动控制自然，相对而言，人们能够获得的能量也大幅度地提高了。

初级农业中，最为常见的就是"刀耕火种"，或称"砍倒烧光农业"，也叫作"游耕农业"。土地的肥力会由于耕种而不断减弱，因而人们需要不断地到新的地方去把草木砍倒，用火烧了，以草木灰增加土地的肥力。三五年后，地力减弱了又去新的地方耕种。这样看来，采取耕种的方式并不一定导致定居。1949 年以前，中国西南边疆地区的独龙、怒、傈僳、拉祜、布朗、景颇、佤、基诺和中南地区的黎、瑶等少数民族中仍然保留着初级农业的一些耕作方式。

在地广人稀的情况下采用刀耕火种方式进行生产是十分经济的。这不能用现在的"森林会减少"这样简单的思维模式来看待。由于刀耕火种的人们事实上所付出的能量还是十分有限，从相对较长的时间看，他们对环境所产生的影响也是有限的。如在亚热带山地，如果人均拥有30亩以上的可耕森林地，生态系统便能够保持平衡和良性循环。

在初级农业的基础上，精耕农业，或者称为集约农业，逐渐发展起来。与初级农业相比，犁等其他更为先进的农具出现了；畜力也开始得到运用；补充肥料以及水利建设都开始出现。水利设施的建设和使用，以及犁耕、肥料的使用本身也意味着人们在种植中投入的能量增加，而由此带来的结果就是收获的大幅度提高。在精耕农业出现之后，休耕期缩短乃至取消，新的农作物不断产生，人口增加也较容易。

在不断的发展中，农业明显地表现出如下一些特征：第一，经济生产与自然生产交织在一起；第二，受到明显的季节性、连续性和周期性影响；第三，地域性因素极强。传统农业的类型有旱作农业、水稻农业和地中海农业。旱作农业主要分布于温带大陆的东岸以及副热带干旱的山地和高原；水稻农业主要分布在中国南方、东南亚、南亚的河流两岸与沿海地区；地中海农业主要分布在温带大陆西岸（地中海周围、美国加利福尼亚州的中南部、南美洲智利的中部、南非的好望角地区以及澳大利亚的西南和东南部）。

在农业发展过程中，人们更加能够按照自己的意愿和目的来改变自然环境，或者说更加能够建立永久性的人工生态环境。农业在人类历史发展中起到的巨大作用是毋庸置疑的。但是，农业也有其局限性。在重新安排农作物的生态系统过程中，人们付出的能量也是巨大的。在满足人们食物需要的前提下，单一的庄稼或者少数几种庄稼成了人们种植的最主要植物。为了修建沟渠必须改变自然界原有的状态，这些行为对自然界产生着重要的影响。此外，耕地面积的扩大和产量的提高都有一定限度。人们在一定的土地上的投入在短期内可以增加产量，但产量是不会无限增加的。随着人口的增长而不得不扩大耕地面积，就有可能导致生态的失衡。

农业生产对社会的影响也是巨大的。在初级农业阶段，社会的基础组织是以血缘为纽带的家族集体。成员共同生产，也基本上共同享有劳动成果。几个家族组成村社。集体内部的贫富分化还不明显，权威主要限于个人影响力。儿童在这一阶段也可以承担一定的劳动。

私有制的形成，阶级和国家的产生，城市的出现等都是在精耕农业的基础上发生的。由于精耕农业大大地提高了农作物的产量，劳动力所能生产的东西在满足个人的需要之外，还可以有剩余。这使得专门从事农业之外的劳动成为可能，新的分工开始出现。原先属于业余从事的活动，如制陶、金属冶炼、竹木加工等手工业由一些家族专门承担。在满足本社区的需要之外，这些产品开始成为与其他人群交换的商品。此外，由于粮食的供给较充足并有剩余，可以将部分劳动者从农业中解放出来，从事手工业生产和商业交换，还可以为一部分从事文学、艺术、科学、宗教活动的人提供物质基础。因为农业劳动生产剩余的出现，占有他人的劳动成为可能，私有制和阶级逐渐产生。作为保护一个阶级利益而压迫另一个阶级利益的工具，同时也是实现组织人民进行公共工程建设与管理，组织人民进行掠夺性或防御性战争的国家也在农业社会中出现。农业进一步发展，促进了文明的出现。世界上最早的文明古国大都与农业有关。如埃及的尼罗河灌溉文明，巴比伦的幼发拉底河、底格里斯河灌溉农业，印度的印度河中下游地区的灌溉文明，中国黄河中下游地区的黄河各支流上的灌溉文明以及墨西哥的玛雅和印加的玉米文明。

畜牧业是一种依靠畜群为生的经济，即通过喂养牲畜，促进其繁殖，防治其病害，利用其产品的经济。畜群的种类因自然环境的不同而异，诸如牛、马、羊、牦牛、驯鹿、骆驼、美洲驼、羊驼等。这种经济模式从寒带到热带均有分布，但主要区域为横跨中亚直至北非地区，以及非洲撒哈拉以南地区。畜牧民族大都需要流动，必须按照一定的季节在一定的地区迁徙，因而这些民族又被称为游牧民族。

关于畜牧业的产生也存在不同的看法。一种观点认为畜牧业先于农业产生；一种则认为畜牧业是后于植物栽培和家畜驯养而出现的。但更可能的情况是，植物栽培和动物驯化大约都是同时发生的。游牧民族以牲畜为生存的主要条件，但他们的经济常常也是动植物并重的混合型经济。这样做的优点在于可以减少食物来源波动带来的威胁。游牧民族也往往要与农业民族进行产品的交换。

畜牧业也是人们主动控制自然的一种成功的生产方式。对牲畜的喂养比单纯的打猎获取猎物需要花费更大的能量，但也可以获得更为丰厚和稳定的收获。相比较而言，适合于农耕的地方，农耕的效率远大于畜牧业。即使要养活一小群游牧者也需要大片的草原地区。挪威北部以驯鹿为生的萨米人，人均需要 200 头驯鹿才能保证基本生活。为了保证牧草供给，人们需要为不断更换放牧地而迁徙。人口的微量增长都会对原有居民的食物供给产生剧烈的影响。畜牧业的发展对生态的影响也是很大的，当一定单位面积的牧场放牧过多时，草场沙漠化等就成为严重的问题。

畜牧民族和农耕民族之间总是存在着复杂的关系。一般说来，畜牧民族要在相当程度上依靠农耕民族的产品，而农耕民族未必需要畜牧民族的产品。畜牧民族由于畜牧业更脆弱，当其不能实现与农耕民族的产品交换的时候，或遇到灾荒时，就会发动战争。由于游牧民族的流动性，在很长时期内，农耕民族在和他们相处的时候经常是处于被动的局面。中国历史上内地的农耕民族经常受到北方游牧民族的威胁。在工业化时代来临之前，游牧人一直威胁着地中海地区的北部边境。

畜牧民族的社会组织形式总是与流动性饲养畜群相联系的。一般来说，一种以帐篷为单位的联合家庭可以视为基本的经济单位。这些基本的单位又往往随畜群增减而变化。畜牧业社会也有财富多寡、权力大小的问题。占有畜群多少是财富大小的依据。畜牧民族也可以建立非常复杂的社会政治组织。

捕鱼，是典型的狩猎活动之一。渔业是指捕捞和养殖鱼类和其他水生动物及海藻类等水生植物以取得水产品的生计方式。在采集狩猎年代，人们就已经对水产动物和植物进行捕捞。此后，人们又学会了饲养水产动物和种植水中植物。渔业包括捕捞水生动物、植物资源的水产捕捞业和养殖水生动物和植物的水产养殖业两个部分。从旧石器时代直到今天，渔业一直是人们获取食物等的一种生产方式。现在，人类所消费的动物蛋白质中有大约15%是由渔业提供的。渔业又可以分为海洋渔业和淡水渔业。目前来讲，全世界渔业捕捞的87.62%集中在海洋渔场。由于大部分海洋鱼类存量传统上被视为公共财产而被捕捞，因此很多鱼类，如鲸、海豹、海獭、海牛等海洋哺乳动物及鲱鱼、鳀鱼、沙脑鱼、沙丁鱼、海龟、大蛤等鱼类等都处于濒危状态。日本和挪威每年捕杀的鲸鱼数量是惊人的。由于海洋鱼类资源的公共财产性质没有改变，国家性和国际性渔业管理机构的成立以及出台的各种管理措施都未能真正保护好海洋资源。鱼类存量枯竭、渔民收入下降的趋势没有改变。

从寒带到热带都有以渔业为生的民族。因为自然环境差异很大以及和周边其他民族的关系不同，以渔业为生的民族的生产生活方式、社会组织及文化等都是很不一样的。

因纽特人与阿留申人共同构成北极地区及近北极地区土著居民之主要成分，其分布范围自格陵兰、阿拉斯加、加拿大到俄罗斯最东端的西伯利亚地区。因纽特人的祖先来自中国北方，大约是在1万年前从亚洲渡过白令海峡到达美洲的，或者是通过冰封的海峡陆桥过去的。语言属古亚细亚语系爱斯基摩-阿留申语族。因纽特人居住地分散，地区差异很大，所以文化差异也很大。因纽特人主要从事陆地或海上狩猎，辅以捕鱼和驯鹿。近海的因纽特人主要以捕捉海兽、鱼类为生，内陆的则从事狩猎。不同季节、不同地区，因纽特人采用不同的方法猎取海豹。该民族的首领多为萨满，基本的社会经济单元是核心家庭，他们信仰万物有灵。住房有石屋、木屋和雪屋三种。因纽特人一般养狗，主要用来拉雪橇。

从 20 世纪 70 年代开始，绝大多数因纽特人住到固定的村庄。只有极少数因纽特人仍然沿袭古老的生活方式，依靠打猎、捕鱼维持生活，但他们也已经使用现代渔猎工具，不再使用传统的交通工具，机动船代替了以往的皮划艇，人们骑着雪地摩托四处寻找猎物。因纽特人中也出现贫富分化。在现代文明的冲击下，因纽特人已经越来越与外界融合，逐渐脱离了自己传统的游猎生活。

一般认为，阿留申人原是因纽特人的一支，约在 4 000 年前经白令海峡从亚洲迁移到美洲，后又从阿拉斯加迁到阿留申群岛。在 18 世纪俄国殖民者入侵前，人口为 2.5 万。阿留申人主要以狩猎为生，猎取鲸、海獭、海狮、海豹、海象、驯鹿及熊等，并从事捕鱼和采集。他们使用标枪、矛、梭等工具，用海豹皮制造小皮舟和大木框船，用木、石、骨、象牙制作工具、器皿和饰物。其社会组织以村庄为单位，由亲属家庭组成。如今阿留申人的经济和文化深受俄罗斯人和美国人的影响，生活发生很大变化。住在美国的阿留申人多在肉类加工厂从事非技术劳动，保留有编织、木雕等手工艺生产技术。

赫哲族是中国东北地区一个古老的民族，属于北方内陆渔猎民族。它的先民可以上溯到先秦时代的肃慎人，俄国东侵之后被分裂为跨国民族。赫哲族有本民族的语言，赫哲语属阿尔泰语系满-通古斯语族，没有本民族文字，一般通用汉文。赫哲族早年以渔猎为生，以穿鱼兽皮衣为主。狗拉雪橇是赫哲人主要的交通工具。赫哲族图案艺术非常发达，他们常常在用鱼皮、兽皮制作的衣服、鞋、帽、被褥上，绣制各种云纹、花草、蝴蝶及几何形图案等。20 世纪初，随着狩猎业衰退，渔业产品大量商品化，赫哲族在政治、经济等方面形成与汉族及周围其他各族不可分割的联系。1945 年抗日战争胜利之后，幸存的赫哲族居民仅有300 余人。新中国成立后，人民政府实行民族发展政策积极帮助赫哲族发展生产，逐步改善生活，人口数有较大增长，根据 2010 年第六次全国人口普查，赫哲族人口为 5 354 人。

中国福建闽江中下游，福建、广东、海南以及浙江沿海一带的疍民在传统上终生漂泊于水上，以船为家，也被称为连家船民。早期文献也称他们为游艇子、白水郎、蜒等。他们自认是被汉武帝灭国的闽越人的后代。学术界一般认为疍民主要源于古代的百越，是居水的越人遗民，与畲族同源。"以舟楫为家，捕鱼为生"是疍民传统生活的写照。明代时，许多疍民已经逐渐被汉化。从18世纪雍正年间起，开始有少量福州疍民上岸定居，这些人被称为歇家。民国时期，政府废止对疍民的不平等政策后，上岸的疍民渐多。1949年之后，疍民由于长期已同化于汉族，被认定为汉族的一部分。在政府的帮助下，不断有疍民上岸，兴建新的村落。现在，疍民基本上都已上岸居住。

在菲律宾、马来西亚和印度尼西亚之间的海域上还生活着一个也许可以算得上是最后一个海上游牧民族的巴焦人。巴焦人属萨马拉人种，他们被称为"海上的萨马拉人"或"马焦人"，即"渔民"的意思。数百年来，他们的生活主要以捕鱼以及采集珍珠和海参为生，很少踏足陆地。巴焦人大多是近亲结婚。有时男女双方血缘关系过近时，人们就会向"海怪"送祭品，往海里抛掷家中的珍贵饰品，祈求保佑子孙后代健康长寿。巴焦人崇拜自然，相信鬼神，随时准备好祭品，祭奠那些魔鬼和恶神，乞求消灾。巴焦人几乎完全生活在海洋上，只是在用捕来的鱼交换大米、淡水和其他物品时才上岸。巴焦人每户人家一般都有好几条船，分别用来居住、用来搬运货物以及专门捕捞鱼和贝类。大多数的巴焦家庭都配备了最低限度的发动机。巴焦人掌握着娴熟的自由潜水技巧，捞取各种珍珠贝类以及其他珍贵的海洋生物。捕来的鱼、玳瑁，捞取到的牡蛎、珍珠等，主要用于和其他民族进行交易，换取所需的食物和日用品。巴焦人也曾经尝试在岛屿沿海定居，用竹、木和树叶盖草房，但由于不习惯定居生活又受到别的民族的干扰，他们不能长久固定一处，依旧长年累月地生活在海上。现在，也有一些巴焦人开始定居陆地，传统的渔网、鱼线和自制矛枪等捕鱼工具也在很大程度上被氰化物和炸药取代，在谋求更大的商业利益的情况下，延续了几个世纪的生活方式面临挑战。他们正在毁坏其赖以为生的珊瑚礁群。

三、工业化与后工业化

工业化是一种过程。一般来说，某一国家或地区的国民收入中制造业等第二产业所占比例提高，在制造业等第二产业就业的劳动人口的比例也有增加的趋势，整个人口的人均收入也增加了，即可以认为该地区或国家进入了工业化过程。

工业有其独特的发展过程。依据其发展程度的不同，大致可以将人类社会的工业分为三大发展类型：一类是尚未与农业和畜牧业完全分离的原始手工业；一类是较为发达的手工业；一类是高度发达的现代工业。在马克思和恩格斯看来，现代工业之所以区别于工场手工业，是由于机器起了主要的作用。"只是在工具由人的有机体的工具转化为机械装置即工具机的工具以后，发动机才取得了一种独立的、完全摆脱人力限制的形式。于是，我们以上所考察的单个的工具机，就降为机器生产的一个简单要素了。"①

工业化的出现是由多种因素造成的。马克思和恩格斯对此有清晰的分析："从中世纪的农奴中产生了初期城市的城市市民；从这个市民等级中发展出最初的资产阶级分子。……美洲的发现、绕过非洲的航行，给新兴的资产阶级开辟了新天地。东印度和中国的市场、美洲的殖民化、对殖民地的贸易、交换手段和一般商品的增加，使商业、航海业和工业空前高涨，因而使正在崩溃的封建社会内部的革命因素迅速发展。"② 世界市场的开拓使需求不断增加，从而造成"以前那种封建的或行会的工业经营方式已经不能满足随着新市场的出现而增加的需求了。工场手工业代替了这种经营方式……市场总是在扩大，需求总是在增加。甚至工场手工业也不再能满足需要了。于是，蒸汽和机器引起了工业生产的革命"③。而市场化和工业化的关系就表现在，"大工业建立了由美洲的发现所准备好的世界市场。世界市场使商业、航海业和陆路交通得到了巨大的发展。这种发展又反过来促进了工业的扩展"。④

工业化对产业结构、就业结构和人类社会的影响巨大。在工业化时代，从事农业的人口比重开始下降。当然，"从事农业的相对人数，不能简单地由直接从事农业的人数来决定。在进行资本主义生产的国家，有许多人间接地参加这种农业生产，而在不发达的国家，这些人都是直接从属于农业的。因此，表现出来的差别要比实际的差别大。但是对于一国文明的总体来说，这个差别极为重要，哪怕这个差别只在于，有相当大一部分参与农业的生产者不直接参与农业，而是摆脱了农村生活的愚昧，属于工业人口"⑤。工业化使得经济出现了全新的变化。"资产阶级，由于开拓了世界市场，使一切国家的生产和消费都成为世界性的了……过去那种地方的和民族的自给自足和闭关自守状态，被各民族的各方面的互相往来和各方面的互相依赖所代替了。物质的生产是如此，精神的生产也是如此。"⑥

① 《马克思恩格斯文集》第 5 卷，人民出版社 2009 年版，第 434 页。
② 《马克思恩格斯文集》第 2 卷，人民出版社 2009 年版，第 32 页。
③ 《马克思恩格斯文集》第 2 卷，人民出版社 2009 年版，第 32 页。
④ 《马克思恩格斯文集》第 2 卷，人民出版社 2009 年版，第 32 页。
⑤ 《马克思恩格斯全集》第 34 卷，人民出版社 2008 年版，第 539 页。
⑥ 《马克思恩格斯文集》第 2 卷，人民出版社 2009 年版，第 35 页。

工业化时代所释放的生产力是十分惊人的，如马克思和恩格斯所言："资产阶级在它的不到一百年的阶级统治中所创造的生产力，比过去一切世代创造的全部生产力还要多，还要大。"[①] 这也是 20 世纪以来，特别是第二次世界大战之后，工业化几乎成为所有的国家和地区的发展目标的原因。

英国是第一个实现工业化的国家。工业化最初只是一种自发的经历了漫长历史过程的社会现象。从英国的发展过程看，工业化的实现是与打碎了封建主义枷锁密切相关的。英国工业革命传统上是与蒸汽为动力的机器大工业的出现相联系的。机器的活动部件是由钢铁制造的，以蒸汽为动力，几十甚至几百个工人集中在一个工厂干活。这个时代，传统的动力仍为工厂工业的发展和扩大做出了贡献。英国工业的发展以棉纺业的激增发展为先导。在英国工业化过程中，使用机器加工和蒸汽动力方面的进步使英国在世界上具有了决定性的领先地位，同时，在英国的正式的和非正式的大量殖民地中，英国产品可以不受任何关税壁垒的阻碍从而获得巨额利益也是非常重要的原因。

一旦英国成了纺织业和蒸汽机革命的先驱者，工业化就可能扩散到其他国家。西欧国家由于与英国的邻近关系而大为受益，其工业化接收了来自英格兰的关于新发明的信息、机器设备、人力和资本。然而，由于存在着与政治、社会和结构因素有关的一系列原因，尽管一些政治上独立的西欧国家的政府对工业化给予了积极的支持，但工业化在西欧的扩散仍然持续了很长的时间。西欧国家中的后起之秀和位于地球另一端的日本，在实行国家干预政策方面比英国的规模更大、针对性更强。当然，由于不同的国家的传统社会结构和文化都有很大的差异，这些政策也是各不相同，效果也有很大的差异。俄国到了 19 世纪 80 年代，使用现代机器的大工业加速发展起来。但是，到了十月革命和两个五年计划之后，苏联的就业结构才发生了根本性的变化。1940 年，苏联在工业和建筑业中就业的劳动力的比例上升到 23%，1979 年达到 39%。

当大西洋两岸的许多国家在工业化方面取得重大进步，日本作为西方列强在东亚的工业和政治霸权的挑战者而慢慢崛起的时候，亚洲、非洲和拉丁美洲的大多数地方几乎没有经历任何实实在在的工业化过程。对宗主国或者西方列强的贸易和工业有利的自由贸易或国家干预政策，往往造成诸如印度、中国和土耳其这些国家的手工业和国内工业的大规模衰落。殖民统治在很多情况下还加强了对农村地区的各种奴役和束缚。诸多拉丁美洲国家在 20 世纪 30 年代工业化进程加快。

[①] 《马克思恩格斯文集》第 2 卷，人民出版社 2009 年版，第 36 页。

随后的发展中，拉丁美洲又逐渐陷入了对西方国家的依附式发展中。第二次世界大战之后，新加坡和韩国以及中国香港地区、台湾地区等国家和地区成功地走上了工业化道路。中国在 1949 年之后，工业增长率一般在 10% 以上，1982 年工业在国民收入中的比重达到 42.2%，而这一年中国仍有 71.6% 的劳动力从事农业和林业生产。到 2012 年，中国第一产业增加值占国内生产总值的比重为 10.1%，第二产业增加值比重为 45.3%，第三产业增加值比重为 44.6%。

工业化无疑对人类社会具有积极的促进作用，但也必须看到工业化对社会、生态环境造成了许多负面的影响。大气、海洋和陆地水体等环境污染，水土流失和荒漠化加剧等都与工业化有直接的关联。工业化生产方式必然要求社会组织、生产关系、生活方式和传统文化发生改变以便与之相适应。这也会带来许多传统文化的困顿与消失等问题。

后工业化是 1973 年由美国著名的社会学家丹尼尔·贝尔提出的概念。他认为，后工业社会的第一个最简单的特点是大多数劳动力不再从事农业或制造业，而是从事服务业；经济方面的标志则是由商品生产经济变为服务经济；职位方面的标志是专业和技术阶层处于优先地位；在决策方面，则是创造新的"知识技术"。简单地说，工业化与后工业化最明显的区别是：工业时代是制造业为第一重要的产业，后工业化时代则是服务业上升为第一重要的产业。

后工业化一般是在工业经济发展到足够强大、相对领先时才发生的。即已经实现由工业经济向后工业经济转变的发达国家，都是在他们的工业生产已达到较高水平的时期开始的后工业化时代。后工业化虽然是以服务经济占据主导地位为特征的，但这个阶段的到来是以经济体实现了较完善的社会保障，并形成了以中产阶层为主的社会结构为标志的。后工业化是一个相对的概念，迈入这一阶段与该经济体在国际经济中的动态分工息息相关。若经济体尚处在产业链分工的底端是不大可能跨入这一阶段的。要进入这一阶段，经济体的发展也必须达到较高水平，城市化进入较成熟阶段。后工业化也是一个较漫长且有发展时序的过程。中国在经历改革开放 30 多年的高速发展之后，2013 年第一产业增加值占国内生产总值的比重为 10.0%，第二产业增加值比重为 43.9%，第三产业增加值比重为 46.1%，第三产业增加值占比首次超过第二产业。后工业化是在物质基础达到一定水平，供给以知识和技术为动力改变生活方式，需求由追求数量向追求质量转变，推动经济发展方式转变的过程。

采集狩猎、农业、牧业、渔业、工业化以及后工业化是人类经济发展过程中出现的不同的生产生活方式。虽然一些国家和地区已经属于后工业化时代，但除了专门的采集狩猎生计之外的其他的不同的生产生活方式并没有消失，它们也在人们现实的生活中发挥着各自的作用。

第二节　交换与分配

生产、分配、交换以及消费都是人们经济活动中的重要环节。人的社会性存在使人们的生产、分配、交换和消费具有了社会文化意义。对人们的交换、分配等经济活动内容的分析无疑是认识社会文化的重要内容。

一、交换

从经济意义上讲，交换是指人们在生产中的各种活动、能力以及一般产品和商品的交换。交换不能简单地理解为是实物的交换。那些在劳动生产过程中发生的因为分工合作的需要而产生的活动和能力的交换，如"换工"等也是一种交换。此外，生产过程中各道工序之间的原材料或半成品的交换，在进入消费领域之前，各个不同生产单位之间在产品生产、运输、包装、保管等过程中的交换以及直接为消费而进行的交换等都是交换。

在人类发展的早期，交换就已经发生了。只是在采集狩猎时代，人们的交换更多的是偶发性的，而在农业、牧业、渔业时代，交换情况的发生就非常多了。作为社会再生产过程中联结生产与由生产决定的分配和消费的重要桥梁的交换，在工业化和后工业化时代就更加普及了。

"在生产中，社会成员占有（开发、改造）自然产品供人类需要；分配决定个人分取这些产品的比例；交换给个人带来他想用分配给他的一份去换取的那些特殊产品；最后，在消费中，产品变成享受的对象，个人占有的对象。生产制造出适合需要的对象；分配依照社会规律把它们分配；交换依照个人需要把已经分配的东西再分配；最后，在消费中，产品脱离这种社会运动，直接变成个人需要的对象和仆役，供个人享受而满足个人需要。因而，生产表现为起点，消费表现为终点，分配和交换表现为中间环节，这中间环节又是二重的，分配被规定为从社会出发的要素，交换被规定为从个人出发的要素。"① 由于"全部人类历史的

---

① 《马克思恩格斯文集》第 8 卷，人民出版社 2009 年版，第 12 页。

第一个前提无疑是有生命的个人的存在",① 所以，在对生产、分配、交换、消费之间关系的理解中，应该看到从实质性上讲，这些活动都是具体的人的活动，并且在这些活动中体现着人与人的社会关系。这也就是说，人们的生产与交换等活动总是具体的，是在具体的社会文化关系中发生的，并且也总是会体现这种关系。

在分析研究人的具体的交换活动时，就必须将这个活动置于人的具体的社会文化中来进行考察。对交换这一社会活动的分析当然具有经济分析的意义。生产对于交换具有决定性的作用，生产的发展水平比较低，那么交换的方式也比较简单；交换对生产也具有反作用，交换也会促进或阻碍生产的发展。同时，对交换的分析也是对社会文化的理解。在交换过程中往往也体现了社会内部与不同社会之间的社会关系，交换的目的和手段等也往往与人们对于交换的文化意义的理解相关联。不同的共同体之间的交换，主要目的在于互通有无，而在共同体内部，交换与社会内部关系的整合有关。

二、互惠

互惠是指建立在给予、接受、回报这三重义务基础上的两个集团之间、两个人或个人与集团之间的相互扶助关系，其特征是不借助于现代社会的金钱作为交换媒介。图恩瓦称这种"给予—回报"的互惠模式为人类公平的基础。事实上，人类学家对于交换的关注是与对互惠的研究相关联的。互惠是每个社会都有的现象。互惠与经济上的互利是有关系的，但是从文化的角度看互惠还包含着非常丰富的文化内涵。在不同的社会文化中，互惠所体现出来的形式和意义也不尽相同。

就互惠而言，礼物交换是人类文明中最早的互惠形式，对礼物交换的研究也就是互惠理论形成的开端。美国人类学家博厄斯是较早关注礼物交换的。在介绍北美西北海岸夸扣特尔印第安人盛行的夸富宴（"波特拉赤"）时，博厄斯把这种宴会作为一种特殊的礼物交换类型来描写，开启了人类学对礼物交换的研究。马林诺夫斯基、莫斯、列维-斯特劳斯、萨林斯等对此都有较深入的研究。

英国功能学派创始人马林诺夫斯基在《西太平洋的航海者》一书中对美拉尼西亚社会中的库拉圈（Kula ring）有非常详尽的描述。马林诺夫斯基发现，特罗布里恩德岛的居民在进行库拉圈交换时，他们所交换的主要物品，如项链、臂镯等

---

① 《马克思恩格斯文集》第 1 卷，人民出版社 2009 年版，第 519 页。

宝物是没有任何实用价值的，这些东西也不具有货币的功能。马林诺夫斯基就此认为特罗布里恩德岛居民的这些交换行为是"非经济的"行为。在马林诺夫斯基之后，法国社会学家莫斯在其所著的《礼物》一书中，把礼物交换看成一种社会的整体现象，并把它放到物质、道德和宗教的层面来研究。莫斯认为送礼是一种义务性的行为。送礼之人是基于某种义务而送礼，受礼者也是基于某种义务而接受。这个现象是十分普遍的，牵涉许多人之间的关系和权力。送礼和收礼之间有结构性的关系；送礼与收礼并非仅仅存在于经济上，诸如政治、法律、宗教和道德等社会生活的各个层面都有这个现象；送礼与收礼是受"全面性的偿付"原则制约的。任何人或物在进入这个给予、接受、偿付的结构之后，其性质就发生了改变。物品会因为进入这个过程而成为神圣的物品；而人进入这个过程之后，与别人的关系就可能改变。莫斯认为每个送礼的人与接受礼物的人之间都有着共同的信仰。在毛利人的信仰中，送出东西的时候同时也送出了他的一部分精灵（hau），若没有回礼，精灵就可能会报复。当然，在马林诺夫斯基看来，一个人给予是因为他期待报偿，而一个人回报是为了规避其伙伴可能中止给予的风险。这种看似"互惠"的交换，实际则包含远比互利重要的内容。列维－斯特劳斯是在互惠交换这一原则基础上来考察社会结构、原始分类制度与原始神话的。他把礼物交换扩大到了婚姻关系领域，以此为基础研究了姑舅表婚，认为嫁娶女人也可被视为是一种礼物交换。从礼物交换中可以发现，赠礼既有表达交换者之间的联结关系的意义，也有确立这种关系的意义。美国人类学家萨林斯依据互惠行为中个人关系的本质的不同，而将其分为概化互惠、均衡互惠、负性互惠三种。概化互惠即没有契约的互惠，在这种互惠中，给予礼物的一方并不期望在未来的某个特定时间得到回报。这种互惠往往发生在情趣相投，并有着义务要互相帮助的两方之间。均衡互惠即有时间和价值契约的互惠，这种互惠是指给出礼物的一方希望返回来差不多等值的礼物，并且希望回报马上获得或者在未来某个特定的时间获得，它在群体之间的政治联盟上也发挥一定的作用。负性互惠即期望得到的要大于所给出的，这类包含有一种现代理性经济的逻辑，因而在一定意义上说，市场经济可以算成是一种负性互惠，但市场经济与负性互惠又有差别，因为在互惠的双方中间并没有金钱的流动。在前工业社会中，负性互惠往往采取以物易物的交换形式。

互惠形式表现在社会交往的各个层面上。礼物交换不仅反映了追逐利益的商业行为，而且还是一种涉及宗教、道德、法律、规范等复杂社会因素的社会性行为，人类学家也往往把互惠理解为一种社会整合模式。赠礼也被视为是联结那些社会成员中的关系网的象征性表现。在一些共同体内部，普通成员向拥有政治、宗教权力的领导者义务奉献财物或劳务，然后领导者又通过节日盛宴或其他仪式，将自己聚集的这些财物、服务返还一部分给普通成员。送出的礼物是物品，得到的未必就一定是物品。赠送给宗教领袖或者头人的礼物有时换来的是他们的宗教服务或者庇护。

三、分配与再分配

分配是经济活动的重要组成部分。社会是由人组成的。社会的存在和人的生存都需要有消费。一个社会生产出的产品是维持社会运行和个人生存发展的基础。人们进行生产是需要条件的，没有生产条件的分配就没有生产，也就没有产品，因而也就没有产品的分配。这些条件即是指进行生产需要工具，需要社会成员在从属于一定的生产关系下的在各类生产之间的分配。如马克思所说："在分配是产品的分配之前，它是（1）生产工具的分配，（2）社会成员在各类生产之间的分配（个人从属于一定的生产关系）——这是同一关系的进一步规定。这种分配包含在生产过程本身中并且决定生产的结构，产品的分配显然只是这种分配的结果。"[①]一般来说，包括生产工具在内的生产资料的分配对于社会成员在社会生产之间的分配具有重要的意义。生产资料的分配决定了社会成员在生产过程中的地位，从而也决定了这些社会成员在最后的分配中所占据的位置。占据生产资料的社会成员就完全有可能在生产过程中占据支配地位，从而在最后的产品的分配中获得更多的利益。占有少量生产资料的社会成员，往往处于被支配的地位，从而在社会产品的分配中处于不利的位置。

分配的目的在一定的意义上讲是为了消费。但是，从社会再生产的角度看，分配的意义并不简单的只与产品的获得及最后的消费有关，也与产品的生产有关。事实上，分配的重要性就表现在它是联结生产和消费的中间环节。社会生产要能顺利地进行，必须先有生产资料和社会成员在社会各类生产之间的分配，这种分配是为生产过程的开始准备条件，它先于生产而存在，又作为生产的前提包含在生产之中。生产对于分配有着决定性的作用。这不仅体现在生产产品的多少与最后分配东西的多少有关，而且还体现在如何分配方面。

一个社会如何分配是与这个社会的文化相关联的，即与这个社会中由文化决定的生产目的和生产手段的使用有关。马克思曾经指出："分配的结构完全决定于

---

① 《马克思恩格斯文集》第 8 卷，人民出版社 2009 年版，第 20 页。

生产的结构。分配本身是生产的产物，不仅就对象说是如此，而且就形式说也是如此。就对象说，能分配的只是生产的成果，就形式说，参与生产的一定方式决定分配的特殊形式，决定参与分配的形式。"① 基于经济是嵌合在社会中的理解，经济行为中的分配原则也与社会文化有着深层的关系。不同的社会遵循的是按劳分配的原则或者是按生产要素进行分配的原则，与不同的社会对产品价值是如何生产出来的不同理解有关。按劳分配原则的经济学基础即在于将产品的价值来源归于劳动，而按生产要素分配则是基于将生产要素对价值的产生具有重要贡献的理解。

再分配是指物品流向中心地点，在那里对它们分类、计算并重新分配的一种交换形式。或者说再分配是由权力中心将一个社会生产的财富集聚之后再进行分配的方式和过程。人类学家发现，在有足够的剩余供养某种权力中心的社会中，收入以礼物、赋税和战利品的形式进行集聚，然后再进行分配。在人类社会发展的初期，生产的产出十分有限，财富的差异程度不大，社会往往是采取较为公平的方式来分配这些产品的。当社会的产出已经能够满足社会成员的基本生活要求之后，再分配就变成可能。当然，集聚社会的财富然后再分配的方式及目的也是存在差异的。如在早期社会中，头领集聚财富是为了获得威望，即通过公开展示作为礼物加以赠予的财富，为获得威望的明确目的而创造剩余物品。而在一些社会中，集聚财富之后的再分配则完全可能因为分配的严重不公而加剧了社会贫富分化。

从交换的视角看，人类历史上存在过三种交换体系，即互惠、再分配和市场交换。这三种交换体系从实质上讲就是三种社会整合模式，也可以说这三种交换体系各自对应于不同历史阶段的社会类型，如互惠对应于前阶级社会，最主要的经济现象是个人间的互利互生；再分配对应于比较复杂，具有阶级性的权力组织的社会，这种社会有一个物资分配中心成为中枢机构，经济现象是人与人的共享，通过再分配的机制使得社会整合为一体；市场交换对应于商品社会，这类社会具有价格作为主要运作机制的市场体系。但是，这并不是说每一种社会就只有一种交换体系。在后期发展程度更高的社会中，多种交换体系是可能共存的。如在商品社会中，市场交换固然是主要的，再分配和互惠形式的交换也是存在的。前阶级社会之后，在不同历史阶段的社会类型中，往往只是以其中的某一种为主。这种划分及对应隐含的意思是，经济是嵌合在整体的社会文化制度之中的，换句话

---

① 《马克思恩格斯文集》第 8 卷，人民出版社 2009 年版，第 19 页。

说，经济制度及实践根本不能脱离社会中的宗教、礼仪、神话等基本观念的限定，前者本身就是后者的一部分。

第三节　市场与消费

最初，人们把进行交易的场所称为市场。现在，市场同时还是交易行为的总称。也就是说"市场"一词不仅仅指交易场所，还包括了所有的交易行为。用经济学的术语说就是所有产权发生转移和交换的关系都可以称为市场。消费是指为了满足生产和生活的需求而消耗产品。在现实生活中，人的消费是和文化紧密相关的。

一、实体论与形式论

随着市场经济的出现和发展，基于西方市场研究的经济学理论也开始出现，并被人们用来分析资本主义社会的经济行为。在对不同的社会文化的认识不断增加的基础上，一些人类学家认为，简单地套用资本主义经济学的概念不容易理解许多非西方社会的经济现象。马林诺夫斯基对特罗布里恩德岛居民的经济生活做了深入的研究，他认为该岛岛民参与库拉圈交换的动机与资本主义条件下人们参与市场交易的动机不同。特罗布里恩德岛岛民生产所得是供给姊妹一家而不是积累在自己家中，这一事实表明资本主义经济学中追求最大利润的"经济人"假定不一定适用于该岛岛民的经济生活。该岛岛民的这些"非经济"动机和行为与那种在资源有限条件下，追求投入最小、收益最大的资本主义经济学定义的"经济"动机和行为不一样。北美西北海岸印第安人的"夸富宴"，即在仪式中烧毁大量的毛毯等有价值的东西，从西方经济学理论来看也是"非经济"的行为。波兰尼在《大转型》等书中，把经济看成制度性的过程。他强调经济是嵌合在社会制度之中的，经济与社会的其他制度是相互关联的；不同类型的社会有着不同类型的经济行为。现在的资本主义社会及其市场经济，只是人类历史中最晚近的也是时间最短的社会经济形态。这也就是说资本主义经济学只适用于市场经济发展之后的社会。

这种认为不同社会的经济是建立在完全不同的逻辑原则之上的，经济总是受到各自社会文化影响的观点被认为是实体论的。在实体论看来，在现代资本主义中，经济行为嵌入市场制度；在其他文化的经济体系中，经济嵌入它们各自的社会制度，这些经济是按照不同于市场的原则运行的。如一些文化的经济是亲属关系的一部分，而在另外一些地方，宗教制度规制着经济的运转。在实体论的经济分析中，分析的基本单元一般是作为整体的社会而不是个人或家庭。

另外一些人类学家则认为实体论是存在问题的。他们认为实体论误解了经济学。因为，经济学的理论模型与实际经济现象本身就不属于同一层次。实体论往往把经济学的理论模型混同于现实。事实上，经济学在处理经验现象时，经常要限定讨论问题的条件。在限定的领域之内，经济学可以有效预测与解释人类行为。经过适当的转换过程与条件设定，经济学的概念可以适用于其他领域。形式论分析的基本单元一般是个人。产生于对市场经济进行分析的经济学理论能够被贯彻到其他社会去进行经济分析的观点被认为是形式论的。

从总体上看，实体论者更强调对社会进行比较，而形式论者更强调比较的对象应该是个人。实体论者从社会结构论及个人行为，形式论者从个人选择出发论及经济系统的动力原则。20 世纪 50 年代到 60 年代中期的实体论与形式论之间的争论，由于对人类学的看法不同，研究目的、分析单位、方法论等都存在很大的差异，两者之间很难对话，加之随着资本主义的全球扩张使得全球各地几乎都不可能还是马林诺夫斯基笔下的那个孤岛，贫困问题、健康问题、资源耗损问题、政治冲突问题等成为更加需要研究的问题，实体论和形式论的争论很快便无疾而终。

从西方学术传统的视野来看实体论与形式论的争论，可以发现这两派的认识论基础分别属于培根的经验主义传统与笛卡尔的理性主义传统。前者认为通过观察可以认识真相；后者认为运用智力经由逻辑进行推理可以认识真相。这场争论没有胜者，但讨论还是加深了人们对市场经济和前市场经济的认识。如经济是深深嵌入各种制度的看法，人类的选择与决策在社会发展中具有重要作用，人们并非文化安排的机器等观点都成为绝大多数人类学家能够接受的观点。

二、道义与市场

道义经济与理性小农问题的讨论发生在 20 世纪 70 年代。对这个问题最为集中的讨论主要表现在斯科特和波普金的学术争论当中。

斯科特对东南亚小农社会的分析强调共同的道义价值观、群体团结以及为了消除村民生存危机的共同习惯。波普金认为小农是经济理性主体，主要受个人利益驱使。在波普金看来，小农社会内部存在着不平等，合作也经常面临各种困难，斯科特高估了亚洲小农社会的团结一致和互助制度。

斯科特—波普金争论主要围绕两个问题展开：一是小农主要是为自身利益的

理性所驱使，还是为共同的村社价值观所驱使。二是这些动机培育出什么样的社会安排、制度和集体行为模式。斯科特的"道义经济"学说与恰亚诺夫和波兰尼等人有关前资本主义的小农经济研究有关。恰亚诺夫以"劳动—消费均衡论"和"家庭生命周期论"为理论基础，分析农民家庭经济活动的运行机理，认为小农的生产目的主要是为了满足其家庭的消费需要，而非追求最大利润，小农的经济活动和经济组织均以此作为基本的前提，因此，资本主义的利润计算方法不适用于小农的家庭农场。波兰尼等实体论者认为将现代经济学原理运用于资本主义市场出现之前的社会中是不可取的。波普金"理性小农"的理论则与舒尔茨对小农经济的分析以及施坚雅有关中国农村市场研究的理论有关。舒尔茨认为农民的经济行为并非是没有理性的，把他们视为"经济人"是毫无问题的。施坚雅以翔实的材料说明了前现代农民的交易活动构成了社会最基层的共同体，而且市场结构具有农民社会全部文明特征。

斯科特在对东南亚 20 世纪 30 年代萧条时期的起义及其基础进行研究之后，认为在东南亚农村由生态环境、技术环境和社会环境的交互作用而产生了一种小农特有的规范体制。生存环境使得小农农业在糊口水平上下波动。个人行为受这个系统的塑造。在小农社会中，人们遵循生存伦理，即任何行为如果能保证大家的生存便是好的，如果恶化了生存情况则是坏的。斯科特认为，这种生存伦理为穷人、富人和有权势的人共同拥有。生存伦理约束着权贵的行动和选择，迫使他们要考虑穷人的诉求。在斯科特看来，现代市场经济制度与政治制度将小农共同体置于压迫之下。在传统乡村社会，村社规范和再分配制度能够保证穷人的最低生存需要，而在现代农村社会中，市场经济和现代国家瓦解了这种道义经济的制度，也瓦解了支撑这些制度的价值观念。

波普金认为，在前殖民时代、殖民时代和后殖民时代，斯科特所关注的乡村的经济生活与政治制度都不具有所谓的再分配作用和福利保障作用。在波普金看来，小农是使其个人福利或家庭福利最大化的理性人。他们的行为主要出于对家庭福利的考虑而不是被群体利益或道义价值观所驱使。在波普金看来，既然小农也是理性的决策者，那么，经济学分析工具就可以用来分析小农社会的特征和小农的行为。传统农村是不可能保证为共同利益而进行集体行动的。哪怕小农意识到了共同的利益所在，由于存在搭便车、盗取集体资源和互相猜疑等问题，传统农村也不可能创造出有效的生存保障。波普金还明确区分了保险与福利制度。保险制度在大致平等的人中间分散风险，这在农村相当普遍，而福利制度是在富人和穷人之间重新分配收入，这是非常罕见的。因此，村内贫富急剧分化，集体福利的保障制度往往只限于为寡妇和孤儿提供救济。波普金还认为，农村制度与惯例也是具有相当的可塑性的。当地方精英发现可以从更广泛的商业化活动中获取利益的时候，即使这些活动为传统制度所不容，它们也是会被调整然后进行的。

实际上，村庄共同体与个人、家庭之间是存在张力的。斯科特更强调个人、家庭组成了村庄集体的一面，没有集体的存在，个体很难生存；而波普金看到的则更多的是村庄集体是由个人、家庭组成的另一面，没有个人、家庭的利益，村庄也就没有了意义。从舒尔茨到波普金都肯定了小农的理性，但斯科特也并不是简单地认为小农是非理性的，在斯科特这里，小农的理性表现在如何通过集体共同遵循道义去规避生存的风险。但是，无论哪种具有规避生存风险的道义经济是否真的存在过，以及在不同的小农社会中的社会安排、制度和集体行为模式会在何种程度上承担起维护集体与个人的责任的讨论，都不再是现实社会发展的最为重要的问题。现在的农村已不再可能独立于市场而发展。对市场的机会、市场的风险要如何认识，如何更好地利用市场的机会，如何规避市场的风险以及在发展中如何保留传统文化中的精华，也许是农村发展的更有现实意义的论题。

三、身份、权利与消费

由于人是社会性的存在，社会中的个人、群体都要按照社会文化给予的行为模式来做事。按照社会的要求行事，社会才有秩序。由于人在社会结构中所处的位置不一样，或者说人们的社会身份地位不同，人们的权利也就不相同。社会结构的一个非常重要的因素就是身份。身份是指人的出生和地位。在原始社会之后的社会中，身份地位的不同就意味着社会位置高低的不同，也代表了社会资源分配或者占有状况的不同。

消费是指人们通过对各种劳动产品的使用和消耗来满足自己需要的行为和过程。从表面上看，消费是人与物的关系，但从根本上讲，消费是通过产品的消耗而使人与人之间发生关系。在传统社会中，身份地位的不同还规定了人们是否有权进行某些消费以及如何消费。消费礼仪和消费规范就是消费的社会化表现。在社会阶层界定严格且身份地位规定非常严格的社会，个人的消费行为都是由其所属的社会阶层的位置所决定。人们的衣食住行等各个方面的消费行为都表现出他们所处的社会地位。社会地位低的人如果消费了社会地位高的人才能消费的东西则会被视为僭越，是有罪的。如中国在皇权统治时期，黄色有尊贵的寓意，皇家尚黄色。一般人家穿着黄色的衣服就会被视为有篡位的图谋，是要被定罪的。身份地位高的人的权利也经常体现在他们的消费行为方式中。可以说，人们可以通过消费来体现他们的地位和权利。

马克思曾经说过，"一座房子不管怎样小，在周围的房屋都是这样小的时候，它是能满足社会对住房的一切要求的。但是，一旦在这座小房子近旁耸立起一座宫殿，这座小房子就缩成茅舍模样了。这时，狭小的房子证明它的居住者不能讲究或者只能有很低的要求；并且，不管小房子的规模怎样随着文明的进步而扩大起来，只要近旁的宫殿以同样的或更大的程度扩大起来，那座较小房子的居住者就会在那四壁之内越发觉得不舒适，越发不满意，越发感到受压抑。"① 这个例子其实就是表明了通过消费来体现身份地位总是在与他人的关系中实现的。

以消费来体现自己的身份地位的现象在凡勃伦的《有闲阶级论》中有清晰的论述。凡勃伦认为在人类社会的野蛮时代，由于不存在经济特权和社会分工，有闲阶级尚未出现。当社会分工开始出现，一部分统管政治、战争和宗教等非生产性事务的人，具有很高的社会地位，开始不事生产，成了有闲阶级。有闲阶级的产生和私有制的出现有关，有权有势的人可以占有更多的财富，有了更多的财富也就意味着拥有了更高的社会地位，炫耀财富也就可以表示自己的地位很高。在炫耀财富的方式中，最有效的就是炫耀悠闲。熟谙礼节是需要耗时费钱的，繁文缛节就成了富人的有闲的标志。尽管礼节也可以表达敬意，表明身份，但刨根究底，还是为了表示荣誉。随着社会的进一步发展，人口流动性大为加强，人们不再生活于"熟人社会"之后，要想给陌生人留下富有的印象，最好的办法就是大量消费。

生产与消费是伴随人类发展历史的。由此可以说，任何时代的任何社会都可以被称为生产社会或消费社会。但是，人们却只把生产相对过剩，需要鼓励消费以便维持、拉动、刺激生产的现代社会称为消费社会。一个社会的总体消费水平是由该社会体系中劳动力的再生产和这个社会体系自身的再生产两种因素决定的。在资本主义社会，消费水平总要受到保证劳动力再生产的制约，资本家以尽可能低的生产成本获取尽可能多的剩余价值，以及工人的工资必须能够构成有效需求。经济的发展是直接依赖于生产与消费的同时提高的。马克思以"生产直接是消费，消费直接是生产"② 的论断直接指明了生产与消费的相互依赖关系。马克思指出，消费从两个方面生产着生产。"因为产品只是在消费中才成为现实的产品……消费创造出新的生产的需要，也就是创造出生产的观念上的内在动机，后者是生产的前提。"③ 生产与消费的每一方都为对方提供对象。

---

① 《马克思恩格斯文集》第 1 卷，人民出版社 2009 年版，第 729 页。
② 《马克思恩格斯文集》第 8 卷，人民出版社 2009 年版，第 15 页。
③ 《马克思恩格斯文集》第 5 卷，人民出版社 2009 年版，第 89 页。

20世纪初，西方社会进入消费社会是以生产与消费两个方面的不断发展为基础的。

从生产方面看，经过了200余年的资本主义发展之后，资本积累的主要来源开始由生产资料生产逐步转变到生活资料的生产。大规模的商品消费构成了资本主义发展的关键环节。此外，资本家榨取工人的绝对剩余价值开始向牟取相对剩余价值转变。这是指资本家通过提高工人单位时间的劳动效率来增加利润而不再是通过延长劳动时间来增加利润。精确计算工作中的必要动作和时间，让工人按规定的标准时间完成工作量，工资与完成工作量挂钩的"泰勒制"以及依靠非熟练工人在中心装配线上使用通用零部件的大规模生产方式的"福特制"的实施，使工人在不断成为装配线的固定零件从而不断失去自我的同时，资本家获得的剩余价值大幅度增加。工人没有任何时间和精力再去从事生活资料的家庭生产，他们的一切消费都必须依赖于商品。只要提高工人工资从总体上不威胁到资本家的利润，资本家是可以接受的，在工人的所有消费都依赖于商品的情况下，这些消费最终会对生产做出贡献。

当社会生产能力达到一定高度之后，市场需要的变化开始加速。20世纪六七十年代，需要长期和庞大的固定资本投资的大规模生产体系已经不再适应这种变化。因为，这样的生产体系能够存在的前提是大量产品的售出。市场日趋饱和，如果不能迅速提供新的产品，甚至通过新的产品来制造新的需要，生产是难以为继的。由此，通过新的信息技术连接生产和销售，加速资本流动的小规模的产品生产方式开始出现。此外，市场需求变化迅速也导致了工人在劳动中的个性和创造性开始受到重视。物质形态的商品的个性化被市场看中的同时，非物质形态的商品在消费中也开始占据越来越重要的地位。这些变化使得商品消费逐渐转向服务消费。服务业的发展，物质形态的商品的非物质因素，即个性化、美学化和文化化不断具有重要意义，商品的符号意义不断凸显，最终，现代广告和各种新传媒手段在商品的价值实现中发挥起操纵人的欲望和趣味的作用。在生产社会，人们更多关注的是产品的物性特征、物理属性、使用与实用价值；在消费社会，人们则更多地关注商品的符号价值、文化精神特性与形象价值。形象和符号的生产急剧发展的原因就是人们的消费需求在不断加大。

从消费方面看，消费的不断增加也在早期资本主义发展过程中发挥过重要作用。地理大发现与随之而来的殖民掠夺，新的廉价的商品的到来使得西方人的消费规模大大增加。事实上，西方人在大规模消费工业化的产品之前就开始了大规模消费殖民贸易的商品。消费的内容和数量的增加为工业化提供了动力。追求感官享乐的奢侈之风在西方也扩散开来，奢侈消费也为生产提供了动力。传统社会中，由于社会制度的规制，许多奢侈品往往局限于少数贵族阶层享有，在各种传统制约被不断打破的资本主义时代，奢侈品消费的社会界限也被消除，不断扩大的奢侈品消费人群为生产出的新的高价格的商品提供了市场。在生产能力不足的时代，消费还经常是具有负面意义的事情，而在消费为生产的发展提供动力已经为越来越多的人所认识之后，对于消费观念的变化也促进了消费的发展，从而也为生产的发展提供了动力。

所有的生产与消费都是在具体的时代和社会条件下完成的。在资本主义时代，生产劳动是异化的，消费本身也是异化的。消费异化最直接的表现就是人的需要的异化，这种异化具体表现为对商品的盲目追求，人被商品所控制而忘了人本身存在的意义。劳动产品本来是人创造出来的，但它一旦成为商品，人们在商品交换中相互交往而获得的社会关系，就被物的运动关系掩盖了。马克思曾经指出，"商品形式和它借以得到表现的劳动产品的价值关系，是同劳动产品的物理性质以及由此产生的物的关系完全无关的。这只是人们自己的一定的社会关系，但它在人们面前采取了物与物的关系的虚幻形式……劳动产品一旦作为商品来生产，就带上拜物教性质，因此拜物教是同商品生产分不开的。"① 在生产资料私有制的条件下，商品与商品相互交换的关系掩盖了商品生产者之间的社会关系。劳动产品一旦作为商品来生产，就带上了拜物教的性质。商品拜物教在现实生活中就表现为人们对商品的盲目崇拜和追逐，在消费过程中就表现为人们迷失在商品的消费当中，失去自我，失去创造性。

马克思曾经指出："生产直接是消费，消费直接是生产。每一方直接是它的对方。"② 生产的最终目的是满足消费，产品也只有在消费中才能成为现实的产品，消费不断地创造出生产新产品的需要。消费与生产之间互相决定。人的自然性存在和社会性存在都要求人们要有对物质资料的生存性消费，人的需要也会随着人类社会的发展而不断变化，并且需要更高的消费来满足。但是，在不断超越物质匮乏的束缚的过程中，人的消费更应该是有助于人的全面发展的消费，而不是为了消费而消费的异化的消费。

异化消费观的核心是马克思所批判的商品拜物教。消费主义对人们的负面影响已显而易见：辛苦工作换来的却是盲目消费，且对人自身来说，"欲望无止境，

---

① 《马克思恩格斯文集》第 5 卷，人民出版社 2009 年版，第 89—90 页。
② 《马克思恩格斯文集》第 8 卷，人民出版社 2009 年版，第 15 页。

痛苦无边界",这就亟须一种新的消费观来整合。我们必须把消费异化与人们正常、合理的消费严格区分开来。党的十八届五中全会上,习近平总书记提出了"创新、协调、绿色、开放、共享"的新发展理念,这是对国内外发展经验的深刻总结,全面揭示了当代经济社会发展的一般规律,是马克思主义发展理论的重大创新,是我们应对发展环境新变化新挑战的根本遵循。新发展理念表明了单纯以追求财富总量增长为目的的发展实践无法带来预期的社会全面发展,只有实现经济、社会与自然的和谐、可持续发展,才能实现人的真正发展。有学者分析了新发展理念对新时代消费的要求。消费是经济的基本环节,人以何种方式满足自己的需求、实现自我的真正发展,是新发展理念的基本视角;而现代社会中人被消费活动所控制、被消费品所异化而丧失了自我本质,就成为新发展理念实现的真正障碍。如果我们不重视人在消费活动中的异化倾向,就很难真正实现新发展。在新发展理念的关照之下,自觉抵制消费活动中丧失人的主体地位和消费理性的现象,在全社会倡导适应新发展理念的消费观,已成为一项十分紧迫的任务。新消费观在否定原有消费异化的基础上,致力于提倡一种清醒的消费、适度的消费、健康的消费、明白的消费。只有把作为手段的消费的价值降下来,才能在新发展理念的底蕴上正确理解消费在社会化大生产中的真正作用。

思考题

1. 为什么说农业的出现是"改变人类经济的第一次革命"?

2. 什么是工业化? 如何理解工业化的意义?

3. 什么是互惠? 互惠行为对于社会具有怎样的意义?

4. 如何理解消费? 消费社会是怎样产生的?

▶ 答题要点

第七章　亲属制度

亲属制度是文化人类学重要的研究领域。无论是探索人类社会的起源，还是寻求不同民族的社会结构差异，该学科都发挥了独特而重要的作用。通过亲属制度学知识的学习，能使我们了解和掌握相关知识和理论，进而增进对人类社会亲属制度的跨文化理解。

第一节　亲属与称谓

一、什么是亲属制度

亲属制度研究是通过研究血亲关系、姻亲关系及其相应的社会成员的权利义务体系，进而探究人类文化身份、社会行动基本逻辑和社会秩序建构的学科。自该领域的奠基人路易斯·亨利·摩尔根开辟了从亲属制度入手研究传统社会的全新路径以来，亲属制度曾长期居于人类学研究及学科发展的核心。有人类学家如此评价：亲属制度的研究对于人类学来说，犹如逻辑之于哲学、人体之于艺术；如果存在一个人类学专属的研究领域，那就是亲属制度；亲属制度研究因其重要地位而成为人类学领域中最深奥、最专业化的分支。

人类学家为何对亲属制度感兴趣？为何如此重视亲属制度的研究？18 世纪的启蒙思想家已经注意到亲属制度研究的重要性。例如，卢梭在《社会契约论》开篇就谈道："一切社会之中最古老的而又唯一自然的社会，就是家庭。"[①] 他认为，孩子需要父亲抚养时，二者存在的是自然联系。一旦孩子成年，家庭的纽带即靠约定维系，家庭不过是政治社会的原始模型而已。19 世纪 50 年代末期起，包括法理学家、比较法学家在内的学者开始思考婚姻与家庭这一人类社会中司空见惯的普泛现象，进而探究亲属制度与社会起源、社会契约之间的复杂关系。例如，亨利·梅因就认为人类社会的产生并非源于社会契约，而是源自家庭及建立在家庭之上亲属制度的"身份社会"，所有进步社会运动都是从身份到契约的运动。换言之，家庭是人类社会最初和最为普遍的组织方式。摩尔根也认为，原始社会以亲属制度和氏族制度为基础，产生了社会，而西方发达社会以

---

① ［法］卢梭：《社会契约论》，何兆武译，商务印书馆 2003 年版，第 5 页。

地域和财产为基础建构了现代政治国家。然后，他将二者作为两端，通过低级蒙昧社会、中级蒙昧社会、高级蒙昧社会、低级野蛮社会、中级野蛮社会、高级野蛮社会、文明社会的进化链条使之联系起来。恩格斯在《家庭、私有制和国家的起源》中，在摩尔根著作的基础上，赋予了家庭作为史前史社会演化逻辑起点的重要位置。随着大量人类学家的加入，围绕继嗣、系属、私有财产观念、乱伦禁忌、亲属关系进化阶段甚至亲属称谓，引发了诸多争论，进而带动了相关知识的快速生产。

随着研究范式的革新，借助于较为严格的经验主义和比较方法，人类学家逐渐形成了两种对立的亲属制度理论。一种是拉得克利夫·布朗的纵向继嗣理论；另一种为列维-斯特劳斯的横向联姻理论。拉得克利夫·布朗认为亲属制度的结构单位是核心家庭，它由一对夫妇及子女构成。这种家庭里存在以下几种社会关系：父母与子女的关系；同父同母的子女之间的关系；作为同一子女或同一子女的双亲的男人与女人之间的关系，其中父或母与子女的关系成为主轴。通过父母子女的世代交替，社会得以确立和延续。作为横向联姻理论的代表人物，列维-斯特劳斯认为，出于近亲性禁忌的通则，每对夫妇均由来自另两个家庭的人组合而成。也就是说，一个新的家庭的诞生，必然是以另两个家庭的分裂为前提。他在大量的民族志材料的基础上提出了广义交换和狭义交换的概念，认为只有联姻才能维系社会的存在。

20世纪60年代，美国人类学家施耐德又提出了关于亲属制度生物属性和文化属性的讨论。他认为作为生物事实的父母与子女关系在各个社会中均无差别，各个社会的亲属和家庭组织却复杂多样，因此亲属制度的生物属性和文化属性并不能直接对应。施耐德的观点极大地拓展了以往以生物性的亲子关系为基础的人类学亲属制度研究的内容。随着人类学学科的发展，学者们对亲属制度的理解愈加多样，各种争论与思考不断涌现。但亲属关系作为人类社会普遍的文化现象，在今天的社会结构中仍然扮演着举足轻重的角色，已经成为人类学者管窥人类社会构成及文化认知体系的一种基础性研究视角。

二、亲属分类的原则

生物学的事实是人类亲属分类最基本的标准。根据这一原则，一个人的亲属大致可以分为两类：一类是由出生所决定的亲属，彼此之间有血缘关系，如父母、兄弟、姐妹、祖父母、祖父母所有子女以及这些子女的子女等，这一类亲属称为血亲；另一类则是由婚姻产生的亲属，包括一个人的配偶及其配偶的一切亲属，从理论上讲，同时也包括了他的一切血亲的配偶及其一切亲戚，此类亲属称为姻亲。几乎所有的社会都能分辨这两类亲属性质的不同。如果将血亲和姻亲中的一切远亲都加起来，那么每个人的亲属是非常多的。在任何社会中，人们都会将众多的亲属分为若干类，每一类用一个名称去概括，如我国古代对亲属分类即有"九族"的说法。

1909 年美国人类学家克罗伯曾发表《亲属关系的分类系统》一文，提出了划分亲属关系的八项原则，基本上概括了各种社会亲属分类的标准。这八项原则是：

第一，辈分原则。即不同的辈分采取不同的称谓，如儿女辈、同辈、父母辈、祖父母辈、曾祖父辈等。

第二，年龄原则。即对不同年龄的同一类亲属采取区别的称呼。这一点在我国汉族的亲属称谓中十分突出，如大哥、二哥、大姐、二姐等称呼。但在英语中，这一点不重要，只有如 brother, sister 等统一称呼，其间并无年龄的区别。

第三，直系、旁系有别的原则。所谓的直系亲属，是指直接的先人和后裔，如父母与子女的关系就是直系关系；所谓的旁系亲属，就是两者之间没有直接的关系，他们发生关系是因为另有一个中介亲属的存在。多数社会对直系、旁系的区分很严格，但也有少数社会是不区分直系和旁系亲属的。

第四，性别原则。即用不同的称呼来分类区别亲属，如对父和母、兄和姐、弟和妹的区分。

第五，称呼者本身性别的原则。即对于同一个被称呼的人，由于称呼者的性别不同，所以称呼也就不同。汉族的习惯中没有这个原则，但在北美的纳瓦霍印第安人中，男人叫他的儿子是一种称呼，而他的妻子叫儿子则是另外一种称呼。

第六，中介亲属性别差异的原则。这一原则是适用于某些旁系亲属的，即由于中介亲属的性别不同，导致自我对因他（她）而发生关系的那个亲属的称谓不同。这一原则在汉族的亲属分类中有极为严格的表现。如父亲兄弟的子女是堂兄弟姐妹，父亲姐妹的子女这是姑表兄弟姐妹，母亲兄弟的子女是舅表兄弟姐妹，母亲姐妹的子女是姨表兄弟姐妹。

第七，婚姻的原则。即姻亲，由婚姻产生，包括一个人的配偶及其配偶的一切亲属。

第八，亲属关系人的存殁原则。如阿帕奇印第安人的男子婚后住到女家，与妻方的家人发生姻亲关系。若妻亡故，他对妻方的家人即不能再用旧的称呼。在这种情况下，男子往往会再娶亡妻家中未婚的姐妹或堂表姐妹，以维持第一次婚姻所产生的亲属称谓。

三、亲属称谓制度

亲属称谓指因婚姻、血缘或收养而产生的人际关系的用语，被认为是现实的亲属关系的反映。常见的亲属称谓如下：① 核心家庭有父母、子女、兄弟姊妹等。② 由核心家庭向上扩展的有祖父母、曾祖父母、高祖父母等；向下扩展的有孙女、曾孙女、高孙女等；向旁系扩展的有父母的堂兄弟姊妹、姑表兄弟姊妹，母方的舅表兄弟姊妹、姨表兄弟姊妹等。③ 由婚姻关系形成的有岳父母、公婆、女婿、儿媳妇等。

亲属称谓是人类学者理解人类社会婚姻家庭和亲属群体构成机制的重要线索，被作为社会对个人之间权利和责任关系的规定，是有关继嗣群体在社会组织原则上的集中体现。亲属称谓表面上是语言现象，实质上却远非随意乱造，它们是反映着个人在其社会中所占地位的体系。

目前，人类学家基本采用的是美国人类学家默多克的划分。在《社会结构》一书中，默多克将世界上所有民族使用的亲属称谓分为六大类型，每一种类型都用一个典型的民族名称来命名。这六种类型分别是：夏威夷制（Hawaiian system）、爱斯基摩制（Eskimc system）、易洛魁制（Iroquois system）、克劳制（Crow system）、奥马哈制（Omaha system）和苏丹制（Sudanese system）。

为了展示各种亲属称谓制度的特点，并比较它们之间的不同，人类学者使用以下表示亲属关系的符号：□代表己身（Ego），不分性别，是亲属图谱中计算亲属的中心；△代表男性；○代表女性；═代表夫妻关系；︱表示代际关系；⊓表示同胞关系。

夏威夷制是最简单的亲属称谓制，因为它使用最少的亲属称谓词汇。在夏威夷制亲属称谓中，所有同性别、同辈分的亲属都用一种称谓。例如，在图1中，己身称呼"父亲"的词汇也被用于与之同辈的、所有标识为1的男性血亲和姻亲成员；己身称呼亲兄弟姐妹的词汇也用于所有的平行或交叉旁系的兄弟姐妹。

爱斯基摩制亲属称谓（图2）比较少见。该亲属称谓制特别区分出 Ego 的父亲、母亲、同胞兄弟姐妹作为一个范畴，而把其他亲属成员划入另外一些宽泛的范畴之中。也就是说，Ego 对核心家庭成员的称谓有别于其他亲属。例如，在英语中，Ego 父亲的兄弟和母亲的兄弟均叫 uncle；Ego 父亲的姐妹和母亲的姐妹均叫 aunt，Ego 对平行或交叉旁系的兄弟姐妹均叫 cousin。这种称谓对代际的区分较为明显，但在表明与 Ego 的亲属关系方面比较模糊，有时甚至连性别也不清楚。

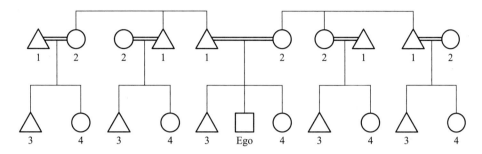

1—父母辈所有男性亲属；2—父母辈所有女性亲属；3—同辈所有男性亲属；4—同辈所有女性亲属

图 1　夏威夷制亲属称谓

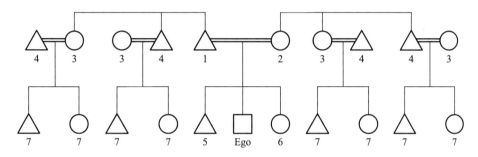

1—父；2—母；3—Ego 父母所有的兄弟和父母所有姊妹的丈夫；4—Ego 父母所有的姊妹和父母所有的

兄弟的妻子；5—亲兄弟；6—亲姊妹；7—Ego 父母的兄弟姊妹的子女以及若干更疏远的同辈亲属

图 2　爱斯基摩制亲属称谓

　　苏丹制亲属称谓（图 3）也可以称之为描述制亲属称谓（Descriptive system）。该称谓制的特点是将几乎每一个亲属成员按照与 Ego 的关系而区别开来，并给以精准的称呼进行描述。这种亲属称谓制较少见。汉族的亲属称谓体系是非常典型的苏丹制。

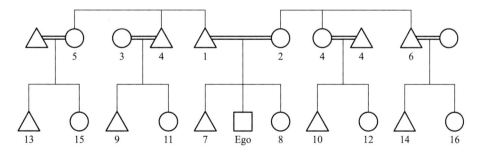

1—父；2—母；3—父之兄弟；4—母之姊妹；5—父之姊妹；6—母之兄弟；7—亲兄弟；8—亲姊妹；

9—父之兄弟之子；10—母之姊妹之子；11—父之兄弟之女；12—母之姊妹之女；13—父之姊妹之子；

14—母之兄弟之子；15—父之姊妹之女；16—母之兄弟之女

图 3　苏丹制亲属称谓

奥马哈制亲属称谓制因美国内布拉斯加州的奥马哈印第安人而得名。从图4看出，在父系亲属的区分中，有辈分的差别，父与父之兄弟是用同一称呼，亲兄弟与堂、表兄弟则用另一种称谓。在母系亲属中，辈分差别不明显。即Ego的母、母之姊妹、母之兄弟之女均使用同一称呼，与此对应的是母系亲属中任何一辈的男性成员其称呼也是一样的。

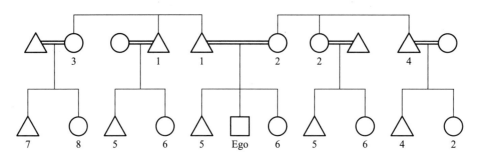

1—父及父之兄弟；2—母、母之姊妹、母之兄弟之女；3—父之姊妹；4—母之兄弟及母之兄弟之子；

5—兄弟、父之兄弟之子、母之姊妹之子；6—姊妹、父之兄弟之女、母之姊妹之女；

7—父之姊妹之子；8—父之姊妹之女

图4 奥马哈制亲属称谓

克劳制亲属称谓（图5）以美国蒙大拿州的克劳印第安人——阿普萨罗克人而得名。该亲属称谓与奥马哈制亲属分类原则一致但分类方法刚好相反。这一亲属称谓制度一般与母系继嗣的社会相联系，所以Ego母方的亲属辈分并不混淆，但父方的亲属则不分辈分。具体说，Ego的母和母之姊妹称谓相同，Ego的同胞姐妹与女性同辈表亲则用另一种称谓。而父、父之兄弟、父之姊妹之子称谓相同，父之姊妹、父之姊妹之女称谓相同。

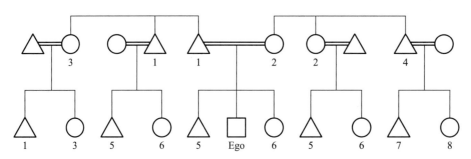

1—父及父之兄弟、父之姊妹之子；2—母、母之姊妹；3—父之姊妹、父之姊妹之女；

4—母之兄弟；5—兄弟、父之兄弟之子、母之姊妹之子；6—姊妹、父之兄弟之女、母之姊妹之女；

7—母之兄弟之子；8—母之兄弟之女

图5 克劳制亲属称谓

易洛魁制亲属称谓（图6）因北美易洛魁印第安部落而得名。该称谓制在世界上流行的程度仅次于夏威夷制。在对待父母一辈的亲属方面，它与奥马哈制和克劳制一样，即Ego的父亲及父亲的兄弟用同一称呼，母亲及母亲的妹妹也用同一称呼。但在Ego的同辈亲属中，易洛魁制亲属称谓则与上述两种称谓制不同。该称谓制的重要特征就是区分平行旁系亲属和交叉旁系亲属，平行旁系的兄弟姊妹的称呼一般与亲生兄弟姊妹的称谓相同。交叉旁系的兄弟姊妹使用共同的称谓，其间仅有性别的差异。即母之兄弟之女及父之姊妹之女称谓相同，而母之兄弟之子及父之姊妹之子称谓亦相同。

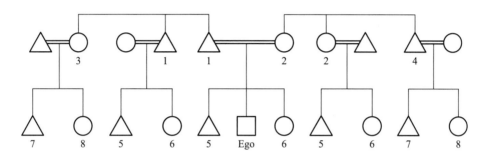

1—父及父之兄弟；2—母及母之姊妹；3—父之姊妹；4—母之兄弟；5—兄弟及平表兄弟；

6—姊妹及平表姊妹；7—交表兄弟；8—交表姊妹

图6 易洛魁制亲属称谓

第二节 血亲与姻亲

一、血亲和继嗣群

血亲为一种社会关系，它建立在出自于同一个真实或是拟制的祖先之后代的基础上。通过血亲来推算的亲属群体就构成了继嗣群，即以一个无论是现实的还是虚构的祖先的直系后裔作为成员资格的标准而被公认的社会整体。继嗣群的成员构成来自一连串的父母—子女关系对于共同祖先的追溯。继嗣群为有效发挥作用，必须明确规定其成员资格，否则其成员就会因为身份混淆而对于该忠于谁这个问题存在混乱的概念。根据继嗣群规模和分化的特征，可以分为以下几种形式。

世系群（lineage）是由有血缘关系的亲属组成的共同继嗣群。这些亲属自称是源于一个共同祖先的继嗣群，他们能够通过已知的关系从家系追溯继嗣。群体中的成员资格，只能视其是否能追溯和证明与同一共同祖先的关系而定。成员的权利、政治和宗教权力——如那些与神和祖先崇拜有关的宗教权力——也是从世系群成员资格推延出来的。世系群的一个共同特征，在于他们都是外婚制的（exogamy）。通过控制该群体中潜在的性竞争，促进群体的团结。世系群外婚制还意味着每桩婚姻都不只是两个人之间的安排，它还等于世系群之间的新联盟，有助于形成更大的社会系统。世系群外婚制有利于维护一个社会中的开放交流，促进了知识从一个世系群向另一个世系群的传播。

随着世系群的不断扩大，其成员可能太多而难以管理，或者是没有足够资源以供养一个庞大的群体，这时候世系群就会产生裂变。原来的世系群会分裂成新的、比较小的世系群。新产生的世系群的成员通常会继续延续其对共同祖先的认同。这一过程的结果是产生一种比世系群更大型的继嗣群，即氏族（clan）。在这种继嗣群中，每个成员假定是从一个共同祖先（可能是现实的，可能是想象的）繁衍而来的，但不能够追溯出他们与该祖先的实际家系线索，这是由于氏族的祖先一般是假定的。氏族与世系群相互区别的另一个方面是它没有共同的居所，且通常并不共同占有有形资产，而更倾向于作为一个仪式事物的单位。它通常依靠象征符号——植物、动物、自然力和物体的象征符号——来促成成员间的团结，并为其成员提供识别亲族的一种便捷手段。

联族（phratry）是包含两个或两个以上氏族的单系继嗣群，其所包含的氏族在想象上有关系（不管它们实际上是不是这样）。如果完整的社会被分为两个较大的继嗣群体，而这两个继嗣群与氏族或联族相等，那么每个群体即称为一个半偶族（moiety）。半偶族的成员也相信他们自己有一个共同祖先，但却不能通过明确的家系关系来证明这个祖先的存在。

二、继嗣制度

继嗣群可划分为单系继嗣和非单系继嗣两大类。单系继嗣即通过男系或女系其中一方的单线来推算群体成员的资格，这是最普遍的亲属群组织形式。在这样的继嗣群中，一个人生下来就被归入一个特定继嗣群，而继嗣群有的从母系推算继嗣，有的从父系推算继嗣。单系继嗣提供了限制继嗣群成员的一个简易的方法，因而它可以避免对群体缺乏同一的忠诚所造成的问题。

非单系继嗣包括两可继嗣和双重继嗣两类。两可继嗣是由每个人任选母系继嗣群或父系继嗣群来决定归属身份。在实行两可继嗣的社会中，个人在任一时候都只能归属于一个群体。于是，这种社会可能分裂为某些与父系社会或母系社会相似的分立群体。双重继嗣是一种从父系和母系两种方向同时推算的极为罕见的继嗣形式。在双重继嗣制度中，继嗣从母系推算是出于某些目的，从父系推算又是出于另一些目的。一般说来，在实行双重继嗣的社会中，母系与父系群体在社会的不同领域发挥着各自不同但同等重要的作用。

限定成员资格的方法之一就是界定成员生活的居所。人类学者总结了四种婚后居住方式：① 依从夫方或妻的居住地居住，而形成从夫居（patrilocal）或从妻居（matrilocal）；② 由夫妇选择在夫方或妻方的任一家庭中居住形成两可居（bilocal）；③ 由夫妇在一独立地点建立一个家庭居住地而形成的新居制（neolocal）；④ 在较为少见的情况下由夫妇与丈夫母亲的兄弟住在一起的从舅居（avunculocal）。

中国传统汉人社会的宗族就是一种典型的父系继嗣群。许烺光归纳了中国宗族的 15 个特征：① 名称；② 外婚；③ 单系共同祖先；④ 作为核心的性别——父系宗族为男性；⑤ 在所有或大多数成员之间相互交谈或指某个人时用亲族称呼；⑥ 许多社会的宗族还有某种形式的公共财产；⑦ 某种程度的连带责任；⑧ 父方居住；⑨ 因婚姻关系妻子自动成为其配偶所属宗族之成员；⑩ 有用于教育和公共福利的财力；⑪ 共同的祖先崇拜仪式；⑫ 宗族的祠堂；⑬ 宗族的墓地；⑭ 行为规则的制度；⑮ 有一个进行裁决、平息纷争的宗族长老会议。

同时，汉人宗族又不能简单等同于一般人类学家所言的继嗣群体，宗族形态也不是一般意义上祖先及血脉的观念，其发展是封建国家政治变化发展的一种表现，也是国家礼仪改变并向地方社会渗透的过程在时间和空间上的扩展，是集权政治下的父系亲属组织。汉人宗族首先是集权体制下的拥有明确谱系关系的父系继嗣群体，它不仅仅是个血缘单位，同时还是一个准经济单位和准政治单位，往往体现着族权、神权、父权、绅权、政权的高度统一。

三、姻亲

姻亲是因婚姻关系而发生的亲属关系。姻亲主要包括以下几类亲属：① 血亲的配偶：就父系方面来说，兄、弟之妻，姊、妹之夫，侄之妻，侄女之夫，甥男之妻，甥女之夫，伯、叔父之妻，姑之夫，堂兄、弟之妻，堂姊、妹之夫，堂侄之妻，堂侄女之夫等都是。就母系方面说，舅父之妻，姨母之夫，表兄弟之妻，表姊妹之夫，表侄之妻，表侄女之夫等都是。② 配偶的血亲，就妻对夫而言，夫之父母，夫之祖父母，夫之兄弟，夫之姊妹，夫之侄男、女，夫之侄孙男、女等都是。就夫对妻而言，妻之父母，妻之兄弟，妻之兄弟之子女，妻之姊妹，妻之姊妹之子女等都是。③ 配偶的血亲的配偶。就妻对夫而言，夫之兄弟之妻，夫之姊妹之夫，夫之侄之妻，夫之侄女之夫等都是。就夫对妻而言，妻之兄弟之妻，妻之姊妹之夫，妻之兄弟之子之妻，妻之兄弟之女之夫等都是。

姻亲是人类亲属关系的重要组成部分，通过联姻，人们实现了不同血亲和继嗣群体的结合。在许多社会，特别是前现代社会中，这是极为重要的一种社会结合方式。由于通婚关系，人们会形成一种超家族的网络，若人们总是选择与相对固定的群体通婚，这一网络就是人类学所研究的通婚圈，通婚圈会形成一种超村落的地域联结。比如，人类学家施坚雅在对20世纪上半叶的成都平原的乡村研究中发现，农民所生活的那个自给自足的社会不是村庄而是基层市场社区。基层市场社区是农民家庭必需的普通买卖的农村市场形式。他以四川省一个基层市镇为例，论述了农民对基层市场社区社会状况的充分了解和人与人之间的资金互助。他注意到基层市场社区中有一种农民内部通婚的特别趋向，媒婆常在集市中心完成婚姻介绍，这意味着农民常常在市场社区内部娶儿媳。由此，施坚雅认为婚姻圈、社交圈与市场圈的范围一致，通婚巩固和加强了基层市场社区的结构。①

姻亲关系还是帮助人类学者观察亲属关系互动实践的重要线索。比如中国一直盛行以男性为主的血统观念，在社会伦理的意义上，父系家族无疑要比姻亲关系重要得多。但在日常的互动中，家族的界限常常被超越，人们的关系延伸到姻亲、邻里、朋友等范围，特别是姻亲群体，这是一个以女性为中心的亲属群体，从而为女性在父权制度中开展亲属关系的实践提供了平台。对作为"己身"（ego）的已婚女子而言，她处在娘家和婆家之间，自己居于一个核心小家庭的中心，她给丈夫所属的家族组织带来了一种"离心力"。有学者在对改革开放以后山东农村的个案研究中发现，在日常生活层面，在核心家庭或家户领域里的亲属关系实践，实际上是以女性为主体，以女性为核心，每时每刻都在进行着的。此种实践的妇女亲属关系的目标基本上是以分家和经营核心小家庭为指向，逐渐地使之脱离以公婆权威为代表的大家族。因此，她们自然就会刻意地（往往也是一时性地）抵制、躲避、淡化婆家的亦即大家族的亲属关系，同时对娘家和"街坊"关系则积极地予以利用和强化。已婚妇女的亲属关系实践基本上是个人层面的努力，借助娘家的力量，把丈夫发展为同盟，在"娘家—婆家"的关系框架下建构起令自己

---

① ［美］施坚雅：《中国农村的市场和社会结构》，史建云、徐秀丽译，中国社会科学出版社1998年版。

惬意和舒展的妇女亲属关系。①

第三节 婚姻与家庭

一、乱伦禁忌与婚姻

人类社会普遍存在着一套控制群体性关系的文化规则。其中人类学者最关注的是一套被称为乱伦禁忌的文化规则。稍加留意就可以发现，不同文化中人们的性/婚配对象范围千差万别：在一些社会中，同胞兄妹的异性子女（交叉旁系亲属）之间不仅可以婚配，而且属于优先婚配的范畴，但在有的社会则成为禁婚的对象。两个兄弟或两个姐妹的异性子女（平行旁系亲属）之间亦如此。一个显而易见的文化通则是，两个拥有同质社会血亲身份的社会成员之间无法婚媾。一旦婚媾，则触犯了人类社会存在的否定性基础——血亲成员间的性禁忌。一旦触犯这种性禁忌，每个社会中都设定了不良的行动后果，如所生子女会出现畸形、聋哑等，而不论该后果是否必然发生在每个触犯该禁忌的社会成员身上。虽然不同社会乱伦禁忌的具体规则各有不同，但人类社会至少在父母与其相异性别的孩子之间及同胞兄弟姐妹之间禁止发生性关系。因此，在讨论人类社会的婚姻问题之前，我们必须了解哪些人是为社会所禁忌的通婚范围和对象。法国结构主义人类学家列维-斯特劳斯从群体联结的角度，认为一方面通过乱伦禁忌，在习俗上戒忌近亲通婚，以有效避免群体内部的性竞争，另一方面则通过通婚规则，把自己圈子里的女人嫁出去，并要保证能够回来一个女人，因此人类就不得不建立一套交换制度作为社会联结的基础，于是产生了亲属制度。因此乱伦禁忌和婚姻制度是一个铜板的两面，对群体间的交往和联结具有重要的意义。

因此与乱伦禁忌法则对应，人类社会构建了一系列通婚的规则。基本的通婚规则可以分为内婚制（endogamy）和外婚制（exogamy）。内婚制和外婚制是两个相对的概念。内婚制规定个人只能从自己所属的亲属集团、社会群体的成员中寻找配偶，外婚制则规定个人只能在其所在的群体外部通婚。内婚和外婚的群体单位可表现为同一地域，同一世系、氏族或部落，同一世袭阶级或姓群，同一宗教信仰群体，同一职业群体等。不论是内婚制还是外婚制，首先都要遵守乱伦禁忌

---

① 李霞：《娘家与婆家——华北农村妇女的生活空间与后台权力》，社会科学文献出版社 2010 年版。

的规则，将一部分人群排斥在通婚范围之外。

族内婚存在于许多分层社会中。在分层社会中，人们只选择与自己阶层的人结婚。每个社会阶层可分为若干个继嗣群和社会集团。这种阶层族内婚有助于社会分层状况的维护，并保持社会财富的不均等分配。阶层族内婚的典型是印度的种姓制度。种姓成员的身份是先赋的、终身的。每个种姓都自成一个族内婚群体。不同种姓成员之间的通婚被认为会造成双方宗教祭祀上的不洁净。同时一个种姓内部又划分为许多外婚制的群体，按要求，一个印度人应该选择自己种姓内的另一外婚群体的成员作为自己的结婚对象。

不同社会中有关乱伦禁忌及相应的通婚规则的复杂规定表明，许多社会中的婚姻并不是现代社会人们所想象的那样主要是男女基于爱情而形成的结合，人们把建立婚姻和家庭看得十分重要。婚姻不仅仅是两性的结合，更重要的是通过婚姻纽带结成了两个家族的联盟，并涉及一系列有关财产、子女、性关系等权力的转让和重新安排，因此，这些社会中的择偶、结婚更直接而鲜明地显示出其作为社会事务、而非个人事务的特质。

我们可以以嘉绒藏族为例，来深入理解乱伦禁忌和婚姻的紧密关系。[①] 嘉绒藏族居住在大渡河和岷江流域，按照今天的行政区划，全部在四川省境内，主要聚居在阿坝藏族羌族自治州的金川、小金、马尔康、理县、黑水、汶川，甘孜藏族自治州的丹巴县，雅安市的宝兴县，人口约 20.8 万人，使用嘉绒语。嘉绒藏族"骨系"指同一祖先的世系群，按传统的看法，骨系是以人身上从顶骨到踝骨的骨头起名，一个骨头的名字即算一个血缘系统的传统名字。骨系最重要的功能是决定人们禁婚的范围。嘉绒藏族认为"父亲是骨，母亲是肉"，从遗传的观点看，"亲"的来源主要是父亲的"骨"，嘉绒语音译为"撒日"，指在婴儿形成的过程中，父亲的精液所赋予他的遗传特性。沿着父亲的骨向上追溯，只要同一骨头的人，就是"亲"——骨亲。在他们之间，会形成较为严格的血亲禁婚原则。禁婚范畴非常明确，就是按照父亲是"骨"的原则，实行父系三代不婚，母系两代不婚。他们认为，兄弟姐妹之间必须换过了"骨头"才能开亲。换骨头有两个标志。第一，父系血缘到三代以后，骨头换过了，到第四代就可以结婚，且亲上加亲，是最理想的结婚对象。出嫁的姐妹与留家的兄弟的子女间，在第三代也不能通婚，因为姐妹与兄弟间的骨头是一样的，要到第四代才能通婚，也是最理想的通婚对

---

① 李锦：《父亲的"骨"和母亲的"肉"——嘉绒藏族的身体观与亲属关系的实践》，《广西民族大学学报（哲学社会科学版）》，2010 年第 3 期。

象。第二，亲姐妹间的孩子，由于女性出嫁后，孩子的骨头就已经换过了，因而是不同的骨头，在第三代就可以通婚了。嘉绒藏族认为，凡是身体柔软的部分，特别是肌肉和血液，都来自于母亲的遗传，人们从母亲的"肉"遗传来的是旺盛的生命力。父亲的"骨"是通过遗传代代相袭的共同物质，因此拥有相同骨头的人彼此之间是相同的，都是民俗意义上"亲"人，他们之间在三代之内有严格的血亲禁婚。而母亲的"肉"是生命力的象征，通过婚姻和生育，母亲将她的生命力一代一代传递下去。在骨肉相连的基础上，嘉绒藏族的亲属关系得以实践。

二、婚姻的定义与形式

婚姻有很多定义。例如，在威廉·A. 哈维兰的《文化人类学》中，婚姻的非种族中心主义的定义是：社会认可的一个或多个男人（男性或女性）与一个或多个女人（女性或男性）的关系——相互之间有持续的性接触的权利。该定义显然只关注到因婚姻而建立的性的联系，但忽视了经济的联系、姻亲集团的建立以及双方的权利义务关系。有学者在分别指出 E. R. 利奇、理维艾尔等代表性的婚姻定义的舛误之后，给出了自己的定义："婚姻"是指在两个性别相异的非血亲之间由当事人接受、他们所属集团赞成的、伴之以陪嫁和（或）彩礼的、受到社会承认并约束而缔结的一种性和经济的双重联系。这种双重联系蕴含如下：

1. 它（这种双重联系）的建立意味着一个由两个当事人构成的性和经济共同体的出现。他们享有互相占有的特权。由此社会在这方面为他们确定了相互的权利和义务。

2. 它的存在使社会制定了两个新的身份概念："丈夫"和"妻子"，分别使用于当事的男人和女人。在确定"夫"和"妻"时，社会还给他们制定了另一种身份概念："配偶"。

3. 它的建立意味着在自此联系建立起一段或长或短的时间后，两个配偶的共同居住。

4. 它的存在意味着当事人所属的两个集团之间，或者在两个当事人与他们一方所属的集团之间建立了一种特殊的利害联系。这种共荣共辱的联系因各社会不同而呈现出强弱程度不同。社会确定夫、妻及他们集团成员具有同一性，并给他们制定了一种新的身份概念："姻亲"，并将他们间的特殊利益联系称为"姻亲联系"。

5. 它的存在使社会为丈夫和妻子分别制定一个身份概念：妻子所生子女的"父亲"和这些孩子的"母亲"，这对夫妇以孩子的"双亲"的身份存在。一般而言，孩子的生育是婚姻的必然后果。社会将父母与子女之间的联系分别确定为

"父子女联系"和"母子女联系"。

6. 它的存在使两个当事人成为妻子所生孩子的负责人，并在双亲与子女之间建立权利和义务。双亲养育孩子，孩子（或其中一部分）在双亲年迈时承担对其之赡养。

在该定义中，"陪嫁"和"彩礼"指数量不同的财产（其中可以包括人，但亦被视为财产）在两个集团间做单向或双向的运动，或从它们转到新婚夫妇手中。这笔财产无论数量大小，甚至可以纯属象征性的，都标志着两个当事集团的互相承认。"社会约束"指社会监督当事人履行由这一双重联系建立而引起的权利和义务，并监督当事人所属社会中的其他成员，使他们尊重夫妻的权利。

根据以上婚姻定义及其内涵，该学者归纳出一套构成人们通常所称的"婚姻制度"的规范：

1. 婚姻是建立于两个性别相异的非社会血亲的个人之间的一种性和经济的双重联系。

2. 禁止在两个社会血亲之间缔结这种双重联系。

3. 所有婚姻的缔结都以得到当事人的接受和他们所属集团的赞同为前提，并由当事人所属的或他们所融入的社会共同体所承认。

4. 这种双重联系的建立伴之以彩礼和/或嫁妆。

5. 在这种联系建立后，男人成为女人的丈夫，女人成为男人的妻子，他们互为配偶。

6. 在这种关系建立时或在其后的一段长短不一的时间里，两个配偶将共同居住。

7. 配偶互相拥有并尊重性特权。

8. 他们彼此对对方现有的和潜在的财产，以及劳动所得都享有部分或独占的经济权利。

9. 这种联系确定之后，当事人便互为姻亲，同时以他们为中介，他们所属集团的成员亦互为姻亲。

10. 丈夫将是妻子所生孩子的父亲，妻子将是他们的母亲。

11. 双亲有养育孩子的责任，而孩子们（或其中一部分）则对双亲晚年的生活负责。

婚姻有多种形式。根据配偶数量的"一"和"多"，可以分为一夫一妻、一夫多妻以及一妻多夫等三种婚姻形式。[①] 这是最常见的婚姻形式的分类方式。目前看

---

① "多夫多妻"这种婚姻形式在逻辑上存在，但实践中从未有过。

来，一夫一妻是最普遍的婚姻形式。但在一些社会中，也存在一夫多妻和一妻多夫的婚姻形式。需要注意的是，一夫多妻并不总是父系社会，一妻多夫也不一定就是母系社会。

还可以从以下几个角度理解婚姻的形式。

优先婚。由上可知，社会血亲的性排斥定律是一个社会得以存续的否定性基础。但在有些社会中，社会成员彼此成为优先婚配的对象。例如，在拉祜族社会，同胞兄妹的异性子女（交叉旁系亲属）之间，即姑舅表婚属于优先婚配的范畴。在该社会有一种非常流行的说法：如果交叉旁系亲属之间不结婚，狗①都追着让他们结合。在年轻人恋爱中，一般形成这样的"规定"：只有姑舅表兄弟姐妹之间没有爱恋的感觉，其他同龄男女才可以追求。在有的社会，尤其是传统汉族社会这样的父系社会，两个姐妹的异性子女之间的婚姻是受到鼓励的。而在有的社会，如母系社会，两个兄弟的异性子女之间的婚姻也是允许的。优先婚在民间都有"亲上加亲"的说法。但不管怎样形式的优先婚，配偶之间一定不会享有同质的文化血缘身份。

转房婚。也可以称之为"夫兄弟婚"和"妻姐妹婚"。至今在一些民族中仍存在这样一种习俗：一个男性成员去世后，其配偶优先与该男性社会成员未婚的同胞弟弟结婚；如果一个女性成员去世后，其配偶优先与该女性社会成员未婚的妹妹结婚。这时，转房婚也可以视为一种优先婚。今天的拉祜西社会中，转房婚依然流行。在采取该婚姻形式的社会成员看来，该婚姻形式对于家庭成员的保障以及经济利益的维系都很重要。

此外，还有跨辈婚和抢婚等形式。对于强调代、辈的民族来说，跨辈婚现象有一定的研究价值。至于抢婚等婚姻形式，更多只具有民俗学意义上的价值。

婚姻终止即汉语口语中所称的"离婚"，它意味着配偶双方性和经济共同体，乃至姻亲亲属集团的解体。在传统社会中，婚姻终止都是文化规定的。例如，汉族、摩梭人、拉祜族和维吾尔族等的离婚、子女归属、财产分割方式都带有鲜明的民族文化特点；受宗教文化的影响，天主教国家反对离婚。在众多社会中，婚姻关系都可以因一方或双方的意愿而解除。

总的来说，当代世界上许多国家，包括中国，离婚率都有大幅上升。原因有很多，如随着福利保障水平的提高和社会的发展，人们选择自我生活的自由度提

---

① 　在拉祜族传说中，老天爷曾因人类犯错而大加惩罚，将人类的谷种全部收缴。后来，狗将谷种偷了出来，还给人类。于是，人类对狗充满感激。至今，该民族仍不食狗肉。

高，离婚者的社会压力减弱；家庭的各种功能不断被社会剥离，强制性约束大为弱化；女性经济和社会地位的提高，对异性配偶的经济依赖程度越来越低；宗教文化的强制力也在减弱等。尽管离婚对配偶来说是某种程度上的解脱，但婚姻终止并不仅仅是配偶双方的个人私事。由于离婚者增加，单亲家庭的子女教育、财产纠纷、家庭财富积累过程的中断、离婚者的心理和社会调适、再婚者的适应等都成为越来越严重的社会问题，引发了很多人的忧虑。20 世纪七八十年代起，不少国家涌现维系婚姻家庭稳固的潮流，联合国大会将 1994 年确定为国际家庭年。

从中国法制史的视角看，传统汉族社会形成了一整套关于结婚、离婚的制度安排。从 1950 年起，中国制定并多次完善婚姻方面的法律法规，对离婚的相关内容进行修改。

一般说来，亲属关系人类学家比婚姻法学家更关注社会血缘、系属等文化属性，而后者比前者更强调离婚财产分割、债务清偿、子女抚养、遗嘱制定与执行等离婚法律后果以及权利义务变化。

三、家庭的定义与类型

"家庭是社会的细胞"似乎成了家庭问题研究的经典开场白。家庭组织在社会结构中占据了相当重要的位置。两个非社会血亲的异性组成家庭后，一系列相关的权利与义务随之而来。家庭不仅是经济再生产和人口再生产的基本单位，也是一个社会成员最早进行社会化的场所，具有稳定社会人格、满足情感和性、扶持与发展经济、繁衍后代、教育甚至维持健康等作用。

人类社会的家庭形式非常多样，要对家庭下一个准确的定义并非易事。美国人类学家默多克基于多个社会的跨文化比较研究，指出家庭是一个具有共同居住、经济合作及其生育特点的社会团体，其中包括两个或多个彼此结婚之不同性别的成人，并且包括已婚双亲所亲生或收养的一个或多个孩子。

费孝通则将家庭形象地比喻为一种三角结构。这种结构中的三角是指由共同情操所结合的男女双方和他们的子女。男女通过婚姻的结合成为夫妇，只是完成了三角形的一边，这一边若没有另外一点和两线加以联系成为三角，则被联系的男女，实质上并没有完全达到夫妇关系，社会对他们时常另眼相看，这是一种过渡身份，孩子的出世才完成了正常的夫妇关系，稳定和充实了他们合作的生活，这个完成了的三角在人类学的术语里面被称为家庭。可见，虽然人类社会家庭的形式多样，但其中最核心的关系是夫妻与子女，这是一切家庭结构的基础。这种夫妻和子女的关系既可以形成一种相对独立的家庭结构，也可以是包含在更大家庭或亲属单位中的一部分。

人类学家将家庭类型划分为核心家庭（Nuclear Family）、多偶家庭（Compound Family）和大家庭（Extended Family）三种。有学者在指出 G. P. 默多克和 K. 古佛等定义局限性的基础上，对三种家庭分别定义如下。

1. 核心家庭是由一对性别相异的姻亲以及他们的孩子构成的亲属和经济的基本单位。

2. 多偶家庭是由一个人和多个与他（或她）互为姻亲而性别相反的人，以及他们的孩子构成的亲属和经济的基本单位。

3. 大家庭是由两个或两个以上的性别相同的人和与他们（或她们）互为姻亲而性别相反的人，以及他们的孩子构成的亲属和经济的基本单位。其中具有姻亲身份的男性成员之间的关系可以是父子或兄弟关系，具有姻亲身份的女性成员之间的关系可以是母女和或姐妹关系。这里需要强调指出的是，只有子女、兄弟或姐妹在婚后经济上不与他们的长者分离的情况才可以称得上是大家庭。

在早期人类学古典进化论者看来，核心家庭居于家庭类型变化之顶端，代表着西方人进化之成就。例如，摩尔根就将家庭视为从血婚制家族、伙婚制家族、偶婚制家族、父权制家族以及专偶制家族的历时变化。但随着人类学家对西方中心主义的批评，这种观点就难以为继了。正如列维-斯特劳斯所言，人们再也不会相信家庭是从最古老的形式开始（这些古老形式，将来人们再也看不见了）沿着唯一的一条线向其他形式演变（这些形式已突出表现出来，而且每一种形式都是一种进步）的了。相反，人类强大的创造精神早已经将几乎所有的家庭组织形式设想出来并且摆在桌面上了，这倒是有可能的。我们视之为演变的，只不过是在众多可能性之中一系列的选择罢了，是在已经画出的一张网的限制之内向各个方向上的运动。

目前，世界上绝大部分民族社会中的家庭都是核心家庭。但在 20 世纪中期 G. P. 默多克对几百个社会所做的著名比较研究却发现，80% 的社会都允许多偶制家庭的存在。

仍以拉祜西人为案例。[①] 该族群的家庭形式曾引发很多民族学家、人类学家的关注。

在 1965 年的少数民族社会历史大调查中，有研究者发现，拉祜西人社会普遍存在着家庭成员数十人、甚至上百人的"大家庭"。但问题是，为什么只在拉祜西

---

① 韩俊魁:《没有年轮的树——中缅边境拉祜西的亲属制度》，云南人民出版社 2009 年版。

人这个支系中有大家庭？这些大家庭为什么在解放不久几乎同时解体？为何家庭组织如此脆弱易变？可以说，这些问题并未得到彻底解决之前，我们就很难得出"大家庭"的判断。

Yier 在拉祜西语中指"房子"。Tid yier nieq chaw 指"住在一间房内的人"。这些人可以包括父母、女儿、女婿或儿子、儿媳，也可包括帮养、寄养者。若分家的子女盖不起房子，暂时与父母住在一间房子里，这两家也可以叫"一个房内的人"。所以说，"住在一间房内的人"只强调一个居住的空间，而非对住在其内者的分类。该词组不必然标示着一个独立的生产、消费单位。

拉祜西语 ca 音同于汉语的家，可能是借词。"一家人"（tid ca nieq chaw）有两种用法。第一种是狭义的用法，可以指由夫妻及其子女构成的独立生产和消费单位。若一对夫妇无嗣而有人帮养，他们也可被称之为"一家人"。第二种是广义上的用法。亲兄弟姐妹分家后，相互之间或与父母之间对称、引称仍用"一家人"。该情况被老者形象地说成"人分家不分"。第一种分类在村民中普遍使用，它更强调成员属于一个独立的生产消费单位。在拉祜西语中，"到某某家去玩"被表达为"到某某房子（yiel qhaw）里去玩"，看似这里的"家"等于"房"，但村民清楚"家"与"房子"不是一回事。前者强调一个独立生产消费单位内的人，而后者只指建筑空间单位。

老人把新中国成立前所谓的"大家庭"称为 yiel luq，与之相对应的"小家庭"叫 yiel neq。但是，这里的 yiel 不能用 ca 来替换。也就是说，拉祜西语没有"大家庭"（ca luq）和"小家庭"（ca neq）的叫法。这样，这里的"yiel luq"只能翻译为"大房子"，"yiel neq"也只能翻译成"小房子"。

以前拉祜西人盖房子非常困难，目前也是如此。这构成少数两家村民在历史上，甚至至今仍住在一间房子里的客观原因。村民认为，每个三角铁（代表火塘）代表一家，其成员构成一个独立的生产、消费单位。新中国成立前，土司、国民党的赋税异常繁重。当收税者前来山寨收税时，为了少交捐税，村民将一间房子内的多个三角铁收起，只留一个，作为一种"逃税"的手段。这种策略也是多家村民分家不分房的原因之一。

由此，我们可以得出结论：拉祜西人根本没有所谓的"大家庭"，而只有"大房子"。村民之所以住在大房子里是应对沉重赋税的策略，每个独立的家庭分担了一部分风险。一旦外因消除，大房子就没必要再承担相应的功能。这就说明了为何拉祜西人"大家庭"会在新中国成立后迅速解体。同时也说明，拉祜纳等拉祜支系的家庭均以小家庭为单位，它们在组织层面上具有同构性。但仅这样解释仍不够，因为经济的外因是大家庭存在的必要条件，而非充要条件。也就是说，沉重赋税、取材艰难等无法解释为何其他同样受到国民党剥削的拉祜纳或其他民族不采用大房子的策略。因此，充分的解释还必须从拉祜西社会结构内部加以考虑。

在各种类型的系属中，经常会出现无子嗣或子嗣因意外而死亡的情况。在文化意义上，一个父系社会中的家庭若没有儿子，一个母系社会中的家庭若没有女儿，在很大程度上都是无法接受的。因此，在传统社会中，为了维系一个家庭的延续，人们会在具有相同社会血缘的亲属集团中挑选一个社会成员以继承家业和香火，这就是过继。在有些社会中，若小孩出生后易生病，也会将之过继，以利于孩子的成长。这时，过继依然是在同一社会血亲范围内进行的文化现象。

作为现代法律术语，收养是指将他人子女收作自己子女，从而建立一种类婚生子女的身份契约关系的行为和过程。一般而言，收养与被收养者之间并无社会血缘之联系，而是法定的血亲或拟制的血亲关系。在现代国家中，这种行为往往通过立法的形式来确认，以保护收养者与被收养者的权利和义务。这时，传统社会中的过继也往往纳入其范畴之中。

史尚宽指出汉族社会中从过继到收养之间的变化："我（指中国）之收养最初主要目的，出于为宗，即欲祖先血食（祭祖）不断，延续宗嗣。因主祭须为男子，故立嗣必以男子充之。祖先不歆异类，故不许收养异姓之乱宗。为此目的之养子，称为嗣子或过继子。嗣子与亲生子女同。后世有所谓抚养子，乃为充实劳力、慰娱晚景或养子伺老等目的，即为亲之目的而收养。唐律以后许为救济婴孩或孤儿而收养，已不重视同宗或同姓，可谓渐启为子女利益而收养之端。民法废除宗祧继承，无论异姓同姓，养子女只有一种，无嗣子名称，故为宗之收养已不存在。"[①]

在汉族传统社会中，若一个家庭中没有儿子时，为了香火延续，除了过继，有时也采取"入赘"的方式。入赘者社会地位一般较为低下，与配偶所生育子女多从母姓。此外，在一些社会中，若一对配偶无子嗣，为了实现经济生产和养老的目的，也可以寻求亲属集团内外的社会成员的帮助，且无名义上或实践上的过继或收养程序，我们可以称之为"扶养"。在这种情况下，具体的权利义务关系就由当事人双方具体约定了。

思考题

1. 如何理解乱伦禁忌与婚姻的关系？

---

① 史尚宽：《亲属法论》，中国政法大学出版社 2000 年版，第 585—586 页。

2. 如何理解人类社会的继嗣制度？

3. 什么是家庭？家庭的类型有哪些？

▶ 答题要点

第八章 社会组织与权威体系

任何人类社会，无论是现代化程度较高的工业社会，抑或传统的、小型社会都倾向于使其有序化以及实现社会成员的有效联结。这既是出于社会自身生存与发展的需要，也是确保社会成员实现其个人价值的保障。对于社会有序性的需要自然地出现了社会组织和权威体系。社会组织在横向上把人们结合起来。在传统抑或现代社会中，人们不仅按照血缘关系组织，以年龄、性别、利益诉求等组织也是人们惯常使用的方式，并形成一定的社会团体。为有效地管理和维护社会秩序，保障社会内各组成部分的有序运行，任何社会形态中也均形成一定的政治组织和权威体系。不过，由于社会组织和权威体系必须与一定的人口规模、生产方式、技术水平相契合，使得不同社会在权威系统的构成和秩序维持的手段上有着一定的差别。尤其在进入现代工业社会后，现代民族的产生以及由此推动的民族主义、民族—国家观念的出现，致使对社会有序化的诉求和权威体系的构成变得更为复杂。

第一节 社 会 组 织

分享与合作是人类赖以存在的基础。为了解决自然环境、气候条件、战争与冲突等给人类生存带来的挑战，人类必须以一定的形式结合起来并组成一定的合作关系。通过合作，人类不仅可以解决最基本的生存问题，如保护食物、抵御动物及其他人群的侵袭，而且还满足了人作为具有社会属性的生物体的内在需求，这对于人类和其他灵长目动物来说都是适用的。不过，人类与其他灵长目动物的不同之处恰恰在于人类所建构的合作是一种有序的合作。人类可以依据不同的目标而设定组织成员的规则，人们按照一定的规则组织起来便创造出了社会组织。由此，社会组织是一组在促进某一特定群体或社会实现其特有的活动中彼此联系在一起的成员。

社会组织是人类为追求集体目标而组成群、团体、社团以及组织的过程。诚如上文所述，人类面临的问题是多种多样的，因此社会组织也具有多样化的类型。比如，可以按照血缘关系组织起来，如家族、胞族；可以按照年龄组织起来，如年龄群体；也可以按照性别组织起来，如性别群体；更可以按照不同的利益诉求组织起来，如共同利益社团。每一种群体或团体因其要解决的问题不同，人员的组织方式也不尽相同。可以粗略地把第一种社会组织看作是建立在亲属关系之上的，而后三种则是建立在非亲属关系之上的。一般认为后三种组织类型是当亲属联系不能满足社会的组织需求的情况下应运而生的，并广泛地存在于部落社会和现代社会，亦存在于阶级社会和无阶级社会中。本节将侧重于分析这三种在人类社会中普遍存在的社会组织的形式、内涵及特点。

一、年龄群体

相比血缘，年龄是较为容易被人们辨别和区分出来的个体之间的差异。所有社会都会依据年龄的不同，划分出不同的群体，这就是年龄分群。比如，在当代中国明确规定年满 7 岁的儿童必须入学接受义务教育，这些儿童在共同学习生活 6 年后，年龄大致在 11 岁或 12 岁时又被转入初中继续进行学习，而后再是高中，直到大学毕业。在这一过程中，也有部分年轻人没有考入大学，而直接走入社会展开工作生涯，但按照劳动法的相关规定必须年满 16 周岁才可以受雇。在经历了一段时间的学习或工作生活之后，年轻人开始获得参与选举、考驾照等与成年人对等的权利，这时对于年龄的要求是年满 18 周岁。最后，如果是受雇于企业或者是公务员、事业单位的人，准备离开工作岗位退休了，对于其年龄也有一定的限制。在个人的生涯中，由年龄的不同被冠之以青少年、中年人和老年人的标签，并与一定的权利与义务紧密地关联在一起。事实上这样的按照年龄进行分群的现象不仅存在于如中国这样的现代国家中，在很多部落社会中，特别是在东非、巴西中部和新几内亚的一些地区，基于年龄的社会团体比基于亲属关系的社会团体还要重要。比尔斯在《文化人类学》一书中指出：

> 年龄群是尼日利亚的艾戈博人的许多具有特点的社会组织形式之一。艾戈博人直到近代以前是世界上人口密度最大和城市化程度最高的群体之一。奥滕伯格在 1968 年发表的著作中提到，艾戈博人总人口在 500 万~700 万，人口密度达到每平方英里 1000 人（美国和苏联的人口密度是每平方英里近 50 人）。尽管艾戈博人的社会组织主要是父系和母系氏族以及各种各样的自愿组织，但按照年龄组成的男女群体极其重要。大约从 28 岁开始，男人加入一个大约持续 3 年的年龄组。每个村庄包括 15~20 个年龄组，每个年龄组都有自己的组织和首领。成为年龄组的成员是村庄里所有男人的义务，所以它包括来自不同氏族的人。两或三个不同年龄组组成一个等级。较年长的男人组成

执行等级，他们负责指导公社的工作、保管公社的资金、维持治安、协助进行典礼和献祭仪式。元老等级也包括来自其他村庄的年长者，管理整个村庄群体。年长者负责村庄的财产、争端的调解、立法并主持村庄节日和仪式。①

艾戈博人的例子呈现出一套与中国不同的年龄分群，各个年龄群体在社会中所承当的事务与所享有的权利有很大差别。这实际上与各个社会对于年龄的不同理解有很大的关系。如在一些无文字的社会中，年迈者被认为是掌握了最多知识和技术的人群，是该社会的"活图书馆"，因此被给予了极高的权威，往往担当起管理者的角色，如长老、最高祭司等。而年轻人由于正处于精力较为充沛的阶段，往往被安排为一个社会中的战士、劳动者。然而，在一些游牧社会中，由于人口规模与生态环境可承载力之间的关系，人们对于老人有时表现出"不敬"，甚至还有弑老的习俗。可见，"文化而非生物的因素在决定社会地位方面具有至关重要的地位。所有的人类社会都识别出若干生命阶段，但这些阶段具体如何定义却因文化而异"②。对这一点的理解，还可以从年龄分群的制度中呈现出来。

"年龄等级（age grade）是构成一系列的层次，人们（通常是男人）在生命循环的历程中逐一通过这些层次。"③ 年龄等级是一个相对松散的组织，它强调的是与这个年龄相匹配的权利和义务关系。年龄等级的转换和升级有时是由老人逐步传授的，有时通过缴纳一定的费用才能实现。在北美的印第安人社会中，他们就需要购买特定的服装并学会演唱特定的歌曲和表演舞蹈，才能成为一个年龄等级的成员。事实上，每年11月在法国举办的"巴黎成年礼舞会"也是现代社会中构建年龄等级的一个形式。在这个舞会上年满18岁的贵族女孩必须按照英国皇室的要求着装，同时还必须在此之前学习宫廷礼仪和社交规范等相应内容，并以此作为获得进入上流社会的机会。

年龄组（age set）的概念与年龄等级既有联系又相互区别。年龄组强调的是"一群加入同一年龄等级，并一起经历该等级的人"。④ 年龄组往往指的是由共处于一个年龄区间里的个体所组成的群体。它最大的特点在于，在一个社会中不会因

---

① ［美］比尔斯等：《文化人类学》，骆继光等译，河北教育出版社 1993 年版，第 363 页，略有缩减。

② ［美］威廉·A. 哈维兰：《文化人类学》（第十版），瞿铁鹏、张钰译，上海社会科学院出版社 2006 年版，第 322 页。

③ ［美］基辛：《文化·社会·个人》，甘华鸣等译，辽宁人民出版社 1988 年版，第 291 页。

④ ［美］威廉·A. 哈维兰：《文化人类学》（第十版），瞿铁鹏、张钰译，上海社会科学院出版社 2006 年版，第 323 页。

为随着成员年龄的增长而转入另一年龄组而使其消逝，相反在很多东非社会中，每个年龄组的名称都被固定下来，成员只是在不同的年龄组之间流动。"学者们曾提出循环式的年龄组制度和推进式年龄组制度的区别。前者中同一年龄组每隔几代就出现一次，而后者经命名的年龄组只出现一次。"① 此外，年龄组与年龄等级的不同还表现在，由于每个年龄组成员之间有着共同的经历，尤其是在很多社会中要求同一年龄群体的成员必须共同承担同一社会事务，成员彼此之间建立了紧密的合作关系以及同一的情感认同和文化观念，而这些社会网络和观念将在今后的很长一段时间里使成员保持着密切的联系。而年龄等级则不会具有此功能。比如在中国西南的摩梭人社会中，青年人长到 13 岁时，家人依俗要为之举行成年礼，女孩叫"穿裙礼"，男孩称"穿裤礼"。通过这样一个过渡仪式标志着青年人已步入成年人的行列，可以参加成年人的社交活动。"穿裙礼"和"穿裤礼"所表征的是年龄等级的变化，尽管经历过此项仪式，但是作为同处于该年龄等级内的各成员间的关系是松散的。因此，年龄组有可能是年龄等级下的一个群组，但年龄等级不能转化为年龄组，年龄组更强调成员间共同的经历和情感。

二、性别群体

依据人类生理上的性征差异而进行分群，也是很多社会中较为普遍的组织形式。男女两性在第一性征和第二性征上的差别，使得他们在体能方面有一定的差异，很多社会基于此形成了男女两性的分工。然而在人类生物进化的过程中，人类的两性异形特征已经开始显著减少，并且越来越多的民族志研究认为，遗传和生理的差异给性别带来的影响远没有人们想象中的那么大，由此男女两性的差异逐步被认为更多的是文化建构的结果。不过鉴于性别上的生理差异是在出生时便被明确的，并在很长的一段时间内被保持，按照性别的不同来组织人们劳动、进行社会交往甚至安排住所等仍成为很多社会中重要的合作与分享的方式。事实上，在很多社会中还是依照男女两性不同的分工而把群体进行区分。在很多初民社会中，女性一般从事一些离居所比较近的，如照看家屋和家火的工作。在狩猎和采集社会中，她们大多从事一些靠近营地的野生植物的采摘工作。在园艺社会里，女性主要从事园地里的工作，而男性则出去打猎、捕鱼或打仗。造成上述男女两性分工的原因表现在，传统社会中交通条件和人类交通技术的限制，使得人们交往的范围往往很狭窄，按照性别来进行活动便成为人们除亲属群体外一个很重要

---

① ［美］基辛：《文化·社会·个人》，甘华鸣等译，辽宁人民出版社 1988 年版，第 291 页。

的交往方式。社会分工使得女性与女性之间、男性与男性之间较容易建立起紧密的联系，并形成性别分群。性别分群是建立在人类生理差异的文化建构的基础上，由社会分工而形成的一种组织形式。

在清朝早期的满族社会中，"男子并不支配妇女的事，他们的影响也不扩及妇女，妇女与男性一样有自己的组织。在由男性主持的氏族大会的第二天，妇女们出席自己的会议。所有出生在这一氏族的未婚女子和被这个氏族娶来做氏族男子们的妻子的妇女都来参加。妇女们选出一位'合合莫昆拉'——意为'女氏族首领'，她有完全与'哈哈莫昆拉'（'男氏族首领'）一样的权力。这一妇女会议和这一专门的妇女组织要讨论同样的问题，要施行同样的规则和风俗。唯一可以注意到的不同是她们从不在惩罚时打妇女的两股（大概是因为妇女的生理功能吧），而是打妇女的手掌——其疼痛却不差分毫。在妇女大会上，除了'哈哈莫昆拉'，没有男子在场"①。

"不过妇女的组织并不具有与男子的组织同样的重要性。因为满族的社会是建立在男子主导地位而不是妇女的主导地位之上。军事斗争在满族人的历史上和他们的势力不断扩张的过程中起了举足轻重的作用，因为他们在政治上的成功主要建立在军事征服之上，而服兵役只是男人的专项。行政管理的功能也不会由妇女来承担，因为长官在办公室工作，而妇女总是在她们的家庭内活动。狩猎和耕种也不是可以由妇女来干的行当。只有家务、生育、教育子女才是妇女大显身手的几个方面。"②

事实上，在很多人类社会中，性别分群不仅存在于政治生活中，而且还衍生到宗教生活，并通过宗教的制度性设计，更加巩固了男女两性的分群，比如在澳洲的新南威尔士和维多利亚的少数部落。上述部落中有一项制度规定："部落中的所有男人属于一方，所有女人属于另一方，而不管他们属于哪个氏族。在这两个性别集团中，每一个集团都相信他们（她们）与某种确定的动物具有神秘的关系。在库尔奈，所有男人都认为他们是鸸鹋的兄弟，而所有女人则认为她们是朱顶雀的姐妹。"③

---

① ［俄］史禄国：《满族的社会组织——满族氏族组织研究》，高丙中译，商务印书馆1997年版，第66—67页。

② ［俄］史禄国：《满族的社会组织——满族氏族组织研究》，高丙中译，商务印书馆1997年版，第66—68页。

③ ［法］爱弥尔·涂尔干：《宗教生活的基本形式》，渠东、汲喆译，上海人民出版社2006年版，第155页。

在有性别分群的社会中，有时是实行性别隔离的，男性可能会被认为地位高于女性，也有如易洛魁社会中认为女性地位高于男性，还有可能是认为女性与男性是平等的。在现代社会中，由于对男女两性的态度不同，性别群体往往表现为男女两性的分层甚至是不平等，性别常常与年龄、利益诉求等结合起来，成为人们组织化的基础。

三、共同利益社团

与年龄群体和性别群体不同，共同利益社团更强调为解决某些具体问题而形成的社会组织。由于年龄群体和性别群体与个人的生命阶段和生物特征密切相关，因而带有一定的非自愿性，也即必须满足一定的条件才能成为该群体的成员。而共同利益社团则更强调群体成员间的合作与协商，带有很强的自愿性——加入社团的行为往往是自愿的。因此，是否让成员感受到可以通过成员的共同行动来实现利益诉求就显得尤为重要。如在大学校园中因有共同爱好的学生自发地组织起来的兴趣社团；再如现代都市中，人们为解决生活中的某个具体的困难而组织起来的互助社团等，它们都需要建立一定的规章制度以保障组织目标的实现。不过在共同利益社团的构成方式中，除了建立在自愿的基础上，也有可能其成员身份的获得是法定义务规定的。如从事同一工作或职业的人们可能会组成行会、工会及其他以共同职业为基础的社会团体。

共同利益社团因该群体所追求的利益诉求不同而具有多种类型。"绝大多数社团的目标主要包括追求友谊、娱乐，促进某些价值，还有控制、追求或者保卫经济利益。"[1] 由于利益诉求的可变性，共同利益社团会伴随着人们利益目标的达成而被解散，共同利益社团既可以是较为松散的，也可以是严密的组织化的，后者如中国传统社会中的秘密会社。在不同的社会中，共同利益社团用以维系成员关系的手段各异。在现代社会中往往通过制度，而在传统社会中有时可能是成员都熟悉的某一种超自然的体验，如克劳印第安人的烟草会社。不管怎么说，共同利益社团是人类社会普遍存在的一种社会组织。下文将用中国民间普遍存在的睬会，也即钱会来进行说明。

　　睬是当地的钱会，由需要整宗款子（借款）的约集十人，每年收会两次，

---

[1] ［美］威廉·A. 哈维兰：《文化人类学》（第十版），瞿铁鹏、张钰译，上海社会科学院出版社 2006 年版，第 325 页。

每次依着顺序，由一人收集其他十人所付的款。原则上等于零存整取及整取零偿。禄村所实行的办法是这样：每个会员先认定会次，规定每会应交一定数目的款项，按次收取各会员所交的款。所交款项数目与会员所认定的会次有关，会次越往后，所交的款项也越少，但对于每个会员而言，每次所交的款项是相同的。

每年召集两次会，在三月及九月间，按着一定的数目交款，每次合成一百元，会员按次收赊。赊首第一个收赊，而他在五年半中一共付出的数目，并不多过于他所收的，所以我们也可以说他得到了一注没有利息的债。他虽占了这便宜，可是却负着集会的责任，每次开会，他都得预备了酒席，而且若是有会员不按时交款，他有催促之责。若有不交款的，他得代付。除了赊首之外，其他会员的借款或储蓄都是有利息的。

赊能否圆满收场，是靠与会的人的信用来决定的，即看有没有人半途拒绝付款。有什么可以保证各人的信用呢？第一是这十一人中原有的感情关系，第二是赊首所负赔偿的责任。加入赊会的人以朋友及乡党为最多，姻戚次之，宗亲则很少，即入赊的和赊首不常是自己族里的人。据猜测，这是因为在较近的亲戚间进行借贷时大多可以通融，甚至据说不要利息；而较远的族人，为了保持感情关系，对容易发生纠葛的经济往来，明显有避免的倾向。如若赊会成员一直逾期不交纳赊款，也可上诉到地方的保公所进行调解。[①]

在大多数现代城市中，共同利益社团越来越成为人们最主要的社会组织形式。大部分学者认为这是"由于流向城市的移民难以生活在亲属或同种族、同地域群体成员附近，致使亲属关系、地域联系甚至种族联系往往丧失其效力。共同利益社团作为安置亲属和同部落人的一种手段，往往随种族或地域系统发展，并具有广泛经济、政治和宗教功能。它能帮助各成员解决就业、居住、医疗的问题，提供娱乐和宗教仪式，有时还能以地区、语言或宗教一致的名义发挥政治影响"[②]。例如，美国的瑶族社会组织就是这样一个在全新的社会环境中出于保护本族群成员的个人权利，以及为实现整个群体的利益诉求而成立的共同利益社团。来自老挝、泰国的瑶族人，被美国政府按原居国籍分别安置到不同的州、市居住，他们便以原居住国籍为纽带成立了"瑶文化协会""家庭社区发展协会"等。

---

① 费孝通、张之毅：《云南三村》，社会科学文献出版社 2006 年版，第 165—167 页，略有修改。
② ［美］比尔斯等：《文化人类学》，骆继光等译，河北教育出版社 1993 年版，第 365 页。

在现代生活中，人们的交往越来越依赖于由网络所构建起来的虚拟世界，以社团为单位进行活动的情况有所减少，具有严密组织的共同利益社团有可能逐步转变为更为松散的不正式的社团。尽管不同类型的共同利益社团在组织形式、构成方式上有着极大的差异，但是它同亲属组织和按年龄或性别划分的组织仍是构成人类群体的最普遍、大概也是最早和最基本的形式。复杂的、更为细致的社会分工，使得人类的社会组织趋向于更为精细的划分。

第二节　政　治　制　度

人口的增长、经济的复杂和食物生产规模的增加，都使得人类在合作与共享上面临更多的困难，这些困难导致了新的管理问题和更为复杂的关系。如果仅依靠亲属关系、性别或年龄群体来解决问题是远远不够的，很多时候一个群体活动的范围已经远超出一个家庭或一个村落，并通过经济活动、社会交往与其他多个群体之间保持着密切的联系，这时人类社会就需要创造出更为复杂、分工更为明确的社会制度来进行有效的管理，权威系统的出现便成了必然。正如人类学者指出的："复杂的和专门致力于行政管理、宗教、教育、审判和医疗服务等事务的政府机构，是随着人口增长和其他因素使劳动专业化发展到能够在特定领域产生职业化统治集团的时候才出现并日益复杂化。"[1] 权威系统是在社会发展到一定程度下出于社会管理和社会控制的需要，从社会结构中分离出来的制度体系。

权威这一术语指的是被制度化并被受权威管制的人们所认可的权力。权威除来自于上述社会性的需要外，也与人类普遍祈求得到同伴的尊重以及对于生活的追求有关。个人总会依赖于他人，但这种依赖又带来了不安，他人的保护经常容易被撤销。为了保证这一依赖能够长久存在，获得他人的尊重与爱戴是一个较为可行的办法。另外，人们可以通过影响他人的行为来控制外部世界，进而减少社会环境给个人生存与发展带来的影响。故此，威望与尊敬几乎是普遍的追求。

习俗上的共同权威不是体现在法律上的权力关系，也不是必然地与等级相关联。事实上，人类学大量的民族志材料证明，权威体系普遍地存在于平等主义社会和等级社会中。并且，权威的存在并不完全依赖于现代意义上的法律体系的建

---

① ［美］比尔斯等：《文化人类学》，骆继光等译，河北教育出版社 1993 年版，第 365 页。

构，更多的情况是，"它是一套被多数社会成员一致认同的信仰体系之上的统治关系。"① 它可以源自于个人的年龄、性别、族群、成员身份、人格力量等。故此，权威系统不与政府或者是有着明确法律职责的政府机构有着必然的联系，反而在很多初民社会中找不到任何专门的行政机构或行政机构。结构–功能主义者在对非洲经验进行总结的基础上提出了一个分类体系："一是具有中央权威和司法机构（原始国家）；一是没有权威和司法机构（无国家的社会）。无国家社会的整合与决策的最低一级是在'家庭/群伙双边群体'（groups de familia/bandas bilaterales）中进行，最高级别的整合与决策是在'单世系联合群体'中进行的。有国家的社会，是有一个行政组织来统治和团结上述群体的社会。"② 无国家社会和原始国家的划分从本质上看是根据是否出现了集权现象，前者代表的是非集权的，后者代表的是集权的。以此为据，人类学家塞维斯又从权威集中于特定政治角色的程度与政治整合的层次（处于政治控制之下的地域群体的规模）将上述两种类别区分为四种不同类型的政治结构：队群、部落、酋邦和国家。由于这四种类型的政治结构在人类现代国家出现之前便已存在，同时在现代国家之下仍然存在，因此，不能把它们等同于一个独立的政治实体（政体）来进行研究。在不同的区域或者国家下它们都以差异化的方式存在，下文将予以分别呈现。

一、队群与部落

队群和部落是人类社会从早期一直延续至今的组织形式，它们共同代表了人类历史上无国家社会的特点，并与人类初期的狩猎—采集和游牧生计方式相契合。依照塞维斯的观点，狩猎—采集和游牧实际上更多以家庭为单位进行生产，人口规模不大，过着居无定所的生活，婚姻和亲属关系是构成这些社会组织的主要方式。这些社会生产的主要目的在于满足生存的需要，因而没有大量的财富积累和私人财产。但是出于彼此合作的需要，尤其是要解决共同面临的与其他群体的冲突以及资源利用问题，这些社会也必须建立一个超家庭的社会组织。依靠这一组织，对内必须明晰各个家庭的财产权属关系；对外要形成一定的联盟以对抗其他群体的争斗。不过由于这些社会内部各个家庭之间，在经济生产上、社会生活中彼此的依附关系不是很强，使队群和部落社会内部的联合并不是很紧密。他们往

---

① 关凯：《从帝国到共和国的转变——中国近代国家转型中的政治权威系统》，《中国边疆民族研究》（第一辑），中央民族大学出版社 2007 年版，第 100 页。

② ［英］特德·C. 卢埃林：《政治人类学导论》，朱伦译，中央民族大学出版社 2009 年版，第 15 页。

往倾向于通过共同的仪式活动和娱乐活动来加强联系；而当面临纠纷或冲突时，则倾向于采取集体协商的方式来进行，因此在这些组织内部，领导没有实权强制性地要求个体成员执行他的命令。这种类型的制度的特点在于，提供了很大的灵活性，便于产生一种调适优势。

现在生活于非洲南部卡拉哈里沙漠靠狩猎和采集为生的布须曼人还保留有典型的队群制度。

贫瘠的生存环境使得他们只能以小而分散的队群构筑社会组织。布须曼的队群人数在20~400人。每个队群都有一块领地，在领地内，采集野生蔬菜（维持生存的主要食品）的权利限制在本队群的成员。水是另一种稀有资源，每个队群都有对自己所赖以为生的水眼的主要使用权——虽然外人经过允许也可以使用。在追逐大的猎物时狩猎者可以相当自由地进入其他队群的领地。如果一个队群的水眼干枯了，它的成员可以暂时移居到与之有亲戚关系的其他队群。每个队群都由一个家庭簇（a cluster of families）构成，其中一些是靠血亲纽带联结的核心家庭（nuclear families），而另一些则是因已婚子女和其家庭的出现而扩大成了"扩大家庭"。队群不是靠规则来实行族外婚的，但在核心家庭内部、一家的亲属关系范围内和一个男人与一个与自己母亲的名字相同的姑娘之间（他们有一套随家庭序列变动的名字体系，名字的使用显示着亲属关系的距离）是禁止通婚的。某些婚姻也的确发生在队群内部。每一个队群都有一个头人，他有处理队群资源和队群迁徙、行动的正式权威，但他的政治权力事实上是相当有限的。队群的行动通常都要根据队群成员的一致意见。在某些方面，头人的管家地位只是象征性的，他的事实上的权力依靠他在领导、组织、计划和维持内部团结方面的个人能力。头人地位通过家庭系列传递，头人的接替人是他的长子。内部冲突的解决，或者是冲突的一方成员移动到另一个与之有亲戚关系的队群中，或者是冲突一方的集团分裂出去，形成一个新的队群。

布须曼人的头人一般是具有特殊才能的人，比如那些擅长讲故事的人或能唱歌的人。从上述的叙述中不难发现，头人与队群其他成员之间不存在等级上的差异，大家在队群公共事务上都是平等的，头人在调解纠纷时是通过劝说或建议，无权将个人意志强加于队群其他成员身上。头人也无其他特权，与队群其他成员一样必须自食其力，进行农业生产。队群成员间的关系较为松散，这也说明其政治整合程度较低。另外，从人口规模上看，布须曼人的一个队群一般保持在 20～400 人，成员之间以血缘为基础被组织起来。基于上述特点，人类学家把队群定义为一个建立在亲属关系之上的小群体，在队群内部基于平等原则各家各户在政治上相对独立。

与队群不同，部落多出现于生产食物的社会中。部落是一种社会组织的制度，包含若干地域群体，如村庄、地区或世系群之类，通常具有一块共同的领土、一个共同的语言及一种共同的文化。构成部落的元素不一定受制于正式的或中央集权的政治权力。由于部落社会的食物资源是栽培植物和驯化动物，这使得成员必须定居下来，并有相对固定的地域边界。因为食物生产相对来说较寻食模式要更为稳定，故人口规模也比队群要大。队群人口密度通常低于每平方英里 0.1 个人，部落人口密度一般超过每平方英里 1 个人，甚至可能高达每平方英里 250 人。同时，由于生产食物的需要，部落社会中出现了一定的劳动分工，这也使得人们之间的联系更为紧密。但是，部落与队群一样，没有属于成员自己的正式的政府，各成员间倾向于平等主义。部落中的主要管理人员或是村庄头人、"大人物"、继嗣群的领导者、村庄委员会以及泛部落联盟的领袖，他们都是作为政治权威而存在。如努尔人中的豹皮首领，他便是作为努尔人部落社会中重要的政治权威而存在。以下是关于努尔人部落社会的详细描述。

努尔人居住在苏丹境内北纬 9 度附近的白尼罗河与其支流苏拜特河和加扎尔河交汇处的沼泽草莽地带。在 1938 年埃文斯-普里查德深入该地时，努尔人人口约有 20 万，他们没有政府，没有法律，没有首脑，一切成熟的政治制度全都没有，但社会并不混乱，处于一种"有序的无政府状态"①，靠着亲属关系的持久凝聚，秩序得以维护，社会关系得以确立。

部落是努尔地区最大的政治单元，这个群体有着明确的社区边界，与外敌作战时有权规定内部亚群的义务，媾和时确定接受赔偿的数额或者规定赔偿的分担。氏族是努尔人最大的父系亲属群体，其继嗣关系源于一个共同的祖先，整个努尔人大体有 20 个氏族。氏族是个高度裂变的语系结构，是父系制，有 10～12 代的历史。氏族分裂成最大的世系群，而这些最大的世系群又分裂为较大的世系群，较大世系群分支成较小的世系群，这些较小的世系群最后还要分支成最小的世系群。最小的世系群一般有 5 代左右，它们单独或者与其他小的或更小的世系群一起

---

① ［英］埃文斯-普里查德：《努尔人——对尼罗河畔一个人群的生活方式和政治制度的描述》，褚建芳、阎书昌、赵旭东译，华夏出版社 2002 年版，第 7 页。

组成村庄。村庄是努尔地区最小的政治单元。各世系群和村庄之间的关系是松散的。

因为努尔人中争端频繁，在分支世系群制度下，可能导致广泛的世仇。豹皮首领是努尔人社会中重要的纠纷调解人。他没有政治权力，并且被视为置于世系群网络之外。他进行调解的手段就是劝说结怨的双方能够接受用"血牛"偿还的方式，而不是再夺他人的性命。但是，如果接受调解的双方出于某些原因而不愿意接受调解，他也没有任何办法。

努尔人的个案反映出部落社会的另外两个特点：部落的政治组织是非正式的、临时性的，如努尔人的各世系群间的合作关系是可变的、临时的。同时，许多部落社会都存在政治整合的泛部落机制，如有超越亲属或地域边界的年龄等级或社团等，或者通过村庄生活，或者通过继嗣群，或者上述两个方面共同作用使得社会成员被组织起来。这样的好处在于能够规避部落社会内部相对松散的社会联系所带来的部落社会离散的问题，当抵抗敌人攻击时，可以组成一个规模较大的团体，而在面对自然灾害时也更容易形成互助与彼此支持。这种情况最有代表性的是北美中央平原和热带非洲。

部落制度不仅仅存在于非洲和美洲社会，在现代中国西南的少数民族中也有队群的遗存，如壮族、瑶族的寨老制度。寨老由村民选举出寨内 60 岁以上、德高望重、子女双全的几位老人担任。寨老主要负责寨内宗教仪式的组织、村寨公共事务的商议、村内纠纷的调解等，有时还需承担组织周边几个村落共同举办宗教仪式的职责，以及处理多个村寨因水源使用而引发的矛盾与冲突等。村寨由几个来自共同血缘的父系继嗣群（或家族）组成，村寨内每个家庭由于通婚的原因都保持着或远或近的亲属关系，而寨老又多是来自于主要家族的年长者，因此对于寨子里的人而言他们都具有一定的威望，寨老解决纠纷时多依靠其在村寨内的权威并通过口头调解的方式进行。在现代中国基层权力组织的建设下，这些民族传统的寨老制度与其并行不悖，在不同的领域中发挥着各自的作用。这也从一个侧面印证了部落制度存在的广泛性。

二、酋邦与国家

酋邦与国家均属于集权政治制度。所谓集权是与平权相对，指权力或权威已经出现了相对集中在某个个人或群体上的现象。出现集权的社会，往往人口比队群和部落更为稠密，技术也变得越来越复杂，出现了更为细致的社会分工和职业分工，劳动产生了剩余价值，在此基础上出现了社会分层，社会的经济关系不再是建立在互惠而是再分配的基础之上。莫顿·弗里德强调，"这种制度与非集权制度相比存在的基本不平等是：获得政治职位的机会已不平等，机会可能会以一个人属于一定阶级或精英世系为基础。虽然可以存在同一世系的不同群体，这些群体甚至可以拥有很多地方权力，但政治诉求已经不能主要靠亲属关系来体现了"①，而是由职业政治家和相继而来的官僚阶层来担任。

酋邦大约出现于 6 500 多年前，比国家的出现早 1 000 年。包括加勒比海周边和亚马孙低地、美国东南部和波利尼西亚等在内的几块区域出现了酋邦，""酋邦是由两个或多个地方群体在单个统治者——酋长——之下组织起来的区域政治机构，酋长在人们的等级体系中列首位。"② 酋邦社会一般规模从千人到几万人不等，并以粗放农业和集体化捕鱼为主要生计方式，具有一定的地域范围。

酋邦是介于部落和国家间的一种社会政治组织。如队群和部落一样，酋邦中的社会关系主要是建立在血缘、婚姻、继嗣、年龄、世代和性别基础上。酋邦是在社会经济逐渐兴盛、粮食的产量充足后才慢慢经由部落合并而成的。不过部落之间的合并并没有那么简单。因为人口众多、地域广阔，不可能再按照口头调解来疏导部落间的矛盾与冲突，遂出现了专职的管理者，并且他们必须依靠某种社会制度来维持社会秩序。这样就使得酋邦出现了明晰的职业分工，开始出现领袖阶级。由于这一阶级已经从生产性劳动中分化出来，为了维持体系的正常运转，领袖阶级必须依靠劳动者的供养，便出现了赋税制度。同时，作为社会的制度化设计，领袖阶级也掌握了经济剩余的积累和再分配的权力。当生产过剩时，领袖阶级将剩余物品储存起来；当遇到饥荒或灾害时，酋邦的领袖阶级将稀缺的物品分发下去，这样便可起到风险管理的作用。在这一点上酋邦与部落有着显著的差别，但又与古代国家有着极大的相似性，它们都是建立在集约种植和地区贸易的管理体系基础上。

酋邦的管理者是占据政治职位的酋长和他的助手。社会地位是建立在继嗣资历的基础上，酋长的职务通常是终身的，也是世袭的，依据不同的继嗣方式，酋邦管理者把职务传给自己的儿子或者姐妹的儿子。酋邦中每个人的社会地位取决于他或她与酋长的亲属关系的远近，因为即使是最低级别的人也是酋长的亲属，酋邦中所有人都来自于同一个始祖。也就是说，在酋邦内每个人的地位与其他人

---

① ［英］特德·C. 卢埃林：《政治人类学导论》，朱伦译，中央民族大学出版社 2009 年版，第 43 页。
② ［美］威廉·A. 哈维兰：《文化人类学》（第十版），瞿铁鹏、张钰译，上海社会科学院出版社 2006 年版，第 357 页。

相比只存在很小的差别，虽然每个酋邦会采用不同的方式来计算继嗣资历，但是对族谱和继嗣资历的关注以及精英和普通人的不明显区分是所有酋邦的特征。此外，酋长也有利用权力将社会资源据为己有，并将资源转化为权力的基础。酋邦中的上层家族也会做同样的事情，并用他们的财产证明其地位。

国家与酋邦的差别也表现在上述几个方面上。国家是建立在正式的政府结构和社会经济分层基础上的社会政治组织。有学者指出酋邦与国家的最大区别在于社会分层，"所谓分层是指分离的社会阶层的产生"①。"国家拥有一些正式或非正式的专门机构来维持一种在资源占有上存在差别的等级制。"② 国家的政府体系是以超亲属关系为基础而组织权力的，而酋邦仍然要依靠亲属关系来建构政治结构。在国家中，一个阶层所处的社会地位与资源占有方面的差异，并不是因为它与领导者的亲属关系的远近，而是看这个阶层所掌握的财富、权力和声望的情况。每个阶层都包括在这一阶层上各个性别的人和各个年龄段的人，彼此之间也不一定有亲属关系。处于社会特权阶层的人，控制着土地、水、资本等重要的生产资料，而处于从属阶层的人在生产和生活中都受制于特权阶层。

由此恩格斯也指出："国家是社会在一定发展阶段上的产物；国家是承认：这个社会陷入了不可解决的自我矛盾，分裂为不可调和的对立面而又无力摆脱这些对立面。"其中，这些对立面即指经济利益互相冲突的阶级，为了不使这些阶级在无谓的斗争中把自己的社会消灭，"就需要有一种表面上凌驾于社会之上的力量，这种力量应当缓和冲突，把冲突保持在'秩序'的范围以内；这种从社会中产生但又自居于社会之上并且日益同社会相异化的力量，就是国家"③。

恩格斯以及马克思关于国家本质的论述，实际上是从政治和经济的关系上，明确了国家是经济上占统治地位的阶级用来剥削被压迫阶级的工具。国家与酋邦的最大区别在于前者是建立在阶级对立的基础上。

国家的另一个特点是它是一个自治、整合的政治单位，并有着明确的领土，国家有权征税、征兵等。国家是一个强大的政体，它拥有高度集中的政府和专门的统治阶层，至少拥有三级等级制，国王、地方行政长官和聚落首领。国家的权威体现在两个重要功能上。首先，国家垄断维持内部秩序与调节外部关系的权力，并独掌着使用武力的权力。国家通过制定成文的法律并通过固定的科层组织加以

---

① ［美］康拉德·科塔克：《人类学：人类多样性的探索》，黄剑波、方静文等译，中国人民大学出版社 2012 年版，第 409 页。
② ［英］特德·C. 卢埃林：《政治人类学导论》，朱伦译，中央民族大学出版社 2009 年版，第 47 页。
③ 《马克思恩格斯文集》第 4 卷，人民出版社 2009 年版，第 189 页。

执行，配之以警察、法庭、监狱等暴力机构实施，使得国家的社会管理常态化、模式化。其次，国家以意识形态为手段维持权威。国家成立的前提是建立在国民对其统治的合法性的认识基础之上。

国家体系还与复杂的社会经济特征相关联。大多数国家的社会是以集约农业为基础，生产力发展的水平较高，允许进行市政建设、经济职业专业化、广泛开展贸易交往。"据认为，国家最重要的一个特点就是能够把各种政治单位和民族群体包容在一起，永久不断地扩张下去。这样看来，国家比任何其他社会，人口更稠密，成分更复杂，势力更强大。"①

上述国家的诸种特征，可以从雅典国家的产生中清晰地呈现出来。"在英雄时代，雅典人的四个部落，还分居在阿提卡的各个地区；甚至组成这四个部落的十二个胞族，看来也还有自己单独的居住地，即凯克罗普斯的十二个城市。制度也是英雄时代的制度：人民大会、人民议事会和巴赛勒斯。从有成文历史的时候起，土地已被分割而成了私有财产，这种情形正是和野蛮时代高级阶段末期已经比较发达的商品生产以及与之相适应的商品交易相符合的。除了谷物以外，还生产葡萄酒和植物油；爱琴海的海上贸易，逐渐脱离腓尼基人的控制而大半落于阿提卡居民之手。由于地产的买卖，由于农业和手工业、商业和航海业之间的分工的进一步发展，氏族、胞族和部落的成员，很快就都杂居起来；在胞族和部落的地区内，移来了这样的居民，他们虽然也是本民族的同胞，但并不属于这些团体，因而他们在自己的居住地上被看作外人。在和平时期，每一个胞族和每一个部落都是自己管理自己的事务，也不向雅典的人民议事会或巴赛勒斯请示。但是那些住在胞族或部落的地区内而不属于这个胞族或部落的人，自然是不能参与这种管理的。这就扰乱了氏族制度机关的正常活动，以致在英雄时代就需要设法补救。于是实行了据说是提修斯所规定的制度。这一改变首先在于，在雅典设立了一个中央管理机关，就是说，以前由各部落独立处理的一部分事务，被宣布为共同的事务，而移交给设在雅典的共同的议事会管辖了。由于这一点，雅典人比美洲任何土著民族都前进了一步：相邻的各部落的单纯的联盟，已经由这些部落融合为单一的民族所代替了。于是就产生了凌驾于各个部落和氏族的法的习惯之上的在雅典普遍适用的民族法"②。随着社会的进一步分化以及外来移民的涌入、财产的私有化等，雅典在随后的梭伦时代又进一步对提修斯所制定的制度进行调整并逐步

---

① ［美］S. 南达：《文化人类学》，刘燕鸣、韩养民编译，陕西人民教育出版社 1987 年版，第272 页。

② 《马克思恩格斯文集》第 4 卷，人民出版社 2009 年版，第 126—127 页。

建立了梭伦制度，国家也发展起来。"在各种城市劳动部门间实行的分工所造成的新集团，创立了新的机关以保护自己的利益；各种公职都设置起来了。……议事会规定由 400 人组成，每一部落为 100 人；因此在这里，部落依然是基础。不过这是新的国家组织从旧制度中接受下来的唯一方面。至于其他方面，梭伦把公民按照他们的地产和收入分为四个阶级；500 袋、300 袋及 150 袋谷物（1 袋约等于 41 公升），为前三个阶级的最低限度的收入额；只有较少地产或完全没有地产的人，则属于第四阶级。一切公职只有三个上等阶级的人才能担任；最高的公职只有第一阶级的人才能担任；第四阶级只有在人民大会上发言和投票的权利，但是，一切官吏都是在这里选出的，一切官吏都要在这里报告自己的工作；一切法律都是在这里制定的；而第四阶级在这里占多数。贵族的特权，部分地以财富特权的形式得到更新；但人民却保留有决定的权力。此外，四个阶级都是新的军队组织的基础。前两个阶级提供骑兵，第三阶级提供重装步兵，第四阶级提供不穿甲胄的轻装步兵或在海军中服务，大概还领薪饷。……克利斯提尼的新制度撇开了以氏族和胞族为基础的四个旧部落。代替它们的是一种全新的组织，这种组织是以曾经用诺克拉里试验过的只依居住地区来划分公民的办法为基础的。有决定意义的已不是血族团体的族籍，而只是常住地区了；现在要加以划分的，不是人民，而是地区了；居民在政治上已变为地区的简单的附属物了。"① 这种制度规定全阿提卡被划分成 100 个自治区，即所谓德莫。居住在每个德莫内的公民，选举出自己的区长和四库以及审理轻微案件的 30 个法官。各个德莫同样也有自己的神殿及守护神或英雄，并选出祭奉他们的神职人员。德莫的最高权力，属于德莫特大会。十个这样的单位，即德莫，构成一个部落，但是这种部落和过去的血族不落不同，现在它被叫作地区部落。地区部落不仅是一种自治的政治组织，而且也是一种军事组织；它选出一个菲拉尔赫即部落长，指挥骑兵；一个塔克色阿赫，指挥步兵；一个兵法家，统率在部落境内招募的全体军人。其次，它提供 5 艘配有船员和船长的战船；并且有阿提卡的一位英雄作为自己的守护神，英雄的名字也就是部落的名称。最后，它选举 50 名代表参加雅典议事会。

希腊国家形成的过程印证了上述国家与部落酋邦社会有两大不同：一是它是按地区来划分它的国民；二是它是以公共权利的设立为基础并为维持这种公共权利，公民需要缴纳捐税，官吏掌握着公共权利和征税权。此外，公民的权利是按照财产状况分级规定的。

---

① 《马克思恩格斯文集》第 4 卷，人民出版社 2009 年版，第 131—134 页。

古希腊的例子也是世界上诸多古代国家形态中的一个代表。事实上，在谈论上述国家的特征时是宽泛地使用这一概念。人类学者通常把早期的国家称为古代国家或者是前工业国家，以此与现代实行工业化的民族-国家形成对照。这里要说明的是，由于古代国家和民族-国家建构的基础以及社会整合的方式有所差别，使得二者在形式和内涵上有些许差异。古代国家已经在人类社会中消失殆尽，民族-国家是现代国家的主要形式。

三、权威系统与秩序维持

不论一个社会采用什么样的政治组织，不论它有什么样的特点，它们的存在总与秩序的维持有着密切的关系。"它总是试图确保人们以可接受的方式行为，当人们不那样做时也规定人们要采取恰当行动。"① 通常很多人在提及秩序维持时都想到了依靠法律制裁，但是在无国家社会和国家社会中都可以发现，非正式的、非法典形式的途径也可达到秩序维持的目的。韦伯使用理念型方法把政治支配现象的三种类型呈现出来：法制型、传统型和卡利斯玛型。"所谓法制型统治，是服从基于对一个比较普遍的、超越个人之上的原则，如宪政原则的信任，而不是对于某一个个人。传统型指的是固有权力的神圣性是支配团体中大部分人之所以服从的理由，即传统被视为是神圣的。卡利斯玛型指的是纯粹的人治，以领导人的人格魅力作为基础，完全以人为中心的支配关系，相信此人有超凡入圣的能力，或是以一种很宗教式的情操相信他而追随他，是一种牺牲奉献在所不惜的方式。"② 韦伯对于权威类型的细分，也引发对于社会秩序维持方式的思考。事实上，正是由于各个政治组织所赖以存在的权威类型的不同，使得在社会秩序维持的方式上存在一定的差异。不过，韦伯并不认为这三种权威类型是一种承接关系，相反在一个特定的社会中可能这三种权威类型会同时存在，只是他们的相对重要性有所不同。这也指明在人类不同的社会中，各种社会秩序维持方式并不是互斥的，往往由于同一社会中权威类型的多样结合，使得在秩序维持的手段上也表现出多元化特征。

一般而言，每个社会都会发展出一套信念和习俗来促进人们遵守社会规范、维持社会秩序，这些机制就是社会约束。由于文化的（如价值观、信念等）和社

① ［美］威廉·A. 哈维兰：《文化人类学》（第十版），瞿铁鹏、张钰译，上海社会科学院出版社 2006 年版，第 364 页。

② ［美］马克斯·韦伯：《经济与社会》（上卷），林荣远译，商务印书馆 2004 年版，第 251、256—257、258—260、269 页。

会的（如制度规范等）社会约束都发挥作用，并且在不同的社会中，二者有差异化的结合方式，因此社会约束又表现出多样化的形式。概括起来，社会约束的手段主要有三种：声誉制度、宗教或巫术和法律或习惯法。有学者也把前两者归纳为非正式的社会约束，后者界定为正式的社会约束。

非正式的社会约束一个共同的特点是强调文化控制，它涉及由群体或社区成员自发表达出来的赞成或不赞成，如声誉制度便是典型。因为每个人都有获得社会接受的需要，声誉制度所依赖的就是它能够建立规范和惩戒制度，当个体违背这个规范，将要冒着被社会驱逐（自愿或非自愿的）的危险，也即社会隔离，所以对于社会的成员具有惩戒的作用。声誉制度下经常被使用的手段有社会舆论、羞辱和羞愧等，几种手段之间经常联合起来发挥作用。马林诺夫斯基描述了特罗布里恩德岛岛民可能因为不能容忍大众在得知他们的一些丑行，尤其是乱伦行为之后对他们的羞辱，所以选择爬到棕榈树上跳下来这种自杀方式。而同事和旁观者以言辞或表情公开表露出的对某人行为的不满或嘲讽，是制止越轨行为的主要因素之一，因为它唤起了羞愧，尖锐地刺伤了越轨者的自尊心。羞辱是来自于外部的制裁，羞愧则是由于个人的心理作用导致的。在很多小规模社会中，上述三种约束手段都发挥了重要的制裁作用。

除声誉制度外，在很多社会中发挥非正式约束作用的手段还有宗教。因为人们相信有神、巫术、妖术之类的超自然力量，触犯它们会使得人们生病、疯癫或死亡，但是人类又无法去控制这些超自然力量，由此便产生了对这些力量的恐惧，进而成为约束人们行为的有效机制。如在中国西南很多民族中对于神山圣水的崇拜，其背后的支撑是对于栖息于这些地方的神灵的恐惧。在宗教约束下，人们不敢踏入神林、圣水之地半步，也不敢在神林中砍伐树木、破坏圣水的洁净，这无形中起到了保护生态环境的作用。此外，如中国的苗族中存在的对于巫蛊的恐惧、蒙古族中对于萨满的恐惧等也是建立在对于巫术的效用的恐惧上，使得人们在社会生活中不敢轻易地引发争执、结下怨仇。

法律和习惯法作为典型的正式约束，对于每个社会的秩序维持有着重要的作用。尽管人类学者对于法律的定义不一而终，但是从法律的本质上看，可以归纳为："法律是这样一条社会规范，当它被忽视或违反时，享有社会公认特许权的个人或团体，通常会对违反者威胁使用或事实上使用人身强制。"[1] 这里特别强调了

---

[1] E. A. 霍贝尔：《初民的法律：法的动态比较研究》，周勇译，罗志平校，中国社会科学出版社1993年版，第28页。

法律的合法使用和身体强制。法律体系建立的前提是全体社会成员对于其合理性的承认，法律的使用也要遵循一定的规则，不能滥用或者无视法律的存在。同时，法律分派运用强制执行制裁的权力，在集权社会中这种权力一般赋予政府及其司法系统，在非集权社会中这种权力往往是运用暴力的权力直接分派到受伤害的那一方。正是由于法律具有强制制裁的能力，使得人们对于法律有所敬畏，故而能够起到规约人们行为的作用。

与法律类似，在很多复杂社会中还存在有习惯法，它也发挥着调适社会关系、维持社会秩序的作用。就习惯法而言，它是指在人们日常生活中相沿成习的一系列乡例、俗例、乡规等。它的一个特点是："无论成文与否，它们或多或少都建立在习惯的基础之上，而不论在多大程度上获得国家的许可，它们都不是国家'授权'的产物"，① 比如，在中国农村普遍存在的村规民约便是习惯法的一种表现形式。前文在生态与文化的叙述中提及的茶山瑶族与侗族的"石牌制度"就是很好的实例。

习惯法与前述的法律（或成文法）共存于现代社会中。事实上，上述三种社会约束的手段也同样共存于集权社会中。对于任何一个社会而言，社会约束不仅仅局限在权威系统中，还延伸到了政治之外的其他社会控制领域。随着人类社会的日趋复杂，新的社会群体的出现，如民族，使得社会组织中参与管理公共政策事务的个人或群体密切地关联起来，并催生了与古代国家有所差别的政治组织。

第三节　族群性、民族主义与民族国家

前述两节更多地关注了人类历史上出现过的社会组织和权威体系，但是自工业革命以来人类社会发生了急剧的变迁，人群流动的加剧、文化的交融互动给传统的人群组织方式、社会管理模式都带来了很大的挑战。本节将侧重于关注在这样的背景下，作为当今人类社会主要的社会群体和政治组织，族群、民族与民族国家的内涵和特征。

一、族群与民族

人类社会除按照性别、年龄进行分群外，还倾向于按照所持有的文化进行分

① 梁治平：《清代习惯法：社会与国家》，中国政法大学出版社 1996 年版，第 34—35 页。

类，因为文化是除生物性、体质性的差异外，最容易被人们所观察到的群体之间的不同。由人们持有的文化的共同性和差异性，人类被区分为不同的族群（ethnic 或 ethnic group）。族群具有两个特点："第一，族群是基于成员共享特定的信仰、价值观、习惯、习俗和标准；对于同一族群下的个体而言，他们认为大家所持有的文化是相同的。第二，作为第一个方面的基础，族群之间的区分更建立在成员对于自己文化与他文化的不同的认识基础上；他们认为自己在文化上是不同的、独特的，这种独特性可能来自语言、宗教、历史经历、地理隔离、亲属关系或者生物性的基础等。"① 也就是说，族群是在相互接触和互动的过程中，基于"我群"和"他群"的比较被相互建构起来的。"族群并不是单独存在的，它存在于与其他族群的互动关系中。简单说，没有'异族意识'就没有'本族意识'没有'他们'就没有'我们'，没有'族群边缘'就没有'族群核心'。"② 比如，布须曼人、努尔人都可以算作一个族群。族群一般都有自己的名字，也即族称，同时族群成员还相信大家有同样的继嗣、团结感和特定的地域联系，当然有些时候并不一定要共同居住在该地域里。分布于世界各地的瑶族，并不因为他们离开祖先居住的地域就不能被认为是同一族群，相反由于他们共同保有的关于盘瓠的信仰及其他文化特质使得分散于各地的人群被认为同属一个族群。

人类学者对于族群的定义众说纷纭。早期学者多从族群的内部特质出发，强调族群的语言、种族和文化特征。如韦伯把族群解释为因体质的或者习俗的或者对殖民化以及移民的记忆认同的相似而对共同的血统拥有主观信仰的群体，这种信仰对非亲属的共同关系具有重要的意义。族群不属于亲属群体。随着巴斯对于族群边界的研究，人们对族群的认识有了进一步的拓展。他认为族群是由其本身组成成员认定的范畴，造成族群最主要的是其边界，而非语言、文化血缘等内涵，一个族群的边界，不一定是地理的边界，而主要是社会边界。巴斯关注到了族群边界建构的排他性和归属性，由此也引发了学界对于族群概念界定的调整。《哈佛美国族群百科全书》中把族群定义为是一个有一定规模的群体，意识到自己或被意识到其与周围不同，"我们不像他们，他们不像我们"，并且有一定的特征以与其他族群相区别。这些特征有共同的地理来源，迁移情况，种族，语言或方言，宗教信仰，超越亲属、邻里和社区界限的联系，共有的传统、价值和象征、文字、民间创作和音乐、饮食习惯、居住和

---

① ［美］康拉德·科塔克：《人类学：人类多样性的探索》，黄剑波、方静文等译，中国人民大学出版社 2012 年版，第 309—310 页。

② 周大鸣：《论族群与族群关系》，《广西民族学院学报（哲学社会科学版）》2001 年第 2 期。

职业模式，对群体内外不同的感觉。由这个定义可以看出，族群概念是一个极富伸缩性的人群分类概念。

民族（nation）与族群既有相似性又有一定的差别。社会学家安东尼·史密斯认为民族只是人们身份认同的多种类别之一。人们的身份认同包含了多重身份与角色：家庭、领土、阶级、宗教、族群和性别，而这些身份的基础又是社会分类。民族作为人类社会发展过程中出现的新一类群体和身份认同，是在政治基础上统一而成的共同体。史密斯重视凸显出民族的历史过程性和政治属性。首先，历史过程性表现在民族是"社会发展到资产阶级时代的必然产物和必然形式。"[①]　人口迁移，作为西方工业革命和资本主义兴起的结果，使得国家中原来大量的生活于农村的人口流入城市和企业，导致了人们亲属关系网络的断裂，人们迫切需要按照一种不同的方式整合起来。同时，资本主义、殖民主义的发展要求建立边界明确、成员在法律和政治上平等、具有共同文化和意识形态的法律和政治共同体。其次，基于前述民族的历史过程性，使得民族与领土有着密切的关联，由此具有一定的政治实体特征。上述这两个方面的特质，也成为民族与族群之间的重要区别。不过，民族与族群还是有一些交叉，因为民族也强调群体成员间文化的共同性。斯大林在对民族的定义中就明确地提出了这一特点："民族是人们在历史上形成的一个有共同语言、共同地域、共同经济生活以及表现于共同文化上的共同心理素质的稳定的共同体。"[②]《中共中央　国务院关于进一步加强民族工作加快少数民族和民族地区经济社会发展的决定》中提出，一般来说，民族在历史渊源、生产方式、语言、文化、风俗习惯以及心理认同等方面具有共同的特征。有一些民族在形成和发展的过程中，宗教起着重要作用。

西方学者大都认为，民族概念包含了几个含义：首先，民族的概念强调根源性，"它潜在地表达了一种高度的、有责任的归属感。其次，在它的历史发展进程中，它不仅仅是内部的人群之间的一种原始的结合，除了族群的结合外，它也开始包含一种宗教上的或者语言上的共性，或者建立在共同的制度基础上，或者一些模糊的特点如共同的历史经历或命运感。"[③]　民族是一个与以往社会群体、政治群体不完全相同的人类群体，它兼具有上述两种类型群体的特点，但是又包含有政治、法律和行政组织的含义，而人们又通常把这些看作"国家"的特征。因此，

① 《列宁全集》第 26 卷，人民出版社 1988 年版，第 75 页。

② 《斯大林全集》第 2 卷，人民出版社 1953 年版，第 294 页。

③ ［美］贾恩弗朗哥·波齐：《国家：本质、发展与前景》，陈尧译，上海世纪出版集团 2007 年版，第 27 页。

在很多时候人们在使用民族这个概念时，往往把其与国家（state）联系起来，指代民族—国家（nation-state）。

值得注意的是，上述所讲的民族概念是西方学者的理解，越来越多的中国学者认为汉语中的"民族"概念与西方的"民族"概念不尽相同。"民族"概念的内涵十分丰富，包含着多重含义。第一层次表示为族群概念上的民族，如爪哇人、阿赞德人、印第安人等；第二层次为被民族国家所认定的民族，如汉族、彝族、藏族等；第三层次表示政治独立并建立起现代民族国家的民族，如大和民族、法兰西民族；第四层次表示族类共同体或民族共同体概念意义上的民族，如阿拉伯民族等。因此，中国的民族概念有时是包括了西方学者的民族概念，有时包括了族群的概念，有时又表现为国族的概念。

二、族群与族群认同

族群建立在对我群和他群的意识的基础上。个体对一个文化或者持有该文化的群体的归属性是族群的特征之一。在族群的形成以及族群的存续过程中，对于族群文化的认同就显得尤为重要。人类学者在对族群进行研究时就特别关注族群认同。从表面上看，认同是属于哲学范畴、心理学范畴，但作为一种操作性概念主要是一种能动的与个人主义的价值密切相连的归属性。在传统社会中，受制于交通和经济等的制约，人们与周边异文化群体的交往较少，不太容易产生族群认同。因为族群认同是在族群间互动的基础上发展起来的，如果一个族群中的个体较少接触到异质的文化，那么他们也很难形成对于本文化的认知，以及对于他文化的差异性的看法，也较难形成族群认同。族群认同赖以存在的前提是差异的建构。

人类学者在对差异进行研究时指出，其背后的动力是建构一套分类系统，并且强调这一划分的过程本身就是一个文化建构的过程。族群认同作为人类主观建构的分类体系，具有极强的文化属性。族群认同总是通过一系列的文化要素表现出来，是以文化认同为基础的。首先，族群组织常常强调成员间具有共同的继嗣和血缘，或者是强调成员间共同的经历或遭遇等，这些都成为凝聚人们的基础要素。其次，语言、宗教、地域、习俗等文化特征也是族群认同的要素。语言是表征族群身份的重要的符号，宗教是凝聚族群的重要力量，共同的地域生活是形成族群共同体的基础，相同的习俗和生活方式是强化族群认同的重要手段。最后，家庭、亲属、宗族的认同也会影响到族群的认同。比如身居海外的华人通过家族的记忆、家族祭祀活动来建构族群认同。

此外，族群作为文化建构的人群分类系统，本身就具有一定的自主性、层次性。每个人在不同的社会场景下能够以自我为中心在不同的层次上选择其认同。如一个生活于云南的壮族来到北京后遇到来自其他省份的壮族，那么他可能强调的就是同为壮族的认同；当离开中国到美国之后遇到从中国过来的人，那么他可能强调的就是同为中国人的认同。这种层次可以反映出感情的亲疏和归宿，不同层次和形式交织在一起，形成了族群认同的多层次性。

认同是族群存在的前提和基础。没有族群成员的自我意识和认同，所形成的群体只是一个外在强加的类别，可能包括多个族群，但也不排除这种类别转化成为族群认同的可能性。人类学者历来关注族群认同形成的机制，并形成了原生论和情境论。原生论最早被人类学家格尔茨注意到，他强调"与生俱来"的初始情感，即血缘、语言、风俗等是族群成员相互联系的因素。因为语言、宗教、种族、族属性和领土是整个人类历史上最基本的社会组织原则，而且这样的原生纽带存在于一切人类团体之中，并超越时空而存在。所以，对于族群成员来说，原生性的纽带和情感是根深蒂固的、非理性的和下意识的。工具论将族群视为一种政治、社会或经济现象，以政治与经济资源的竞争与分配来解释族群的形成、维持和变迁。它强调族群认同的多重性，认为族群认同随不同情势、不同环境而变化，族群认同是族群成员理性选择的结果。不过，伴随着族群之间交流与互动更加频繁与深入，族群认同表现出多样而丰富的形式，越来越多的人类学家倾向于不单纯选择某一个理论来进行解释，而更关注在具体的情境下上述两方面的因素对族群认同产生的作用。

三、民族主义与民族国家

在西方学术体系中，往往把民族与国家结合在一起表示一种自治的政治实体。在现代社会中，民族国家已经成为普遍的政治组织形式。与古代国家是建立在集约农业的基础上不同，现代民族国家的出现与资本主义的兴起有着密切联系。资本主义最早在欧洲发展起来，它内在的发展要求是需要明确劳动力、资源以及资本的权属关系，以便进行社会化的生产。这就对国家的边界提出了明确的要求，并且还强调国家要能够充分地维护生活在其疆域上的人们的权益。同时，为了满足资本扩张的需要，国家也要能够保护本国商人向外扩张的诉求。这就给传统的古代国家提出了新的要求，尤其是在国家的控制能力、对外交往能力方面，国家需要能够被高度地整合起来，而不是如古代国家那般还存在着松散的社会关系，国家不仅是政治实体，同时也是一个经济实体。

但是，在古代国家中，分布着众多的群体，他们有的组合成了民族，有的还保持着部落的状态，如何把这些文化、宗教和语言上均有一定差异的人群组织起来，并形成对国家的认同就显得非常重要。在这样的内在驱动下，由单一民族构成的国家通过强化民族的文化认同意识来明确其对国家的归属感，而对于众多的由多民族构成的国家则通过语言、宗教及随后的教育的统一，建立超越多个民族之上的具有更大统摄力的认同感，也即国族的概念。如中国形成过程中的中华民族概念的建构。无论是对于单一民族的国家所建立的民族认同，还是对于多民族的国家建立的国族认同感，都与古代民族强调血缘联系所建构的认同感不同。正如学者指出的，民族首先是通过国家进入历史进程之中的。二者构成一个共生体，民族是生命体，国家是组织者。现代民族的出现与民族国家的出现互为表里。

值得注意的是，在早期民族国家和现代民族建构的过程中，作为一种思潮的民族主义起到了重要的推动作用。民族主义最早出现在 1789 年的法国，当时用来表示推翻贵族君主制体的社会运动。在资本主义发展初期的西欧，在原来由国王、贵族统治的西欧各地出现了一批企业家、银行家以及代表他们利益的政治家和思想家，为建设民族国家，并为其做舆论准备，提出了民族主义的概念。早期民族主义认为人类按照文化的差异自然地分成不同的民族，这些不同的民族是而且必须是政治组织的严格单位。除非每个民族都有自己的国家，享有独立存在的地位，否则人类不会获得任何美好的处境。同样，民族主义也推动了民族的形成。由于构成民族的群体来源复杂、经济与社会结构差异、内部权力结构也有差异，这就使得必须要通过一种意识形态把人们凝聚起来。民族主义就成为凝聚民族与国家的重要的意识形态。民族主义的目标在于团结一个民族、建立一个独立的民族国家。以民族主义为纽带，民族与民族国家之间紧密地联系在一起，民族国家也成为民族满足其政治诉求的一个重要的手段。民族国家形成之后，随着人类经济交往的日益频繁、西方国家的殖民统治、人口的迁移等，使得任何一个国家要建立成为由单一民族构成的国家变得非常困难。事实上，在人类历史上，即使是西欧建立的最早的民族国家也不是由单一民族构成的国家。西欧国家在各个社会群体建立现代民族国家时，不仅包括了本国的"土著"，同时还吸纳了大量的来自其他国家、甚至殖民地的人群，他们的民族构成很复杂。在以法兰西为代表的早期民族国家的建构中，更多地是以新的国族的认同建构为基础。而对于国族的建构，安德森也指出，它并不形成实际上面对面的社区，更多的是依靠群体的想象。由此，随着人类社会进入现代以后，民族国家更多地表现为多民族构成的国家。在多民族国家内部，民族与国家、族群与国家、民族与民族、民族与族群之间有着更为丰富的关系。

思考题

1. 如何理解队群、部落、酋邦和国家之间的差异？
2. 人类社会是如何实现社会控制的？
3. 民族与族群有什么区别？
4. 现代民族国家与传统国家的异同。
5. 结合你的经验，简单谈谈族群认同的多重性。

▶ 答题要点

第九章　宗教与仪式

宗教是包括从有关人生的终极关怀到宇宙观、自然观，乃至各种民间信仰的极为复杂的社会文化现象。人类学视野中的宗教研究坚持将宗教同其所在的文化和社会环境联系起来加以把握，着重探讨宗教起源、宗教仪式等问题。作为人类学重要分支学科的宗教人类学是宗教学和人类学的交叉学科。

第一节　人类学的宗教观

一、宗教的起源与发展

宗教是人类普遍、长期存在的一种信仰现象。产生宗教信仰的外因在于自然、社会等外部力量，而宗教信仰的内因，无疑深藏于人心、人性的深处。

宗教是对超自然力量的敬畏崇拜，宗教是对高于我们本身的力量的服从，宗教是具有机构化或传统仪式的信仰系统，宗教是提供安身立命之本的信仰体系等说法，都不足以准确地概括出所有被认为是宗教的现象之共性。关于哪些体系属于宗教，世界各国的判别标准并不一致。总体看来，一般所谓宗教，包括以自然崇拜、祖先崇拜、图腾崇拜等为内容的原始宗教、巫术，具有教义、教团、教仪，为各国政府承认为合法的基督教、佛教、伊斯兰教等世界宗教，印度教、耆那教、锡克教、道教、神道教等地区性的民族宗教，还有不断涌现的各种新兴宗教。所有被认为可包纳于宗教范围的现象，在心理上的共同特质大概可以"信仰"二字总括之，其所信仰的对象，以具有某种超越性、超自然性、超现实性为特征。

宗教是人类社会发展一定阶段的历史现象，它既不是从来就有的，也不是永恒的，而是有它发生、发展和消亡的过程。对于宗教的起源和形成，只能从社会的物质生活条件和与此相适应的人类对自然和社会的认识水平方面，才能找到真正的原因。

人类学界往往把宗教的起源和万物有灵论（animism）联系在一起。万物有灵论是一种相信某种神灵能够使物体具有生命现象的信仰，即信仰所有物体都有神灵，亦译作"泛灵论"。1871 年，泰勒将万物有灵定义为"灵魂的信仰"，并将其确定为所有宗教的根基。

宗教观念的最初产生，反映了在社会生产力水平极低的情况下，远古时期人类对自然现象的神秘感。这种神秘感，是在人类社会生产力发展到一定阶段的基础上，人的意识和思维能力有了相应的发展，达到足以形成宗教观念的时候产生的。据有关考古史料证明，人类最早的宗教观念和宗教仪式出现在原始社会旧石器时代的中晚期。当时，原始人已经形成某种与死后生活相联系的灵魂观念，并产生了氏族成员埋葬死者尸体的仪式。

宗教人类学关于宗教起源的理论分为三类，分别是归因于人的思维方式的不完善、人的情感和心理活动、人类社会生活。原始社会的人们，在做梦的时候，梦见自己的身体还在到处走动，因而以为有灵魂存在。在他们看来，不只是人类有灵魂，就连动植物和无机物也有灵魂。原始社会的人们具有这样的灵魂观，泰勒将这种现象称为宗教起源上的万物有灵论。

学术界认为宗教所信的灵魂是寓于个体之中、赋予个体以生命力，可以独立于形体并主宰其活动的超自然存在。这里所说的宗教是包括巫术在内的广义的宗教，在原始思维中，不仅人具有灵魂，其他具备生命力的动植物也具有灵魂，甚至于一些自然现象和事物以至于人工的器具也具有灵魂。

在原始时代，当人们还不能科学地理解生病、死亡等现象的时候，很自然地把这归因于作为生命力之实质的灵魂的离去。但是灵魂的离去并不等于永远的消失，而是有类似体外旅行的过程，如果灵魂归来，那么病就痊愈了，如果灵魂不再回到这个肉体上，那么肉体就会死亡，但是灵魂不死，甚至于还可以转化、传递到其他的物体上。从古文献上记载的神话来看，我们的祖先普遍相信人死后会转化为他物。最为典型的是盘古死后化身为万物。

"原始思维"中对于自然万物的理解都是拟人化的。意大利历史哲学家维科在《新科学》中认为，人类的心灵生来具有两种能力：第一，"每逢堕在无知的场合，人就把他自己当作权衡一切事物的标准"；第二，"人对辽远的未知的事物，都根据已熟悉的近在手边的事物去进行判断"。[①] 他写作《新科学》的目的是要探讨人类各民族的共同性原则，维科把这些原则分成关于思想的和关于语言的两部分。这也可以作为"原始思维"将一切都拟人化的注解。法国学者列维-布留尔在《原始思维》中说到了"互渗律"，是指在原始人的思维的集体表象中，客体、存在物、现象能够以我们不可思议的方式同时是它们自身，又是其他什么东西。它们也以差不多同样不可思议的方式发出和接受那些在它们之外被感觉的、继续留在它们里面的神秘的力量、能力、性质、作用。

————————————

① ［意］维科：《新科学》，朱光潜译，商务印书馆 1989 年版，第 98—99 页。

对于泰勒的万物有灵论，马雷特注意到，在美拉尼西亚存在着对于叫作"玛纳"（mana）的这种非人格力量的畏怖或崇拜的情感。万物有灵论被看成在这种观念上成立的，而把对这种非人格力量的信仰看作前万物有灵论（pre-animism）。

此外，在世界很多地方可以看到将太阳、月亮、星星、天空、风雨、山川、火电等神格化，或者认为其背后存在着神的态度。因此，有人将宗教的起源归结为自然崇拜。另外，在古代人们的信仰中，普遍存在祖先崇拜，所以，也有人把宗教的起源归结为祖先崇拜和死者崇拜。

这些在非文明社会中寻求宗教起源的方法，多多少少带有人类学进化论学派的痕迹。

弗雷泽在《金枝》一书中指出，宗教是"对被认为能够指导和控制自然与人生过程的超人力量的迎合或抚慰"，并且包括理论和实践两大部分，分别是"对超人力量的信仰，以及讨其欢心、使其息怒的种种企图"。① 巫术和宗教的根本区别是：前者认为统治世界的力量是无意识的、不具人格的自然规律，而后者认为统治世界的力量是有意识的和具有人格的。这两种不同的认识前提分别决定了两种不同的行为：人们去讨好这种超人力量和用法术来运用这种自然规律以达到自己的目的。弗雷泽同时提到，现实中存在的状态常常是巫术与宗教的混合。弗雷泽还谈了巫术与宗教在人类历史上产生的先后问题和宗教产生的根源。关于巫术和宗教产生的先后，他还是主要通过思辨的方法来得出自己的结论，通过巫术和宗教在思维逻辑上的复杂与深奥程度，来断定巫术的产生早于宗教，但书中并没有个案和材料的论证。至于宗教的产生，弗雷泽认为是巫术的无效，使得一部分人开始反思人类的无知与无力，并开始诉求于人格神的庇佑。

十五六世纪的地理大发现使欧洲人的视野从地中海扩大到其他大陆，以探险家为代表的欧洲人接触到了其他地区和民族的文化和宗教。1859 年，达尔文发表《物种起源》并提出了进化论思想，成为比较宗教学研究的基本原理和方法，对人们认识宗教起源产生了重大影响。将进化论学说引进宗教研究的重要人物是斯宾塞，在他的影响下，许多宗教学者和人类学者致力于宗教的起源和演化问题研究，最具代表性的就是麦克斯·缪勒于 1870 年发表的《宗教学导论》，它被认为是近代宗教学的开端。根据吕大吉主编的《宗教学纲要》② 一书，各派宗教起源学说概括起来有以下几种。

---

① ［英］J. G. 弗雷泽：《金枝》，徐育新、汪培基、张泽石译，刘魁立审校，新世界出版社 2006 年版，第 52 页。
② 吕大吉主编：《宗教学纲要》，高等教育出版社 2003 年版。

1. 自然神话论

这一学说发端于德国学者对印度日耳曼系的语言学和民族学的比较研究，认为宗教的来源及最早的形式是自然神话，尤其是星辰神话，神是自然物、自然力或自然现象的人格化。这一学说是按照日耳曼语系宗教神话总结出来的，只能算宗教起源的一种形式。

2. 实物崇拜说

18 世纪，法国的布罗斯在《实物神崇拜》中认为，实物崇拜和自然崇拜是一切民族宗教的原始状态。孔德认为实物崇拜就是崇拜一切自然物体的宗教，在多神教阶段，实物被人格化为神灵。

实物崇拜是一种宗教现象，人们向它祈祷、祭祀、敬礼以期获得所需要的保护和帮助，但是人们为什么要求助于某种实物呢？其实还是对这种实物所附载的某种超自然力的崇拜。因此，实物崇拜其实质还是要追溯到人们的神灵观念，它并非是人类宗教的终极根源。

3. 万物有灵论

1871 年，泰勒在《原始文化》一书中提出了著名的万物有灵论。不论是祖先崇拜、实物崇拜还是自然崇拜，其根源是人们认为祖先、实物或者自然是有某种神性的，这种神性就是灵魂观念。泰勒认为正因为原始人认为万物都具有这种灵魂，才产生了他们对实物、祖先和自然物的崇拜。

泰勒通过大量的人类学和宗教学的资料，总结出这样一种规律，以其广泛的适用性和高度的概括性，对我们解释各种宗教现象和形式有指导意义。

4. 祖灵论

1876 年，斯宾塞在其《社会学原理》中提出了鬼魂信仰，他认为，人类都有对"鬼魂"的信仰，认为人死后会有另一个"我"存在，它可以自由出入身体，自己和死去的祖先的灵魂有自由活动的性质；同样，灵魂可以进入无生命的物体，形成"物神崇拜"，如祖先的牌位、遗物等，并附会于各种传说和故事。

5. 图腾论

认为图腾崇拜是人类宗教起源的学者有史密斯、弗洛伊德和涂尔干，前两者坚持图腾崇拜是宗教起源，后者认为图腾崇拜和巫术的混合物才是宗教起源。

中国学者吕大吉认为，图腾崇拜是原始时代氏族社会的制度性宗教崇拜活动。图腾崇拜是和祖先崇拜、灵魂崇拜分不开的，图腾既是氏族的标志和制度化的象征，但其中也有很强的祖先和灵魂崇拜的色彩。

6. 前万物有灵论

这一学说认为，在原始人信仰万物有灵之前有某种更为原始的宗教形式。其代表性观点是弗雷泽的"巫术论"，弗雷泽1900年在《金枝》中系统地论证人类理智的发展历程有三个阶段：巫术、宗教、科学，原始人在神灵出现之前，认为通过巫术手段可以控制超自然力。另一种是马雷特的"巫力论"。他认为，原始人在产生灵魂观念和相信万物有灵之前就相信某种"神秘的""超自然的"力量，并因之而产生惊奇和敬畏的感情，典型的例子就是美拉尼西亚人的"玛纳"。但巫术和宗教的从属关系还有待商榷。

7. 原始启示说或原始一神论

作为教会势力的声音，这种学说坚持人类原始信仰就是"一神教"，多神信仰和其他宗教形式都是信仰的退化。

马克思在《〈黑格尔法哲学批判〉导言》中提出：是人创造了宗教，而不是宗教创造了人，宗教归根到底是人的自我意识和自我感觉。一是从宗教的源头考查宗教，有助于我们对自身的两重性，如有限性和无限性、依存性和能动性、现实性和理想性有一个更为鲜明生动的认识，同时对人自身历史的发展有一个宏观的长时间的把握，有助于人类发现历史，并对历史进行反思，进一步更好地认识历史的发展规律及其真实面目。

宗教作为一种社会意识，它就由社会存在决定。原始宗教是原始氏族—部落制社会的伴生物，是氏族制社会的上层建筑，适应氏族—部落制的社会存在。所以研究原始宗教应与研究原始社会相结合，并以之为出发点。根据原始社会各阶段生产力、生产关系的发展状况，家庭婚姻及社会组织等不同特点，原始社会可划分为血缘家族社会和氏族社会两个阶段；后一阶段，又可分为母系氏族社会和父系氏族社会两个时期。宗教都是对支配人们日常生活异己力量的幻想反映。在人类早期，人既受自然力量支配，又受社会力量的支配。原始宗教从内容上看主要是把支配人们生活的自然力量和社会力量超自然化形成宗教崇拜对象。各种各样宗教崇拜对象以这两种基本崇拜对象为本质，是其在不同时期的变形。

原始社会发展包括三个阶段：血缘家族社会、母系氏族社会、父系氏族社会，不同社会发展阶段和宗教灵魂崇拜发展的对应关系如表2、表3、表4所示。

表 2　血缘家族社会与宗教发展阶段对应表之一

宗教发展阶段	血缘家庭社会
宗教观念	无思考生死大事的能力，对同类感情淡薄
宗教体验	无

续表

宗教发展阶段	血缘家庭社会
宗教行为	无葬俗
宗教体制	无

原始社会初期，人们还没有思考生死大事的能力，对自己同类感情也比较淡薄，因而没有形成灵魂观念。

随着生产力的发展，到了旧石器晚期，进入母系氏族社会阶段，此时原始人已有灵魂在人死后继续存在的观念，而且墓葬已伴有一定的仪式行为。到了新石器时代宗教性的文化遗迹几乎都有墓葬，具有规范化的葬法、葬式和墓地群。

表 3　母系氏族社会与宗教发展阶段对应表之二

宗教发展阶段	母系氏族社会
宗教观念	丰富多彩的灵魂观念
宗教体验	关于冥世生活的遐想 亡灵予祸予福于现世生活的联想
宗教行为	崇拜亡灵的丧葬行为
宗教体制	全氏族集体举行的亡灵崇拜活动制度化为丧葬体制

母系氏族社会时代的原始人已经发展出了丰富多彩的灵魂观念，在此基础上发展出来关于冥世生活的遐想，亡灵予祸予福于现世生活的联想，而且这种观念外化为崇拜亡灵的丧葬行为，规范化为由全氏族集体举行的亡灵崇拜活动的丧葬体制。

到了新石器时代晚期，进入父系氏族社会，其社会特征是逐渐形成男子居于支配地位的一夫一妻制和按父系传承血统和财产。与之相对应灵魂崇拜也发生了变化。

表 4　父系氏族社会与宗教发展阶段对应表之三

宗教发展阶段	父系氏族社会
宗教观念	男女灵魂等级化
宗教体验	冥世生活的想象更为丰富，更重视亡灵的冥世生活
宗教行为	墓葬新特点——女子居从属的夫妻合葬习俗
宗教体制	女性的地位和生命都成为原始宗教灵魂观念的牺牲品

与现世生活相对应，男女之灵的地位在冥世生活中等级化了。世俗权威扩大

到亡灵的冥世生活之中：男人的亡灵不仅需要吃、喝，要从事和生前一样的生产劳动，还需要女人和奴隶。这就致使宗教行为也发生变化，墓葬出现新的特点：随葬物无论在数量还是质地上都明显超过母系时代，而且出现了食用动物等生活资料和大量的珍稀生产工具；公共墓地中出现了男子为中心、女子居从属的夫妻合葬。更为突出的是墓葬当中出现了杀奴殉妾的人殉现象。

恩格斯说过："古代一切宗教都是自发的部落宗教和后来的民族宗教，它们从各民族的社会条件和政治条件中产生，并和这些条件紧紧连在一起。宗教的这种基础一旦遭到破坏，沿袭的社会形式、传统的政治设施和民族独立一旦遭到毁灭，那么从属于此的宗教自然也就会崩溃。"①

在历史发展的脉络中各种宗教在不断发生和发展，不断顺应历史、完善自己、改变自己，以适应不同的社会历史发展阶段。宗教的起源和发展是多元和多样的，我们不必要求在起源问题上一定要得出简单的时间序列和单一的起因。

已有研究证明，不同历史时期的宗教，会因社会制度和社会关系的变化而发生相应的变化，也会因自身在发展过程中的问题、矛盾而发生变化。随着社会制度的巨大变革，人们的宗教观念也要发生变革。宗教不断适应社会是人类历史发展的客观事实，宗教在原始社会产生后便随着社会形态的变迁而不断改变着自己的存在形式。宗教形式的变化正是宗教适应社会发展的结果。如基督教，由早期反对罗马奴隶制帝国转变为主动适应帝国体制，因而被罗马确立为国教。中世纪基督教与封建制度结合而发展到顶峰，16 世纪时，基督教通过宗教改革进一步适应了资本主义生产方式。基督教 2 000 多年的历史，就是不断适应特定社会历史条件的历史。这说明，一种宗教不仅能适应特定社会，而且能适应不同的社会发展阶段。宗教最初都是从某个特定地域开始的地方性信仰体系，世界性宗教是地方性宗教突破地域发展后逐步形成的。世界性宗教发展过程中有一个普遍的现象：不同文化背景的宗教总是很难完整地保持其原初的面貌和状态，宗教在走出故乡后在异地都发生了不同程度的变化，一些宗教发展的过程中出现的改革、新教派的产生、神灵体系的调整，无不是宗教顺应社会历史条件变化的结果。"引导相适应"是宗教与社会主义社会共生发展的现实要求。宗教作为一种社会历史现象，必将经历一个漫长的社会历史进程，当代中国的社会主义社会只是这个漫长历史进程的一个阶段。在社会主义初级阶段，宗教还有其赖以生存的社会根源、自然根源和认识根源，将长期存在。从宗教自身的现实利益和前途来看，宗教需要与

① 《马克思恩格斯文集》第 3 卷，人民出版社 2009 年版，第 597 页。

社会主义社会相适应。宗教的长期性和群众性也决定了社会主义社会必须建立与宗教的和谐关系，宗教既然在我国社会长期存在，且信仰宗教的群众有 2 亿之多，我们就要正视它、引导它，使它朝着与社会主义社会相适应的方向发展。相反，如果宗教与社会主义社会不相适应，就会发生社会冲突，既不利于国家，也不利于宗教自身的发展。改革开放以来，党和政府宗教工作的一个重大突破就是提出并实践了积极引导宗教与社会主义社会相适应的新理论，特别是党的十八大以来，强调引导宗教与社会主义社会相适应，就应该做好四个"必须"，即必须坚持中国化方向，必须提高宗教工作法治化水平，必须辩证看待宗教的社会作用，必须重视发挥宗教界人士作用，引导宗教努力为促进经济发展、社会和谐、文化繁荣、民族团结、祖国统一服务，努力完成促进经济发展、社会和谐、文化繁荣、民族团结、祖国统一这"五大任务"。

二、宗教的基本特征

学者们总结，有三种最具影响的宗教研究路径：一是宗教人类学和宗教历史学，二是宗教心理学，三是宗教社会学。它们对宗教的本质和基本特性的看法各有侧重，在此基础上对宗教提出了不同的界说。宗教人类学和宗教历史学一般强调以宗教信仰的对象（神和神性物）为中心来规定宗教；宗教心理学则着眼于宗教信仰者个人内心世界对神或神性物的内在体验；宗教社会学则往往以社会为中心来看待宗教，把宗教对于社会生活的影响和功能视为宗教的核心和基础。可以这样概括：在把握和规定宗教的本质问题上，第一种是以宗教信仰的对象（神或神性物）为中心；第二种是以宗教信仰的主体（人）为中心；第三种则是以宗教信仰的环境（社会）为中心。

学者们多数认同，以宗教五性说（即宗教的长期性、群众性、民族性、国际性和复杂性）来概括中国宗教的基本特征较为合适。宗教五性说来自中国共产党人对中国宗教情况的实事求是的观察，以及运用马克思主义宗教观对中国的宗教问题所得出的科学的、理论的认识。

宗教的五性要求我们正确认识和妥善处理宗教问题，绝对不能忽略三个观点，即政治观点、群众观点和政策观点。忽略了看待宗教问题就往往陷入片面性、陷入误区，而不能到达正确认识的彼岸。错误的认识又会导致错误的行动，给宗教工作带来不必要的损失。正确看待和处理当前中国的宗教问题，很重要的一点就是要结合当前宗教问题和宗教工作方面的实际，认真分析宗教的五性，用五性说对宗教的全貌做一番概要的描述，对宗教的规律做一点基本的分析。

日本宗教学家岸本英夫在其《宗教学》一书中以人的生活活动为中心来观察作为社会文化现象的宗教，从宗教在人们的生活中具有什么作用、发挥何种效能的角度来规定宗教。在他看来，所谓宗教，就是一种使人们生活的最终目的明了化、相信人的问题能得到最终解决，并以这种运动为中心的文化现象。这就是说，宗教最基本的特征就是相信人生问题能得到最终解决。

宗教学者吕大吉系统分析了马克思主义的宗教观。马克思指出："宗教是还没有获得自身或已经再度丧失自身的人的自我意识和自我感觉。"① 似乎强调了信仰者的心理感受和宗教经验对于理解宗教的重要性。但马克思并没有明确指出"自我意识和自我感觉"就是宗教的本质。所谓"还没有获得自身或已经再度丧失了自身"，似可解释为尚没有意识到自己的主体性或丧失了自己主体性的人。那么，马克思这句话可以理解为：宗教是那些尚没有掌握自己命运的人的自我意识，是这种自我意识的异化。不管人们是否赞同这个观点，但应该说，这句话的内容并未说明宗教意识不同于其他意识的本质规定性。

我们大体上可以承认，各种宗教都是不能掌握自己命运的人的"自我意识"。这是宗教的共性。但这种"共性"并非宗教所特有的，其他社会文化形式也可能具有这种性质。这表明它不是决定宗教之所以为宗教，把宗教与非宗教区别开来的本质规定性。只有当这种意识与对超人间、超自然力量（神）的敬畏、崇拜联系起来时，它才是宗教意识。

马克思、恩格斯关于宗教的论断大多是说明其社会功能的。其中最著名者如："这个国家、这个社会产生了宗教，一种颠倒的世界意识，因为它们就是颠倒的世界。宗教是这个世界的总理论，是它的包罗万象的纲要，它的具有通俗形式的逻辑，它的唯灵论的荣誉问题，它的狂热，它的道德约束，它的庄严补充，它借以求得慰藉和辩护的总根据。"② 这一段话显然讲的是宗教的社会基础和社会功能。宗教作为"颠倒的世界意识"，其社会基础是"颠倒的世界"，其功能就是为"颠倒的世界"提供总的理论上的辩护、感情上的安慰和道德上的制约。在 1876—1878 年所写的《反杜林论》"社会主义"编讨论宗教问题时指出："一切宗教都不过是支配着人们日常生活的外部力量在人们头脑中的幻想的反映，在这种反映中，人间的力量采取了超人间的力量的形式。"③ 马克思主义的宗教理论工作者一般都把这段话当成马克思主义的宗教定义使用。这个论断是以宗教的崇拜对象为中心

---

① 《马克思恩格斯文集》第1卷，人民出版社 2009 年版，第 3 页。
② 《马克思恩格斯文集》第1卷，人民出版社 2009 年版，第 1 页。
③ 《马克思恩格斯文集》第 9 卷，人民出版社 2009 年版，第 333 页。

来规定宗教的本质。毫无疑问，这是一种以唯物主义为哲学基础的无神论宗教观。它把一切宗教崇拜的对象——作为"超人间的力量"的"神"说成是"人们头脑中"的一种虚假的观念，即对"支配着人们日常生活的外部力量"这种"人间的力量"所做的一种"幻想的反映"。从马克思主义宗教观看，恩格斯的论断不仅揭示了宗教的核心——神观念的本质，而且进一步揭示了它得以产生的世俗基础，为马克思主义探索宗教存在的根源及其消亡的途径之类重要宗教理论问题提供了思想基础。不管人们是否赞同马克思主义的整个宗教观，但也应该承认，恩格斯的论断言简意赅，内容是丰富而深刻的。

通过上文的分析，我们看到，各种类型的宗教规定都离不开神或神性物的观念。具有超人间、超自然的神或神性物的观念在宗教体系中构成了核心的、本质的因素。但是，我们同时也看到，单是神的观念并不构成宗教的全体，无论我们对神的观念作了多么准确的规定，也不等于对宗教有了完整的定义。宗教作为一种客观存在的社会现象，包含有比"神"观念更广泛的内容。

宗教作为一种社会文化现象，具有明显的社会性。宗教的社会性更具体地表现为宗教组织和制度的建立。在原始社会里，整个氏族部落都崇拜共同的神灵，有组织地进行共同的宗教活动。宗教信仰和崇拜活动把每一个氏族成员凝结在氏族社会的组织结构之中。在阶级社会里，由于多种宗教同时共存和彼此竞争以及新兴宗教和教派的不时出现，各种宗教和教派的信徒往往由于社会利益的不同和信仰上的差异，导致各种形式的冲突和斗争。在此基础上，形成了各种不同的宗教组织。宗教组织的出现，进一步消除了原始宗教信仰上的自发性，而使宗教成为以宗教组织为基础的社会性宗教。宗教既然有了固定的组织形态，为了对外立异和对内认同的需要，便相应地把本教的基本宗教观念教义化、信条化，并建立与教义相适应的各种戒律规范和教会生活制度。这些共同的礼仪行为、共同的教义信条、共同的教会生活制度、共同的戒律规范强化了宗教的社会性，把广大信仰者纳入共同的组织和体制，规范了他们的信仰和行为，影响以至决定了他们的整个社会生活，这就使宗教在现实生活中成为一种重要的社会力量。

三、自然宗教与人为宗教

人类宗教的最初形式，以自然物和自然力为崇拜对象，自然崇拜为其基本表现形态。此外，还包括万物有灵论、拜物教、图腾崇拜等。原始社会中人们将自然物和自然力视为有生命、意志并有伟大能力的对象。因此，既有所依赖，又有所畏惧，故对之敬拜或求告。已有研究一般认为，自然宗教应具有两个特征：其一，将自然物和自然力本身视为具有意志的对象而加以崇拜；其二，尚未产生掌管这些对象之神灵的观念。

"自然宗教"包含自然产生的原始宗教、古代宗教（古希腊、古罗马等古代宗教）、民族宗教（犹太教、印度教、儒教、道教、神道教等）。"人为宗教"则是指那些根据特定教主的启示而成立的宗教，具体的说就是基督教、佛教、伊斯兰教等。

在人类文明的最初阶段，面对自然界的巨大力量，还无法解释这些现象的人们往往寄托于神灵，于是就出现了对日、月、山、河等自然事物的崇拜。把自然界视为神圣不可侵犯的，这就构成了人类社会最初的宗教形式。这种把自然界神化的观点，是原始的自然宗教的特征。自然宗教可追溯到石器时代，其信仰之表现形态多为植物崇拜、动物崇拜、天体崇拜等自然崇拜，以及与原始氏族社会密切相关的生殖崇拜、图腾崇拜和祖先崇拜等。自然宗教就是在人和自然界之间起调解作用。这种自然宗教的存在在一定程度上平衡了人与自然界的关系，他们通过各种宗教仪式来求得与自然界的沟通。自然宗教具有自发性和朴素性。

萨满教就起源而言是一种典型的自然宗教。萨满教信仰历史悠久，在古代社会，生产力水平低下，人们对天、地、日、月、星辰、山川、湖泊等自然物和风、雨、雷、电等自然现象缺乏科学的理解和解释，认为这些都是某种神秘力量在暗中主宰，对这些物体和现象产生了崇拜。萨满教信仰是在万物有灵论基础上产生的自然宗教形态。

灵魂观念的诞生是人类自身发展的历史产物，它的形成、发展、衰退、消亡必然与人类历史发展有着密切关系。信仰萨满教的民族之观念中，认为宇宙万物、人世祸福都是由鬼神来主宰的。自然界并不是一个客观的、自在的体系，而是由某种超自然的东西在支配它，它是神灵的创造物，依神灵的主观意志而发展、变化的。自然的每个部分都是由某个特定的神灵所管理的。

自然宗教和氏族宗教尽管本质上并无根本的差异，但形态上有一定的差异。自然宗教形态强调自然和超自然的力量，而氏族宗教形态中则更多地强调社会的群体力量。氏族宗教的存在受制于某一个氏族共同体，如果氏族共同体解体，氏族宗教也随之而衰落。氏族宗教必须得到它所赖以存在的氏族集团认同，否则它会失去强大的社会后盾而变成陷入疲软状态的弱化宗教。

17世纪后半叶至19世纪初，随着地理上的重大发现，在欧洲兴起了旅行和探险热潮。由于他们的主要兴趣在于猎奇，所以西伯利亚的神秘宗教——萨满教成为他们关注的焦点。当时俄国、北欧诸国、荷兰、德国乃至美国的旅行家、学者和探险家陆续到通古斯人居住的地方进行各种类型的考察活动。他们在写旅行记和学术报告时，由于通古斯人的宗教形态和欧洲人所信奉的宗教信仰不同，从欧洲人固有的宗教词汇中找不出恰当的词汇来表达通古斯人的宗教形态，所以只好仍旧借用当地人的"萨满"这一称谓，将通古斯人的宗教信仰称为"Shamanism"（即萨满教或萨满主义）。就这样，"萨满"这一通古斯语成为世界上通用的学术用语。随着探险考察地域的进一步扩大，人们越来越多地发现学术上已被称为"萨满教"的宗教现象在世界各地比较普遍，而并非通古斯人所特有的信仰。于是，将其他地区发现的一些类似的宗教信仰也用学术界惯用的"萨满教"这一术语来表达了。

在原生性宗教与创生性宗教的区别上，金泽认为，两者的显著区别之一在于原生性宗教的混一性，即原生性宗教是将科学、艺术、哲学、文学、教育等文化形态全部囊括在自身之中，这是文明时代的创生性宗教所不可能的。

在金泽的另外一篇论文《民间信仰的聚散现象初探》中，他将民间信仰归属于原生性宗教，认为在原生性宗教中，氏族-部落宗教、民族-国家宗教、民间信仰是既相关联又不等同的三种形态。

在钟敬文《民俗学概论》中，对民间信仰进行了如下定义：民俗信仰又称民间信仰，是在长期的历史发展过程中，在民众中自发产生的一套神灵崇拜观念、行为习惯和相应的仪式制度。

民间信仰是民间自发形成的民俗文化。民间信仰的产生是适应了民众的生活需要的，所有的民间信仰活动都是从民众日常生活的生理需要和心理需要出发的。民间信仰的实质就是祈福禳灾，民众通过祭祀来祈求神灵保佑，通过占卜来预知未来以趋利避害。凡是能够保佑民众的神灵都被用来供奉，因此民间信仰是一个非常庞杂的体系。民间信仰与民众的日常生活联系密切，其神秘性已经淡化，早就已经成为民众日常生活中的一部分，渗透到了民众生活的方方面面，生产、起居、饮食、服饰、文学、艺术、教育无不打上了民间信仰的烙印。

与民间信仰相对的，是我们一般认知中的制度化的人为宗教，像西方的基督教、伊斯兰教，东方的佛教、道教等。金泽在《宗教人类学导论》中将这些制度化的宗教统称为创生性宗教。顾名思义，创生性宗教是由特定的人在特定的历史条件下所创建的。创生性宗教都是特定的人按照自己的宗教信念主动创建的；有明确的创教时间，如公元前6世纪，释迦牟尼在印度半岛创建了佛教，公元前后，耶稣在小亚细亚创建了基督教等；有相对完整的成体系的教理、教义。另外由于创生性宗教产生于文明时代，因此多关注于人们普遍关心的一些问题，诸如人世为什么会有这么多的苦难，如何摆脱苦难等。这样一来，创生性宗教信仰的神灵一般都具有超世界性、超民族性的特点。尽管创生性宗教是创始人按照自己的宗教信念创立的，但还吸引和继承了原生性宗教的要素和传统。

第二节　仪式与象征

一、仪式的基本类型与要素

人类学家把仪式看作由一系列可感知符号建构起来的象征体系。仪式（ritual）从狭义上来说是指发生在宗教崇拜过程中的正式的活动。从广义上来看，任何人类民俗行为和节庆活动都具有一种仪式的维度。

仪式成为人类学家和民俗学家文化信息的最丰富来源之一。在许多情况下，仪式解释了和戏剧性地处理了文化的神秘性。仪式包含了一种关于参与者社会和文化世界的象征性信息。由此，对仪式的观察和分析已经成为人类学历史上的一个主要关注点。人类学家划分出仪式的许多类别，其中的一个重要类别就是通常所说的"过渡仪式"。过渡仪式发生在人们跨越某种空间、时间或社会地位界限的时候，如从孩子向成年人转变通常包括成年礼，婚姻、死亡和成为某个群体的成员在几乎所有的社会都采取典礼的形式。既然过渡仪式发生于文化范畴的边界，它们就为研究一个社会中的社会的和世俗的分类提供了一把钥匙，甚至，通过它们可以洞察人类思维的基本工作模式。另一个重要的仪式类别是愈合式典礼。几乎所有的文化都有一些仪式方式来解决"疾病"的传统。在大多数情况下，这些仪式把精神原因归于生理问题，通过祈祷驱逐妖魔或安抚神灵或用巫术来解决问题。大部分仪式的人类学研究主要研究仪式的功能。涂尔干在仪式中看到了社会的源泉，正是在仪式中人们聚集到一起，体验到他作为社会成员的身份并感受到维持团体团结性的集体意识。他也像马林诺斯基、拉德克利夫-布朗等功能学派学者一样认为仪式往往展示了社会结构正规化的一面。此外，仪式也有心理上的功能。它给人们一种对扰乱和威胁事件的控制感，并给人们提供了表达感情的机会。但这并不是说仪式总具有功能性。因为仪式表述了社会秩序，所以它们就成为那些希望改变社会秩序的人的一个重要论题。在仪式中，弱势群体和被压迫群体可以象征性地表达它们对现行体制的不满意。

维克多·特纳从人类学的角度，对仪式过程进行阐释，认为在规定的时间节点上举行的仪式是从正常状态下的社会行为模式之中分离出来的一段时间和空间。阿诺尔德·范热内普则认为某些边缘仪式漫长而繁复，可进一步划分。

在任何宗教中，并非只有一种宗教仪式，不同的宗教仪式不仅会形成不同的组合，而且相同的组合也不一定具有相同的结构。各种仪式在宗教系统中所处的位置不同，所发挥的功能不同，就形成华莱士所说的不同的"崇拜制度"。宗教行为的基本范畴，只能在称作"仪式"的、组织化为特定的前后关联中发现。与此相似，这些仪式本身，以及相关的信仰，乃是一种更大的复合体的组成部分。

埃德蒙·利奇在论文《时间和假鼻子》中指出，祭祀的主要功能是将时间秩序引入社会生活。由于祭祀活动能够营造一种与人类日常生活相区别的神圣的时空状态，因此，它能够使人类体会到时间的流逝和季节的流转。利奇所提出的这种以祭祀作为社会时间分界点的观点，后来扩展到空间的范围，即人类社会大部分的祭祀活动和仪式（ceremonial occasions）能够发挥一种区隔不同社会场所范围的作用。

日本学者宫家准氏指出，仪式的功能可大致划分为个人性的、社会性的和文化性的三种。具体而言，个人性是指净化参加者的品质和情操，满足人类欲望需求，消除心灵不安，医治心灵。社会性功能体现在整合社会或者个人情绪安定之后实现社会的整合，个人与集团均衡的维持等功能。文化性方面，宗教是文化的重要表现形式，具有阻止文化的解体及强化特定的文化体系等功能。伊利亚德认为，在传统社会中，仪式对信教人士具有重要的意义，在平淡无味的世俗生活中，人类在精神层面上，往往陷入不知何去何从的窘境。而通过宗教祭祀等活动，在一个固定的地点，受到圣物的启示，能够在心灵中寻求到中心或目标。仪式可以说是人类模仿神明的行为，所构建的神圣空间的一种技术。换言之，仪式具有这样的功能：通过在平淡的日常生活中，构建一系列显著的神圣的形式，构建社会生活的秩序，消解人类的紧张和不安，赋予人类生存的意义和目标等。即仪式具有调和人类的内部心理世界和外部现实世界的功能。

宗教仪式就是在与神相关的活动中被制度化了的宗教的行为体系。人类在确信复杂的自然界或社会关系中存在规律和秩序，从而能够实现自我定位之后，才能够消解不安、充满自信地行动。因此，通过举行各种仪式的社会成员能够自发地提高对社会体系的依存度，从而达到整合各项社会关系的效果。宗教通过将一些非正规的复杂的事物形式化、规范化，来整合社会系统。

二、宗教四要素

宗教作为一种社会化的客观存在具有一些基本要素。这些要素可分为两类：一类是宗教的内在因素，一类是宗教的外在因素。宗教的内在因素有两部分：宗教的观念或思想以及宗教的感情或体验；宗教的外在因素也有两部分：宗教的行为或活动以及宗教的组织和制度。一个比较完整的成型的宗教，便是上述内外四种因素的综合。

据《宗教学纲要》①，宗教的四种基本要素在宗教体系中有其一定的关系和结构。长期以来，宗教学者在如何理解和说明这种关系和结构问题上各有不同的看法，体现了他们在宗教本质论上的差异。有强调宗教神道观念是宗教的基础和本质因素者，有强调宗教的感情或体验是宗教的核心者，也有人强调最初的宗教是无意识的行为，宗教观念和宗教体验不过是宗教行为理智化和感情化的结果。各执一词，难以一致。看来，如果要以四种要素产生的时间先后来区分宗教的本质因素和非本质因素，是难以找到可信的答案的。实际上，宗教观念和宗教体验是统一的宗教意识的互相依存的两个方面。没有无识之情，亦无无情之识。宗教意识的情与识又必然形之于外，体现为宗教信仰和宗教崇拜的行为。这一切又逐渐规范化、体制化为宗教的组织和制度。概念上可一分为二，实质上内外一体，它们是相互伴生、相互制约的。

如果我们把宗教四要素产生的时间先后这个烦琐问题撇在一边，着重分析它们在宗教体系中的关系结构，那么应该承认，它们在逻辑上是有序的（当然，逻辑的秩序不是一个时间上的先后关系，而是义理上的蕴含关系）。从逻辑次序上看，四个要素在宗教体系中实际上有四个层次。处于基础层或核心层的是宗教观念。只有在有了宗教神道观念的逻辑前提下，才有可能使观念主体产生对它的心理感受或宗教体验。因此，我们把宗教的感受或体验作为伴生于宗教神道观念的第二个层次。各种宗教崇拜的行为（巫术、祭祀、祈祷、禁忌、礼拜、忏悔等）显然是宗教观念和宗教体验之外在的表现，属于宗教体系的第三个层次。宗教的组织与制度则是宗教观念教义化、信条化，宗教信徒组织化，宗教行为仪式化，宗教生活规范化和制度化的结果，它处于宗教体系的最外层，对宗教信仰者及其宗教观念、宗教体验和宗教崇拜行为起着规范、凝聚和固结的作用，保证宗教这种社会文化现象形成一种有着严整结构的体系，并作为社会结构的重要部分而存在于社会之中。宗教体系四大基本要素之间的逻辑次序和层次结构，可以用一个简单的图式（图7）来表示：

这个图示对"宗教是什么？"这个问题给了一个一目了然的回答。不仅说明了宗教是四个基本要素的综合，而且形象地表明了这四大要素之间的结构和关系。

---

① 　吕大吉主编：《宗教学纲要》，高等教育出版社 2003 年版。

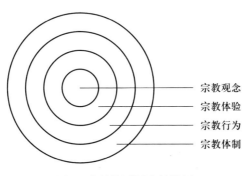

宗教观念
宗教体验
宗教行为
宗教体制

图 7　宗教体系层次结构图

宗教作为一个整体，就是这四大要素如此结构组合而成的社会文化体系。有此四要素，并如此结构组合起来，就有了宗教体系；缺乏其中任何一个要素都不成为完整的宗教。

无论是原始社会的氏族宗教、国家社会中的国家宗教，还是像佛教、基督教、伊斯兰教等由创教者创建的世界性宗教，它们从萌芽到成长，再到发展成型的历史过程，实际上都是经历从"宗教观念→宗教体验→宗教行为→宗教体制"这样一个过程。宗教史的历史事实证明，宗教四要素的层次结构体现了宗教发生发展的历史逻辑。

宗教四要素中宗教体验是非常重要的因素。宗教体验（Religious Experience），指信众的一种与宗教内容相关的体验。这种体验常被视为宗教信仰产生的直接来源。宗教信仰者对神性物（各种超自然、超人间的神圣力量、神灵神性）的信仰，既可在信仰者的心中表现为一定的观念形态和概念形式（如神灵观念，神魂观念，以及天命、神迹之类神性观念），也可在情绪上引起信仰者的种种反应，如惊异、安宁、神秘等体验。按照一些宗教家、神学家、宗教虔信者的说法，这种感受或情绪上的反映，有其神秘、神圣的来源，它们产生于宗教信仰者对其所信奉的神圣对象的特殊感受和直接体验。20世纪初，美国现实主义哲学家和宗教心理学家威廉·詹姆斯在他的《宗教经验之种种》（1902）一书中，把这种感受和体验称为"宗教体验"，并进行了详细论述。此后宗教体验这个概念，在西方世界的宗教研究和宗教学著作中得到了广泛使用。詹姆斯认为宗教体验是心理意识对一种精神的东西的实在性所做的严肃、庄重的反应，而宗教就是个人与他所认为的神圣对象保持关系所发生的体验和行为。宗教体验大致包括敬畏的体验、皈依的体验、重生的体验、合一的体验、彻悟的体验、神魂超拔的体验等。宗教体验常具有神秘性，是那些活在个人内心的经验，也是宗教信徒亲身体验的神圣体验。

　　吕大吉在《宗教学纲要》中指出，所谓宗教体验就是宗教信仰者对于神圣物（神、神圣力量、神性物）的某种内心感受和精神体验。例如，各种宗教的虔信者，特别是各种宗教和教派的创始人以及所谓高道、高僧、圣徒、先知、降神者之类"半人半神"式的宗教人物，常常声称他们对于自己所信仰和崇奉的神灵、神圣力量和神性物有某种直觉式的体验和感受，也宣称自己经常与神灵直接交际、面受启示者。他们还把这种直觉的体验和直接的交往作为对所信之神圣对象的直接验证，视为其所建宗教或教派之真实性的根据。据佛经所记载，释迦牟尼说他在菩提树下静坐沉思七天，终于悟道成佛。犹太教的摩西说，他在西奈山亲见上帝并被面授诫命。基督教福音书说，耶稣在约旦河受洗，上岸后，眼见天忽然裂开，有圣灵如鸽者降临其身，耳闻天上声音，说他是上帝的爱子。从此以后，耶稣便到处传道，宣传上帝的福音。穆罕默德则说他在 40 岁时去希拉山洞里静思，听到大天使迦百利向他传达真主启示的声音，此后一生又不断享受到这类神圣的经历和体验。近代西方宗教学家一般不直接否认此种传说，而是把它称为"宗教体验"，企图做出心理学的分析和社会学的解释。

　　在民间宗教中宗教人士亲身体验的宗教体验和神秘感受五花八门，下面以萨满教为例解析民间宗教中的宗教体验。各民族萨满在举行仪式活动时往往表现出各种法术和巫技，显得格外神秘而恐怖。例如，郭尔罗斯蒙古族萨满——"博"在进入神灵附体状态后会突然昏倒，口吐白沫，伴博（助萨满）拿杯凉水灌到博的嘴里，并用刀抵在博的肚皮上，让两名壮汉拿榔头敲打，刀扎进博的肚子里，鲜血直流。博"噗""噗"吹几口气后苏醒过来，口念咒语，一手拽出刀，一手抚摸肚皮，伤口便完好如初。还有的博用刀割破舌头，然后缩回嘴里，伸出时又恢复原样。郭尔罗斯博行博治病时，场面惊险可怖，让围观者心惊肉跳。在这种气氛中病人慢慢睁开眼睛，坐起来和大家一起观看。这时，博又唱起来，感谢翁衮的神灵相助。之后开始送翁衮的神灵。类似这样的巫术操作在各民族萨满巫仪中比较普遍。李亦园在谈到台湾萨满——"童乩"的附体现象时指出："童乩在进入精神恍惚之时，其末梢神经的感觉和传递都减弱，因此身体上即使有皮肉的割伤，也不会有很疼痛的感觉，这也就是童乩做法时敢用刀剑砍背、铁筋穿颊的缘故，外表看来也许极为神奇，但用生理与心理的原则来说明就可以很了然了。"[①]

　　李亦园在谈到童乩的附体现象时指出："童乩作法治病最关键的问题是他认为有神降临附在他身上，他所说的话并非他自己的话，而是神借他的口以示意。因

---

① 李亦园：《人类的视野》，上海文艺出版社 1996 年版，第 286 页。

此问题的重心在于是不是真有神附体？从科学的立场而言，童乩做法时的精神现象是一种习惯性的'人格解离'。在这一精神状态下，童乩本人平常的'人格'暂时解离或处于压制的状态而不活动，并为另一个'人格'所代替，这另一个人格也就是他所熟识的神的性格，因此并非真正是神降附在他身上的！……在开始时其本身的意识逐渐减弱，自我的活动渐缓慢，生理上则血糖快速降低，终至于人格完全解离，在此时感官会产生各种幻觉，而在行动与语言上为另一种平常他仰慕而熟识的性格所代替，并扮演那个角色了。"①

音乐、舞蹈也是宗教仪式中用来导向迷幻状态的方法之一。狂舞是诱导神附迷狂的重要手段。原始民族的生活与舞蹈密不可分，对他们来说，狂舞是表达欢乐、享受生活和排斥恐惧、宣泄感情的重要手段，原始仪式中少不了舞蹈，而且往往是狂舞，自然在他们的宗教中也就少不了狂舞。他们很早就有了狂舞能使人精疲力竭、痴迷神醉、失去自控乃至昏迷的体验，他们将失去控制的狂舞解释为神灵使然，于是就认为狂舞是通向神灵和另一个世界的途径。中国少数民族的巫师有许多就是通过狂舞进入神附状态以及在神附中继续狂舞的。巫师的这类宗教仪式常被称为"跳神"，一个"跳"字形象地说明跳舞能招神附体以及神附会使他跳舞。因此，狂热地舞蹈，或者以原始的方式乱蹦乱跳是这种仪式的主要内容。通过音乐、舞蹈的诱导来进入神灵附体的恍惚迷狂状态是萨满跳神治病仪式过程中出现的比较典型的宗教体验。由于神灵附体是一种较复杂的生理、心理、文化现象，所以有必要进行多学科、多角度的综合研究，这样才能全面系统地解释其中的各种奥秘。

综合各种宗教信徒的自我述说和旁观者观察到的材料，宗教体验有多种表现形式。如在神圣物面前的敬畏感、对神圣物的依赖感、对神圣力量无限的惊异感、相信神对自己行为的审判而产生的罪恶感和羞耻感、信仰神的仁慈与宽恕而产生的安宁感、自觉与神际遇或与神合一的神秘感，如此等等。

三、巫术与象征

（一）巫术

巫术是一种宗教行为，是一种广泛存在于世界各地区和各历史阶段的宗教现象。它的通常形式是通过一定的仪式表演，利用和操纵某种超人的神秘力量来影响人类生活或自然界的事件，以满足一定的目的。现在，多数人都接受了"巫术

---

① 李亦园：《人类的视野》，上海文艺出版社1996年版，第284—285页。

是一种宗教现象"的观念。但从 19 世纪到 20 世纪中期，很多学者都认为巫术与宗教是完全不同的概念：巫术是宗教产生之前的原始民族的文化内容，而宗教则是随着历史发展才出现的更高级的先进文明的表现。泰勒、弗雷泽等学者提出的"巫术—宗教—科学"的进化论观念，更是在很长一段时间内占有统治地位且影响深远。当然，随着人们对不同文化认识的增多和加深，越来越多的人已经意识到，虽然与自己的思维方式和信仰内容有所不同，异文化中同样有宗教，即使它们是以巫术的形式表现出来的。巫术的仪式表演常常采取象征性的歌舞形式，并使用某种据认为富有巫术魔力的实物和咒语。巫术的表现形式很多，学者们运用不同的分类标准，把巫术分为不同的类型。主要有三种分类方法：第一种主要是按照弗雷泽关于构成巫术的原理和法则，把巫术分为"模仿巫术"和"接触巫术"。第二种是马林诺夫斯基及其追随者从功能主义的观点来分析巫术，认为巫术在人类生活中有生产、保护和破坏性等三种功能。据此他们把巫术分为生产巫术、保护巫术和破坏性巫术。第三种是根据巫术的社会功能的道德价值，把巫术分为以行善为目的的"白巫术"和以害人为目的的"黑巫术"。

弗雷泽将巫术分为两类：一类是模仿或相似巫术，一类是接触或感染巫术。他提出，如果我们分析巫术赖以建立的思想原则，便会发现他们可归结为两个方面：第一是"同类相生"或果必同因；第二是物体一经互相接触，在中断实体接触后还会继续远距离地互相作用。前者可称之为"相似律"，后者可称之为"接触律"或"触染律"。巫师根据第一原则即"相似律"引申出，他能仅仅通过模仿就实现任何他想做的事。从第二个原则出发，他断定，他能通过一个物体来对一个人施加影响，只要该物体曾被那个人接触过，不论该物体是否为该人身体之一部分。弗雷泽又把这两类巫术统归于"交感巫术"，他认为这样更便于把握这些巫术的性质。顺势巫术的真谛在于结构上的交感。两种物体或两种行为，不论它们是否同质，相距多远，只要在结构上有类似之处，就具有交感作用。

德国学者卡西尔论述交感巫术时说到，任何人，只要他把整体的一部分置于自己的力量范围之内，在魔法的意义上，就会由此获得控制整体本身的力量。至于这个部分在整体的结构和统一中具有什么意蕴，它完成的是什么功能，相对而言并不重要。它现在是或一直是一个部分，一直与整体（不论多么偶然）联系着，仅这一点就足够了，就足以使他沾染上那个较大的同一体的全部意蕴和力量了。譬如，要控制（魔法意义上的）另一个人的躯体，只需占有他剪下来的指甲或理下来的头发，占有他的唾液或他的粪便就可以了，甚至他的身影，他的投影或他的足迹也可以用来为这一目的服务。

马林诺夫斯基所著的《巫术科学宗教与神话》中对巫术与宗教有着深入的研究，对后世影响深远。马林诺夫斯基指出，无论怎样原始的民族，都有宗教与巫术，科学态度与科学，他一开始就将原始社会的基本形态划分为神圣领域和世俗领域两大部分。在他看来，神圣的领域便是对宗教、巫术等神秘活动进行研究和体验的领域。该领域被土人看得神圣不可侵犯，因而往往抱有敬畏的情绪，又有禁令与特律的约束，这一切都是与超自然力的信仰（特别是巫术信仰）弄在一起，那便是与生灵、精灵、鬼灵、祖先、神祇等观念弄在一起。

马林诺夫斯基将巫术与宗教的相异之处总结为以下几个方面：首先，目的不同。"巫术行为背面的意见与目的，永远都清楚、直接、一定；宗教礼节则无希望达到的事后目的"①。其次，统一性的所在之处不同。巫术是咒、仪式、术士三位一体的统一，而宗教的统一性，不在行为的形式，也不在题材的相同，乃在它所尽的功能。再次，掌握者不同。"巫术自极古以来便在专家的手里，人类第一个专业乃是术士的专业，宗教在原始状态之下则是全体的事，每一个人都有一份，都有积极相等的一份。"② 最后，价值取向不同。"巫术有吉有凶，原始时期的宗教则很少善恶的对比。"③

总而言之，在初民社会中，同源自感情紧张情况之下产生的巫术和宗教，两者间的分野并不是十分清楚。巫术、宗教常常是你中有我，我中有你的。巫术和宗教不仅各具特点，相互区别，而且更重要的是二者之间有着千丝万缕的关系，并能够在现实生活过程中互渗互融，共同建构起一个神秘多姿的神圣世界。

中国巫术的历史也比较久远。根据甲骨文卜辞来看，早在殷代巫术就用作祈雨了。《说文解字·巫部》中把"巫"解释为"巫，祝也。女能事无形，以舞降神者也。"可见最初的巫都是由女性担当的。神降临之后，或将旨意命巫传达，或直接附在巫的身上，此时女巫的心神或者说其整体均为神，在这种情况下，女巫即是神。《国语·楚语下》中记载有："如是则神明降之，在男曰觋，在女曰巫。"在巫的本义中，是专指女性巫师的。

李道和在《释"巫"》一文中认为，巫的通神能力来源于乐舞。民俗学家张

---

① ［英］马林诺夫斯基：《巫术科学宗教与神话》，李安宅编译，上海文艺出版社1987年版，第29页。

② ［英］马林诺夫斯基：《巫术科学宗教与神话》，李安宅编译，上海文艺出版社1987年版，第111页。

③ ［英］马林诺夫斯基：《巫术科学宗教与神话》，李安宅编译，上海文艺出版社1987年版，第111页。

紫晨认为,巫术是人类企图对环境或外界做可能的控制的一种行为,它是建立在某种信仰或信奉基础上,出于控制事物的企图而采取的行为,巫术幻想依靠某种力量或超自然力,对客体施加影响与控制。

文献史料证明,中国的巫术和宗教之间存在着非常密切的联系,中国古代巫术在古代政权、秘密宗教和民间生活中所扮演的重要角色是任何历史事实研究所无法抹杀的。

在中国民间巫术中有许多与鬼神精灵相通的巫术,如萨满的跳神,川湘黔桂的跳端公,仙婆的"放阴""拘魂",术士的"役鬼"等都是。蛊,是巫术中一种以毒虫作祟害人的民间习俗现象。通常蛊的种类有金蚕蛊、疳蛊、癫蛊、肿蛊、泥鳅蛊、石头蛊、篾片蛊、蛇蛊等。所有这些黑巫术,过去都曾在民间商旅中暗加施用。

(二)象征

"象征"这一术语,被用于诸如神话、仪式、社会结构等具有高度整体性和集合性的对象。发现可与共同体一般知识相对应的象征,理应成为人类学家田野调查的对象。但除了有满足社会公共活动中交流需要的公共象征之外,还存在满足个体需要的私人象征。后者容易被人类学者忽视,可它对人类学研究来说却具有重要的意义。私人象征,正如弗思所说,是不与他人共享,完全与个人兴趣和主张有关的通过个体表现出来的形态,如做梦、幻觉、预言、神谕及毒品体验等象征表现,往往通过写诗和观赏艺术等创作活动表现出来。其中,梦幻可能是私人象征最典型的形态。下面以日本冲绳的例子说明一下公共象征和私人象征的差异。

日本人类学家渡边欣雄在《民俗知识的动态性研究:冲绳之象征性世界的再考》一文中通过具体的个案阐述了巫俗和象征的关系。他写道,冲绳东村平良的东北方分布着一系列该村重要的圣地和祭拜处。其中有一种称作"一番福木"的圣树,是旧历八月举行"八月舞"练习和其他祀神活动时的祈愿对象。该树紧挨在叫作"御狱"的圣山旁边,它既是平良的公共象征,又是仪式场所的标志。如迫不得已要砍掉圣树时,就得请称作"神人"的女祭司在圣树前举行祈愿仪式。

有这样一个故事:某"祝女"的妹妹睡懒觉时,梦见姑姑(她父亲的姊妹、已死去的上代"祝女")对她说:"你姐姐身体扎了刺儿,出血不止,赶紧起床去帮忙!"她起床后赶到"一番福木"附近时,道路的施工刚刚开始,正要砍伐那棵圣树。她对施工者说:"砍这棵树就会出大事",经她百般劝说总算阻止了砍树的人。当时,她的姐姐在医院上班时,身上没有任何伤痕却鲜血不停地流,觉得很奇怪,一段时间后才停止了流血。

"一番福木"对共同体来说是举行公共活动时的公共象征，但对她来说又是梦中救姐姐的个体象征。通过救"一番福木"，她救了姐姐的命，这个梦当然不是共同体的人们共有的，把"一番福木"和姐姐等同的梦完全是个人性的。这种个人性的梦幻，对于了解该社会特有的思考方式和公共知识往往可以提供有用的线索。"一番福木"、前代祝女、现在的祝女、姊妹关系及救命行为等梦幻因素，虽然看似完全私人的象征领域，但各要素间的结合却超出了私人领域，无意中会影响到人们的思维和知识，具有他人也可理解的梦幻要素。否则，私人象征便无法被人欣赏。构成私人象征的要素的随意结合被习惯性地固定下来后，便会成为利奇所谓"被标准化的象征"，亦即可成为公共交流媒体的象征。

探讨象征性知识的公共化和普及化的关键，在于私人象征的习惯性固定化问题。在私人象征被公众化过程中，其象征性知识的习惯性固定化必然会与现存的公共象征发生冲突和摩擦。换言之，已有公共象征诸要素的习惯性联合，因私人象征的发生而得到重构，只要它不能切实地固定下来，私人象征就不能实现公众化。

渡边欣雄还举了另外的例子：1969—1970 年他去调查时，冲绳东村平良的共同体内部正在争论村落的起源究竟是哪家最早的问题。1981—1982 年再访该村时，人们争论的内容在质和量上都有了很大程度的扩展，仍未达成基本的共识。但是，这期间发生的较大变化是，在相互争论的双方集团内都出现了所谓"巫者"。争论的问题已不仅是宗家起源问题，而是扩大到祭祀继承、祈愿对象、仪式程序乃至传说内容等方面。在这十几年期间，村落的祭祀物成倍增加，人们有意将仪式行为精细化，最后，连人们的象征性知识也发生了变化。

象征性知识要成为共同体的代表性知识，就必须在该共同体内部具有公共性，且应以在共同体内部的普及为必要前提。尽管这类知识充满了象征性，但在它可能只为私人或极少数人掌握的情形下，就有可能完全被研究者所忽视，并成为日后其民族志记述受人质疑的原因。考虑到象征性知识的这类普及性问题，即便"公共"的象征，其原本却也可能是极其私人或个人性的，因此，了解知识的公共性和私人性的关系问题，对我们来说极为重要。

第三节　宗教与民族

一、宗教与民族问题

自 19 世纪 70 年代，马克思在《摩尔根〈古代社会〉一书摘要》、恩格斯在

《论德意志人的古代历史》中分别论述了"民族"，他们以后又在很多著作中论述了"民族"，如《家庭、私有制和国家的起源》等。马克思、恩格斯、列宁在论述民族时，都曾分别论述共同语言、共同地域对民族构成的重要意义，也论述过民族构成的经济因素。他们还论述了"民族性格"（主要指文化心理特点）对构成民族的重要作用。斯大林继承他们的理论并加以概括，得出四要素的结论。但斯大林明确指出，在资本主义上升时期才形成了民族。

中华人民共和国成立后就是以斯大林对"民族"的定义来划分中国的民族的。实践证明，中国真正实现了民族不分大小、强弱，政治上一律平等，有力地增强了民族团结和各民族对祖国的向心力。

关于民族问题，学术界基本上有两种见解：一种是《中国大百科全书》中的说法，从民族形成、发展到消亡过程中，不同民族在社会生活各个领域发生的矛盾，就是民族问题。即民族之间的矛盾问题、民族关系问题。另一种认为，民族问题是民族从产生、发展到消亡的长期历史过程中基于民族差别而产生的一切问题的总和。比如，"在各少数民族内部实行社会改革、发展经济文化，达到各民族的发展和繁荣"，这也是民族问题的重要内容。

宗教信仰和民族问题的关系非常密切，相关学者对此进行了一系列分析和论述。中国是一个多民族多宗教国家，各民族宗教信仰极其广泛，宗教问题经常以民族问题的形式表现出来，成为民族问题中的敏感因素之一。所以，把握民族问题与宗教问题的关系，认识它们之间的区别与联系，对于我们正确对待及处理民族问题和宗教问题就显得十分重要和必要。民族与宗教是既有区别又有联系的两种共同体。民族共同体始源于拥有共同祖先并长期共同生活而形成的稳定的人群，它是由氏族演化而来的，有自己的文化传统，是以血缘和地域为基础、以文化习俗为标志的群体。宗教则是对神明的信仰与崇敬，是对宇宙存在的解释，通常包括信仰和仪式的遵从。宗教虽然也有特定的组织机构和崇拜仪式，但它以超世的信仰为核心，属于人类社会的精神文化领域，是信教者的信仰共同体。宗教虽然不是民族的全部内容，但它却是民族内涵中一个极为重要的因素。宗教几乎在所有民族的形成过程中都起过极其重要的作用，在部分民族的形成过程中甚至起过决定性的作用。

民族是历史上形成的，以共同语言、共同地域、共同经济生活以及表现于共同文化特点上的共同心理素质这四个基本特征为标准或纽带结合而成的稳定的人们共同体。宗教是一种信仰和崇拜，是自然力量和社会力量通过超人间化的形式，在人们头脑中颠倒、虚幻和歪曲的反映，是一种唯心主义思想体系，其实质是一种意识形式和精神现象，属于精神或意识范畴。正因为民族和宗教是具有各自独立的本质规定性的两种不同的历史事物，从而决定了由此而引发的民族问题和宗教问题也必然存在着明显的差别。二者的内涵截然不同。民族问题主要体现为不同的民族共同体之间的关系问题。

在实行"政教分离"的现代世俗国家，国家通过宪法和其他法律来限定行政权与宗教组织之间的关系，宗教组织和宗教职业者不得介入任何性质的政治活动，也绝对不能介入司法和公共教育，只允许在宗教场所内宣讲宗教教义和举办社会慈善公益活动。同时，只要不触犯法律，政府机构也不能动用行政手段直接干预宗教团体的内部事务和合法传教活动。这样一种制度性安排和法治化管理，可以在政府机构与宗教组织、社会公共事务与私人信仰领域之间形成良性的互补关系，从而避免由于政府介入私人信仰领域和宗教介入世俗行政司法领域而带来的恶性冲突。

宗教信仰没有民族限制，也没有种族限制，在一种宗教信仰内部，只有教民与教民、教派与教派之间的关系，没有民族、种族的划分。民族与宗教各自有各自的认同标准，各自保持着各自的特征和划分界限，各自有各自的活动范围、发展道路以及存在方式。

在中国，宗教与民族问题的关系是复杂的，由地区性和民族性所导致的差异较大。我们需要根据具体情况和具体问题进行深入分析和研究。

宗教不仅仅是一种信仰，还是一种社会力量，在多民族国家尊重多民族的宗教信仰，允许多种宗教并存，是促进民族团结、社会和谐的重要途径。

二、分散性宗教与制度性宗教

杨庆堃最早提出了制度性宗教和分散性宗教的观点。杨庆堃在《中国社会中的宗教》一书中把中国宗教分为制度性宗教（如佛教道教之属）和分散性宗教（民间信仰、祖先崇拜等），打破了现代以来对于宗教的一般看法，以比较广义的视角来看待宗教尤其是中国宗教问题。我们可以把杨庆堃关于制度性宗教和分散性宗教的观点概括为：制度性宗教具有独立的神学体系、崇拜仪式和组织结构，独立于其他世俗社会组织之外；而分散性宗教则拥有神学理论、崇拜对象及信仰者，能十分紧密地渗透进一种或多种的世俗制度中，从而成为世俗制度的观念、仪式和结构的一部分。制度性宗教以佛教、道教为代表，分散性宗教包括国家的祭天大典、家庭的祖先崇拜、宗祠祭祀、英雄崇拜以及各行业对其保护神的崇拜等。

李亦园在探讨宗教信仰的形态和根本内涵时即根据杨氏对中国宗教的说法，认为中国传统宗教是一种普化的宗教而非制度化的宗教。李亦园在《中国人信什么教》一文中指出，传统中国宗教的第一项特色表现在"普化的宗教"（Diffused religion）① 的形态，而与一般西方宗教的"制度化的宗教"（Institutional religion）有异。所谓"制度化的宗教"是指一个民族的宗教在教义上自成一体系，在经典上则有具体的刊行出版典册，同时在教会组织上也自成一严格系统，而与一般世俗生活分开。西方的基督教和伊斯兰教、佛教等世界性宗教都属制度化宗教。而所谓"普化的宗教"，则是指一个民族的宗教信仰并没有系统的教义，也没有成册的经典，更没有严格的教会组织，而且信仰的内容经常是与一般日常生活混合，而没有明显的区分。例如，我们的传统宗教信仰可包括祖先崇拜、神明崇拜、岁时祭仪、生命礼俗、符咒法术等，甚至于上述的时空宇宙观也都是我们宗教观念的一部分。由此可见我们的宗教信仰是如何与一般生活混合而普及于文化的各面，而我们这种方式的宗教信仰当然也不会出现严格的教会组织，也不见有成册的经典与系统的教义。由于这种宗教信仰形态的差异，所以西方人观念中的"一个宗教"就无法适合于描述中国人的宗教。同时此一性质的信仰形态使我们不像西方宗教那样具有强烈的排他性。这是一种属于包容兼纳性质的信仰形态。

依据上述定义和分类，萨满教是典型的分散性宗教。中国史籍中所出现的珊蛮、撒卯、撒牟，都是萨满一词在不同时代的音读并由汉字记录下来的含有"巫"这一概念的词。民国之前的记载中还没有出现"萨满教"这一术语，目前我们所能查到的中文语境中的"萨满教"概念的最早记载见于善之在民国三年（1914年）出版的《地学杂志》第六期上发表的《萨满教》一文。该文写道："萨满教不知所自始。西伯利亚及满洲蒙古之土人多信奉之。余尝研究其教旨。盖与佛氏之默宗相似。疑所谓萨满者，特沙门之转音耳。今之迷信于此者，以雅古德人索伦人达呼尔人鄂伦春人为甚。北盟录云金人称女巫为萨满。或称珊蛮。盖金源时代已有此教矣。然萨满术师不如佛之禅师，耶之神甫，得人崇敬。但以巫医卜筮诸小术敛取财物而已。"② 民国六年（1917 年）商务印书馆出版的《清稗类钞》（徐珂汇辑）中收录了善之的《萨满教》一文，但文字表述略有不同。

1925 年前后，周作人在研究中国国民思想和民间宗教的相关文章中谈到了萨满教的一些问题。他在 1925 年发表的《萨满教的礼教思想》一文中写道："中国

---

① 杨庆堃将 Diffused religion 译成"分散性宗教"，李亦园则译成"普化的宗教"。
② 善之：《萨满教》，《地学杂志》大中华民国三年第六期，第 5 页。

据说以礼教立国，是崇奉至圣先师的儒教国，然而实际上国民的思想全是萨满教的（Shamanistic 比称道教更确）。中国绝不是无宗教国，虽然国民的思想里法术的分子比宗教的要多得多。讲礼教者所喜说的风化一语，我就觉得很是神秘，含有极大的超自然的意义，这显然是萨满教的一种术语。"① 这一段叙述中精辟地概括出活在中国人深层意识中的萨满教式观念和思维方式。

周作人在 1926 年发表的《乡村的道教思想》一文以及后来发表的《关于祭神迎会》等文章中认为，中国道教信仰主要是由混合了儒教的祭祀、佛教的轮回报应教条而构成，但其源流是往昔流行于西伯利亚和满洲、朝鲜东北亚各地的萨满教。他在《回丧与买水》一文中说："我们自称以儒教立国的中华，实际上还是在崇拜那正流行于东北亚洲的萨满教。有人背诵孔孟，有人注释老庄，但他们（孔老等）对于中国国民实在等于不曾有过这个人。海面的波浪是在走动，海底的水却千年如故。把这底下的情形调查一番，看中国民间信仰思想到底是怎样，我想这倒不是一件徒然的事。"②

凌纯声于 1930 年在赫哲族地区进行扎实的田野调查收集了不少萨满教资料，1934 年正式出版了《松花江下游的赫哲族》。该书一直成为中国民族学、人类学界在 1935 年至 1945 年边疆民族调查中的范本。凌纯声采用人类学、民族学与历史文献学视野交汇的方法，并贯穿其萨满与巫、萨满仪式与萨满故事考察等篇章中，从此开创了中国民族学、人类学界运用规范的民族志方法研究萨满教的学术传统。

中国民间宗教的独特性历来为中外学者们所关注。纷繁复杂的多样性，使学者们不能以西方的宗教体系为参照来考察中国的民间信仰，而是试图在这种纷繁复杂之后寻找到一种中国民间信仰的体系以及支撑这一体系的内在的逻辑和根本的思维方式。

三、社会变迁与宗教复兴

宗教被认为是社会生活中政治、经济、法律、教育、文学、艺术等的枢纽，对国家、民族、个人的行为和思维方式有着重要的影响力。因此，通过宗教来理解一个民族和他者的言行，并非从表面上，而是从民族的深层心理和个人的内心深处加以理解的。随着经济的迅速发展和社会的急剧变迁，宗教也会发生衰落或复兴等变化。

---

① 张明高、范桥：《周作人散文》（第一集），中国广播电视出版社 1992 年版，第 226—227 页。
② 张明高、范桥：《周作人散文》（第一集），中国广播电视出版社 1992 年版，第 518—519 页。

据铃木范久《宗教与日本社会》一书所述，在很多舆论调查中，二十来岁的人回答有信仰的，在日本占不到10%，这也不是没有道理的。但是，就是在这些年轻人当中，不少人的经历就像人们所说的"出生时是神道，结婚时是基督教，送终时是佛教"，在人生的关键期，他们都与宗教有着密切的关系。在日本，也有人是在进入老年期后开始信教的，这与青年期开始信教者居多数的西方国家形成鲜明的对照。随着日本老龄化社会的到来，可以预想与以往不同的宗教时代的来临。过去的人类历史，被物质主义文明和人类中心主义思想支配着。在20世纪末，我们痛感有必要认真地思考人类在宇宙中的位置，重新审视心灵世界。宗教所具有的重要功能之一，就是精神的"死亡与再生"，就是要使仅在动物意义上活着的人成为真正的"人"。因此，这种从动物意义上的人向真正的"人"的新生，才是新世纪宗教与人生的重要课题之一。

宗教是一个动态的社会现象。新中国成立以来，中国宗教大体经历了三个阶段："文化大革命"前，宗教处于摆脱殖民色彩和封建因素的阶段，无暇顾及发展；"文化大革命"期间，宗教基本上处于被打击压制阶段，无力公开发展；1982年以来，随着宗教政策的落实和调整，宗教也自然相应获得了实实在在的合法存在、正常活动的条件，开始有所发展。在中国有较长历史传统的佛教、道教、伊斯兰教等宗教都有恢复和扩大自身影响的内在冲动力；进入中国较晚的基督教和天主教，经过长期磨合，与中国文化逐步适应，其传教模式也做了若干中国化的变革。这些都成为目前宗教势力自身的推动因素。

20世纪50年代至70年代的近三十年间，由于受破除迷信活动的影响，中国各类分散性宗教进入了"地下"状态，制度性宗教也受到意识形态的影响基本上处于被打击压制阶段，无力公开发展。随着改革开放政策的出台，自20世纪80年代以来各种分散性宗教或民间信仰活动逐渐从"地下"变成公开活动，各地都出现宗教复兴现象。

自改革开放以来，各种宗教信仰活动已从隐蔽走向公开。一些地区，建庙塑神成风。在全国范围内出现了一种来势凶猛的民间信仰和宗教仪式复活现象。王光在《最后的祭坛》一文中对北宁满族佟氏家族萨满祭祖遗俗——"供影"的恢复情况做了详细介绍。据该文介绍，佟希杰家供影祭祖到"希"字辈已有七代了，持续了二百多年。只在"文化大革命"期间中断近十年后，1980年又得到了恢复。

学者们往往把民间信仰和宗教仪式的复兴看作开放政策带来的负面影响。然而，作为一种社会文化现象，其背后必然有较复杂的社会历史根源，我们不能把它看成一种简单的"沉渣泛起"。王铭铭在《社会人类学与中国研究》一书中指出："人类学者所观察到的民间宗教，实际上可以说是历史文化的延生或再创造。为什么过去的文化会在当代社会中延存甚至被人们再创造出来？要回答这个问题，我们一方面应考虑到文化的再创造是对历史感的一种追求，同时也应考虑历史感在现实社会生活中的作用。例如，我们应该考虑历史感与民间认同的密切联系。有关这个问题，目前引人注目的现象之一是改革以来中国许多区域民间的信仰、仪式和象征复兴的状况。为什么在现代化的过程中许多所谓'旧'的礼俗会得以再生？如果我们可以把民间宗教的复兴界定为传统的再发明或主观历史的出现的话，那么这种传统复兴现象的出现应与不同区域在一定历史条件下表现出来的社会、经济、文化等方面的特点有关。换言之，民间宗教的复兴，反映了民间把'过去'的文化改造为能够表述当前社会问题的交流模式的过程。"①

人类学家认为，宗教通过解释未知事物从而减少了个人的恐惧与忧虑，这些解释通常假设世界上存在着各种超自然存在物和超自然力量，人们可以求助于这些东西也可以控制这些东西，这就为对付危机提供了一种方法。在人的一生中充满了各种矛盾冲突和各种生活障碍。喜、怒、哀、乐等各种情感交织在一起构成了一个复杂的内心世界。在社会生活中各种天灾人祸是难以完全避免的。当人们面临困境时往往进入一种迷惘失措的两难境地，在这种时刻，人总会遇到对不同的解脱困境的办法进行选择的问题。有的人可能会采取依靠自身的力量，通过振作起来的积极进取的方法去解脱困境，而有的人却在万般无奈、别无选择的情况下去求神拜佛，寻找一种精神解脱的途径。当人们从现实社会中找不到人生困惑的正确答案时，往往求助于后者来寻找某种能够让人信服的神圣解答，并从中获取无形的精神支柱和生存的勇气。

复杂的社会现实往往造就复杂的社会心态。所以我们应该以现实的复杂性来说明宗教信仰的复杂性。对于平民百姓来讲，除了天灾病祸等难以避免之外，社会上存在的一些腐败、特权、不平等现象也是他们心目中深藏的疑惑不解的谜团。他们很容易用"荣华富贵"等传统的命运观去解释社会上存在的人和人的不平等现象。这不能责怪民众"无知"，如果不从根子上去解决各种民间信仰存在的根源，那么潜藏于民众心目中的谜团是不易化解为无的。正如王献忠所说："信仰是一种极为复杂的心理活动，人们许多心理状态至今也并没有探索清楚。我们应当在前人业已取得的成果的基础上，继续不断地去研究它、探索它，使人们的主观

---

① 王铭铭：《社会人类学与中国研究》，生活·读书·新知三联书店 1997 年版，第 173 页。

认识逐步符合于客观实际。"①

如今，中国乃至整个世界都进入了一个社会变迁和文化转型时期。我们可以把现今中国社会中存在的民间信仰和宗教活动复兴现象看作一种转型时期的文化复归现象。在这种文化复归的大环境下，传统民间信仰和各种宗教重新获得了存在的意义和价值。

由于人的认识是有限的，而宇宙是无限的，用有限的认识去解释无限的事物是永远解释不尽的。即使将现存事物都解释清楚了，也会出现新的事物和现象让人们去解释它。正是在这个意义上可以说科学无止境。人们对科学还无法解释的事物现象，往往用非科学的超验方法去理解和解释它。

科学和信仰是相辅相成的存在。马林诺夫斯基早已提出："人们只有在知识不能完全控制机会与环境时，才求助于巫术。"② 这是很有道理的。民间信仰和宗教活动的复兴情况可以成为这一观点的有力旁证。人类的生存发展离不开精神的支撑。"民间信仰对民众希望之维系包括三个层面：一是对个体与群体精神健康之维系，二是对社会和谐有秩的维系，三是对社会团结与凝聚力的维系。"③

格尔茨认为，促使人类崩溃的威胁至少有三点：分析能力的局限、忍受能力的局限和道德见解的局限。如果挫折、痛苦和道德困惑构成的挑战足够强大，则任何宗教，无论它如何原始，都必须设法应付这种挑战。为了应对生活中不可避免的挑战，化解危机，稳定情绪，世界各民族创造了各具特色的宗教仪式和信仰习俗。宗教并没有在现代化的历程中失去过去的地位，反而在政教分离的宽松氛围中，在宗教信仰自由这一现代民主政治的基本原则保障下，在社会文化多元化的环境中获得了新的发展。当今社会中出现的各种宗教复兴现象背后往往有复杂多样的社会文化根源。

改革开放以来，特别是党的十八大以来，我们党坚持马克思主义宗教观，着眼于我国国情和宗教具体实际，推动我们党关于宗教问题和宗教工作的理论创新、制度创新、政策创新、工作创新，形成了关于我国宗教问题和宗教工作的基本理论。习近平总书记在 2016 年全国宗教工作会议讲话中，首次将这个基本理论概括为"中国特色社会主义宗教理论"。宗教是一种积极性与消极性共存共生的社会现

---

① 王献忠：《中国民俗文化与现代文明》，中国书店 1991 年版，第 91 页。

② ［英］马林诺夫斯基：《巫术与宗教的作用》，史宗主编：《20 世纪西方宗教人类学文选》，金泽等译，上海三联书店 1995 年版，第 88 页。

③ 刘道超：《民间信仰"筑梦民生"理论探析》，色音主编：《民俗文化与宗教信仰》，知识产权出版社 2012 年版，第 32 页。

象，要通过引导、管理、服务等，最大限度地发挥宗教的积极作用，最大限度地抑制宗教的消极作用。既不能只重视抑制消极因素、忽视调动积极因素，也不能只重视调动积极因素、忽视抑制消极因素。要深刻理解我国宗教的社会作用，全面把握我国宗教社会作用的两重性，遵循宗教和宗教工作规律，因势利导，趋利避害，防止认识上的偏差和工作中的摇摆。习近平总书记指出，做好新形势下的宗教工作，做好"导"的工作，必须坚持党的宗教工作基本方针，即全面贯彻党的宗教信仰自由政策，依法管理宗教事务，坚持独立自主自办原则，积极引导宗教与社会主义社会相适应。这四句话是一个有机整体，前三句是重大政策和原则，最后一句是根本方向和目的。积极引导宗教与社会主义社会相适应，是"导"的根本方向，是要引导信教群众热爱祖国、热爱人民，维护祖国统一，维护中华民族大团结，服从服务于国家最高利益和中华民族整体利益；拥护中国共产党的领导、拥护社会主义制度，坚持走中国特色社会主义道路；积极践行社会主义核心价值观，弘扬中华优秀传统文化，努力把宗教教义同中华文化相融合；遵守国家法律法规，自觉接受国家依法管理；投身改革开放和社会主义现代化建设，为实现中华民族伟大复兴贡献力量。

思考题

1. 简述宗教的起源。
2. 宗教有哪些基本特征？
3. 试述宗教与民族问题的关系。
4. 举例说明分散性宗教与制度性宗教的区别。

▶ 答题要点

第十章　人类学的应用

人类学从一开始便是一门应用性极强的学科。从世界范围而言，在人类学发轫期，人类学被广泛应用于殖民地的管理，殖民地官员也被要求必须参加人类学或民族学的培训。第二次世界大战时期，大量的人类学家投入到了战争情报的搜集与分析，其中便有大名鼎鼎的日本《满铁调查报告》。时至今日，该报告也是研究民国时期中国华北地区不可或缺的资料。同样著名的还包括美国人类学家露丝·本尼迪克特的名著《菊与刀》。尽管这些著作或档案在当时更多的是服务于战争，甚至是侵略者，但其学术价值仍不容否定。

简单而言，人类学的应用，或应用人类学（applied anthropology）指所有借助人类学的理论、观点、方法与研究成果来探讨、评价并解决社会文化问题的工作。在很长的一段时间，相当一部分人类学家将更多的目光投向纯粹的学术、理论研究，但随着人类学自身的发展和时代的要求，人类学者走出"书斋"，进入社会，他们开始关注学科内外的社会问题，进行跨学科的交流与合作，在发展自身、扩大影响力的同时，也让更多的人因为人类学而受益。

第一节　应 用 原 理

一、应用视角

现代意义上的人类学学科体系的形成，是与殖民主义在全球的扩张紧密联系在一起的。正是由于殖民统治者需要了解殖民地社会的人民与文化，并处理与原住民之间的矛盾冲突，才使得对异民族社会文化的研究逐渐发展成为一门学科。从这个意义上说，人类学学科体系的形成过程就是人类学应用于为殖民统治服务的过程。例如，在1864年，荷兰人将民族学课程列入殖民地公务员的培训计划；1905年，南非联邦要求在殖民地官员的培训计划中设置民族学课程；1908年，英属埃及也实行了类似的计划。

中国的人类学一直有应用的传统。毛泽东对中国乡土社会进行了田野调查，如《湖南农民运动考察报告》《寻乌调查》，也正是基于对于中国农村的深刻理解，他才有了一系列睿智的决策。包括费孝通、林耀华等在内的老一辈人类学家都十分重视人类学的应用。费孝通曾这样写道："在解放以前，推动我去调查研究的是我们国家民族的救亡问题，敌人已经踏上了我们的土地，我们怎么办？我们在寻找民族国家的出路。这也就决定了我们调查研究的题目。"① 20 世纪 80 年代人类学复建时期至今，中国人类学依然重视现实问题，研究中国新时期的社会变化和社会问题。

应用人类学是人类学的一门分支学科，它致力于把人类学在研究人类社会文化过程中所积累的知识和研究成果，运用于改变人类社会生活不如意的地方，以促进人类社会朝着健康、进步的方向发展。同时，它也从事相关的理论研究。在人类学领域中，应用人类学是发展最迅速的分支学科之一。

应用人类学是人类学分支学科的延续，所以应用人类学的应用视角从本质而言，与人类学的视野本身并不矛盾，是一种将学术理念和人文关怀落实到实践的理念。简单而言，应用的视角主要包括主位与客位、整体与专题、微观与宏观、定性与定量、文化相对论、文化比较观等。

主位的研究视角，意味着重视当地人的解释方式和判断标准，以发现当地人的观点、信念和认知为目标，研究当地人如何思考、如何感知与分类，进一步探讨当地人解释行为的内在规则与社会结构。这就强调研究者在实地进行应用研究和实践的时候，注重聆听当地人的观点和意见，在倾听中求发展、在倾听中决策，让当地人成为应用项目真正的受益者。客位的研究视角则强调研究者的解释方式与判断标准。客位的视角可以使研究者站在中立的立场，尽可能地保证研究结果的客观性，避免主位研究视角所带来的主观性。这要求研究者在一定程度上保持价值中立，避免自己情感的过分投入。在人类学的应用研究中，需要结合主位观和客位观的研究视角，这一方面可以了解当地人的认知、分类和意见，使得研究者了解所研究的群体的文化运作规则；另一方面，还可以避免研究的偏见，尽可能地保持中立和客观的判断。

微观研究是以一个小型的社区为研究单位，将焦点放在社区中的人的行为、观念和价值观等上。而宏观研究则将焦点放在大型社区或者区域乃至整个世界体系上。不论是微观研究还是宏观研究，不能完全单一地进行。

在传统人类学中一般都是使用定性的方法对某一区域进行调查，但是应用人类学的调查面积相较于传统人类学更为广泛，如果只是单纯使用定性方法效率较低。所以，一般会辅以简单的定量方法，这样可以帮助应用人类学家在较短时间内获取丰富的材料，辅助人类学家做出判断和分析。

---

① 费孝通：《费孝通学术论著自选集》，北京师范学院出版社 1992 年版，第 419 页。

人类学有比较的传统，对整个世界的文化和民族进行比较。比较研究包括共时性的比较、历时性的比较和跨文化的比较。文化比较观的重要性在于，它使研究者免去单一狭窄范围的限制，拥有发现更多、更广的人类行为的可能，还提供了一种类似实验的研究方法，帮助我们认识到文化的差异性、普遍性和复杂性，清楚认识到各种文化是怎样变迁、怎样适应变迁的，端正我们的文化观，排除民族中心主义的观念或者文化自卑感。

二、应用的领域

从世界范围来看，人类学的应用走过了一个漫长的过程，每一个时期应用的领域和侧重点都有所区分。大致可以分为以下几个阶段：

第一阶段：人类学应用的萌芽与初创

作为现代学科的人类学形成和发展与西方殖民体系的形成是密不可分的，正是因为殖民者迫切需要了解殖民地文化习惯，才使得人类学者迈出"书斋"走向"田野"。尤其是到了19世纪，欧洲殖民者在世界范围内的大肆扩张，更是急需了解殖民地的状况，避免殖民者与当地人不必要的对抗和冲突，降低殖民成本。人类学者也受雇于政府对殖民地进行调查，对殖民政策进行评估。

第一次世界大战之后，殖民体系受到冲击，宗主国对于殖民地的控制能力降低，一些殖民地从直接管理变为通过扶持代理人的间接管理。此时的人类学者也并不是简单的培训殖民官员、调查民俗，也参与到了代理人的培训之上，让这批代理人了解宗主国文化，加强其与殖民地官员之间的沟通与联系。英国著名的人类学家，结构-功能学派创始人，拉德克里夫-布朗在担任英国皇家学院院长时，就曾从事类似的工作。从上，我们可以看到这一阶段对于人类学的应用侧重于了解殖民地风俗文化，培训殖民地官员以便对其进行管理，此时的人类学家主要充当殖民者的管理工具。

这一阶段涵盖了从人类学初创到20世纪30年代。

第二阶段：人类学应用的成熟与转型期

第二次世界大战的爆发对于应用人类学来说是一个重大的转折点，人类学家受雇于政府或进行情报分析，或协助政府对国内的敌对国移民进行统一管理，总之这一阶段的人类学应用带有浓重的战争色彩。如在美国就有一批人类学家工作于"战时再安置局"，负责管理被统一安置在"安置营"中的日裔美国人，美国著名人类学家本尼迪克特就是根据对"安置营"中的"居民"调查与访谈，写出了名著《菊与刀》。除此，还有大量人类学家受雇于情报部门，对敌对国的"国民性"进行研究，并以此为根据辅助美军制定战后安置等策略。

第二次世界大战结束之后，殖民体系崩溃，民族独立运动风起云涌，人类学家前往一些前殖民地国家工作，却被视为"殖民者的帮凶"遭到拒绝。迫于外在的压力，人类学将目光转入国内，关注那些长期被忽视的边缘群体、城市问题。此时的应用人类学做出了一个重大转向——从原本受雇于政府，作为统治者的工具，转变为站在边缘向权力中心呼吁，为边缘群体奔走。也正是因为对于政府政策所产生社会影响的强烈关注，导致了应用人类学者发展出一种全新的研究模式——辩护-行动模式。按照这种模式人类学家并不简单的满足于充当弱势群体代言人的角色，而是让研究者对象参与到决定他们命运的社会变革之中。

这一时期大约从第二次世界大战持续到20世纪70年代。

第三阶段：人类学应用的拓展与决策期

随着人类学自身的发展、壮大，人类学的应用可以说拓展到社会生活的方方面面。正如前文所述，人类学家不满足于简单的为弱势群体代言，为他们争取权益，全新的研究模式也不仅仅满足于让研究对象参与到研究工作之中，人类学家意识到只有重新从边缘走入权力中心才能改变上层的最终决议。人类学者的就业也逐渐走出了高校，向政府机构、基金会、国际NGO组织、咨询公司等行业扩展。这一阶段的人类学应用也更加深刻参与到了公共领域之中。

例如，美国人类学家梅丽莎·捷克将公共应用领域的人类学研究总结为以下四大主题。① 战争与和平。美国部分人类学家参与到很多与战争相关的应用人类学议题，如：战后人道主义的开展、战区重建、军人尤其是复员军人的心理健康问题等。② 气候变化。全球气候变化这一关系地球未来发展的议题所牵涉的不仅是身处实验室的科学家们，还涉及"地球村"上每一位居民的幸福与健康。气候变化也不仅影响当地的文化模式、居住模式、生计模式，更有深刻的政治经济学和生态人类学背景。人类学家可以获取相关材料、信息，填补学科空白，并以此为基础对当下的气候政策进行评估和建议。③ 灾害、灾难人类学。由于世界范围内的反常气候日益增多，极端天气所造成的灾害也日益增加，如保罗·哈那记录了哈娜飓风给海地当地造成的恐怖灾害，呼吁国际援助。除此之外，地震、海啸等不可抗拒的地质灾害也给当地人带来了巨大影响。人类学家积极投入到灾后重建工作之中，评估灾后重建项目，找出重建项目之中的缺陷，提出修正意见。④ 人权。在这方面人类学所关注的不仅仅只是民生和民主的问题，更包括性别、平权等问题，如男女有受同等教育的权利以及城市移民的儿女有受同等教育的权利。研究不仅强调学术界所认知的人权，也关注当地人民的需求，加强不同民族、文化之间的理解、互信，寻求政治、经济平等的可能性。

总之，此阶段人类学的应用，不仅关注人们日常生活的方方面面，而且开始涉及战争、灾难、气候变化等重大主题。不仅为草根弱势群体发声，而且直接参与到政府政策制订工作中。此阶段大约从 20 世纪 80 年代至今。

而人类学在中国由于其民族众多、地域辽阔以及国情的不同，又有其极具中国特色的一方面，可以将其总结为以下几个方面。

① 人类学与发展。发展是当下中国社会经济发展的重要课题，而脱贫致富是经济发展的一项重要指标，无论是在发达地区抑或是欠发达地区，对于发展的需求都是客观且刚性的。现阶段人类学在中国参与发展实践的领域非常广泛，涉及农业、林业、环境保护、移民、社区综合发展、卫生保健、妇女、教育、卫生等。在发展类型上既包括了增长型的发展计划（如扶贫项目），也包括非增长型的发展计划（如移民和社区综合发展项目等），发展实践所涉及的地域横跨中国全境，包括农村和城市，如中山大学移民与族群研究中心参与的一系列世界银行在中国的发展项目。② 人类学与教育。贫困地区、边远少数民族地区的教育问题是非常复杂的，教育问题中所裹挟的不仅仅是经济问题，它还通常与传统惯习相连接，所以需要人类学的定性研究寻找问题的症结所在，并提出相应的解决方案。中国有55 个少数民族，各民族特色鲜明，也为教育人类学的发展与壮大提供了很好的实践场域。③ 人类学与医疗。自 20 世纪改革开放之后，中国进入了前所未有的高速发展期，迅速发展的同时也带来了很多与医疗相关的问题，无论是艾滋病、毒品的问题，抑或是养老、国民健康、医患关系、食品安全问题，都亟须应用人类学家的参与。④ 人类学与环境。环境问题关系到人类未来的生存与发展，平衡经济发展与环境之间的天平考验着执政者的智慧，如地方政府的政策和商业化行为会对草原生态和民族生活有很多影响，深刻的人类学质性研究有利于我们更加全面地了解各方面的利害关系与解决方法。环境问题背后其实更重要的是人民的生计、生存、发展问题。⑤ 人类学与文化遗产保护。人类学与文化遗产保护息息相关。如何摆脱单纯的商业开发，从旅游"麦当劳化"的桎梏之中逃离出来是中国人类学者亟须深思的问题。人类学积极参与到文化遗产保护之中，不仅促进了学者自身的研究与教学，也为子孙后代保留中华文明的瑰宝做出应有的贡献。

三、人类学应用的伦理

应用人类学作为一个实践性极强的学科分支，长期以来都承受着来自于学科内部的挑战，人类学家到底是站在何种立场之上发声？为谁说话、服务？又如何做出最终的决策？人类学应用过程中也会遇到伦理道德问题，根据《美国人类学协会伦理法则》，人类学的应用伦理主要应包括三点。

首先，人类学的应用应该对所研究的对象（包括人和动物）的生活和文化负责。人类学家对他们所研究的人、物种以及研究过程中所共事的人有根本的伦理职责。这些职责具体包括：避免造成伤害；保护人类和灵长类动物的健康；保存历史遗迹和历史记录；以建立对所有有关团体有利的工作关系为目标。人类学的应用必须保证所开展的研究不会伤害所涉及的人和动物的安全、尊严和隐私。人类学家需要考虑信息提供者是否愿意公开个人信息，并且尊重他们自己的愿望。另外，人类学家应该得到研究者、信息提供者等群体的动态持续的知情同意。在项目设计和实施过程中，人类学家需要与被研究者平等地对话。不论是信息提供者，还是研究对象，人类学家都应该谨慎处理与他们的关系。需要注意的是，即使人类学家会从应用研究过程中受惠，但是不能破坏所研究的个体和群体，而应以适当的方式对所研究的人予以报答。

其次，人类学的应用需要对学科和科学负责。人类学家在应用研究过程中，会遇到各种伦理困境，需要有敏锐的洞察力识别可能存在的伦理控诉，并且制定有关的对策。人类学家还承担了人类学学科、学问和科学的诚信、名誉的责任，因此，他们不能欺骗或者有意说谎以避免错误的研究报告和结论。另外，人类学家还应该以适当的方式尽可能地让社会传播他们的发现与研究成果，对所有合理的数据和材料进行保护以供后来者使用和研究。

最后，人类学家应该对社会公众负责。人类学家的研究成果需要让社会公众了解，接受大家的质疑和提问。人类学家不仅要对所研究的结论负责，还需要考虑所研究的成果对于社会和政策的影响。因此，他们必须尽量确保所研究的成果是准确的，可以为社会公众带来福利。

第二节　人类学的社会应用

一、人类学与日常生活

人类学是植根于日常生活的学科，擅长用直观的方法观察人类行为，通过介入式的经历以及与不同社会的人们的深入交往来研究一种文化。而"文化"这一人类学核心概念本就涵盖了日常生活的各个方面。婚姻家庭、生计模式、宗教信仰、礼物交换等人类学的经典研究命题都抽象于日常生活，并产生了很多学科重要理论。当今社会上，不同文化的互动和碰撞遍及全球的每一个角落，错综复杂的文化现象随处可见，传统上研究原始单一文化社会的人类学亦开始了对复杂社会的研究，在延续前述传统命题的基础上，人类学日渐从对社会的整体性研究的视角转向了对于各类复杂文化现象的分析。尤其是对于现代中国，处于转型期的社会出现了不少难解的文化现象、社会问题，作为擅长研究文化变迁的人类学，利用自身优势，延伸出多个分支领域，早已凭借着新颖的视角，细致入微的观察能力以及先进的学科分析进入了现代日常生活的各个方面。

现代人类学的研究已经渗透在日常生活中的各个角落，学科的应用价值也得到了前所未有的重视和发展。不仅密切地关注各种重大的社会问题，还研究社会发展中出现的种种社会现象背后的深层含义。越来越多的人类学家在更为广泛的领域中工作着，以人类学的专业背景奉献在多个岗位之上。

现代的人类学家关注并探讨本土社会的现实问题，如种族歧视、族群冲突、邪教、艾滋病、吸毒等。在研究这些问题时，人类学善于将这些问题与大的社会背景联结，通过参与观察、深入访谈等人类学熟悉的学科手段，常常还配合影像记录等现代研究工具，具象生动而又深刻地展示出这些社会问题并找出其背后的形成动因，无论是专业的学者还是普通的读者，都能够通过这类研究真正深入地认识这些社会问题。

譬如人类学对于艾滋病的研究，绝不单单是将艾滋病看作生理上的真实疾病，人类学从艾滋病病毒层面和流行病层面上完成视角上的超越，更从公共卫生、社会影响因素及社会与文化建构等层面去关注和研究；人类学看得到病理上的艾滋病对社会造成的巨大伤害，也没有忽略这类疾病带来的社会舆论、歧视和污名。在人类学的研究中，能够看到真正的艾滋病患者心理、个人历史和日常生活。这类研究对于预防艾滋病的传播、弱化艾滋病的社会危害带来了极大的帮助，更重要的是，它们还会促使人们反思和矫正传统的社会伦理观念，提供更完整全面的思考视角。无论是艾滋病患者、吸毒者还是性工作者，在人类学研究成果的展示中，无歧视地当作日常生活中普通个体，都是将这些人群放在特定的社会、文化条件之下去考量、研究他们的生存状况，以此解释他们的行为。必须要说的是，社会问题在事实上关乎着每一个人的日常生活，人类学对于社会问题研究的终极意义是消除这些问题，当然首先还是要从真正认识问题，消除偏见开始。这也是人类学的济世情怀和学科责任感的体现。

人类学对于现代社会的关注，尤其是对于社会发展中经济增长、人口增长、文化教育、农业发展，以及城市化、工业化引起的问题的研究，则更贴近普通人的日常生活。

中国的乡村城市化研究就很好地体现了人类学服务于人们日常生活的理念。改革开放之后，全社会都切实地感受到乡村都市化的力量，城市文明与农村文明的碰撞随处可见，从与个人私生活最紧密的婚姻家庭到人与人交往的社会生活，这种碰撞无处不见。近年来人类学对于此类现象的研究层出不穷，包括城市外来工研究、户籍制度研究、城市族群的研究等都已经有了许多优秀的论著；并且人类学也延续着自身的研究优势，如对于城市婚姻家庭、文化变迁的研究就是人类学经典研究方向的新发展。人类学的研究既能够细微到一个个具体案例的分析，真实有效地反映都市化过程中人们的日常生活；也能够通过多学科的联合和理论的升华，对都市化这种深刻的社会变迁形成系统的阐释。譬如，人类学家认为都市化将在城市与乡村相互影响、乡村文化与城市文化互相接触融合后，产生一种整合的社会理想，既含有乡村文明的成分，又含有城市文明成分。

最近人类学界兴起的对于虚拟社会的研究则更具有时代特征，也更加贴合我们的日常生活。信息化时代每个人都不可避免地受到网络的影响，人类学将网络看成一种新的社会交往、动员和决策的形式，意识到网络化是一种全新的社会文化体现形式，人们在网络中一样有社会交往、身份认同和文化碰撞。虚拟社会的人类学研究可谓是人类学对于日常生活研究敏感性和时代性的最佳体现。

参与式社会评估（Participatory Rural Appraisal，PRA）就是人类学作为工具应用的最佳例子。参与式评估是一套快速收集村庄资源状况、发展现状、农户意愿，并评估其发展途径的田野调查工具，其宗旨是要通过外来者的协调作用，鼓励当地社会的参与意识。参与式评估方法脱胎于人类学的田野调查方法，主要依据人类学参与式观察的研究方式，在现实的操作中，参与式社会评估人员的构成也大多是接受人类学教育的学者专家。这一套工具现在被许多机构采纳，用于各类社区参与项目的优化。

从职业领域层面来看，人类学家们更是以前所未有的深度融入了日常生活。人类学者们在更广泛的领域工作，包括决策研究、社会评估、市场咨询、文化经纪、公共参与、流行病防治等。人类学的应用性极大地拓展了人类学者的职业领域，也使得人类学的应用赢得了社会的广泛青睐。

二、人类学与发展

人类学与发展紧密相连，并成为人类学应用过程中的重要分支。人类学家基于发展项目，凭借自身研究文化的特长，实地解决或缓解发展项目中因为文化因素所导致的社会、政治和经济问题；或是探索顺应本土文化特点以实现发展项目事半功倍的效果。人类学对发展的研究成为人类学应用的重要专题。

"发展"一词作为一个 17 世纪才正式在英语之中出现的"新兴"词汇，在早期主要用于形容人类心智的发展。而在古典进化论中，发展特别用于解释经济变迁，尤其是工业化和市场经济的变迁过程。第二次世界大战以后，"发展"成为一种不言自明的概念，并且成为世界大多数人日常生活中的现实，这是西方发达资本主义国家的援助项目和新兴民族国家的发展欲望共同作用的结果。

第二次世界大战以来的"发展"主要包括四个方面：一是将"发展"视为进化，也就是从"传统"向"现代"的过渡；二是技术进步被视为社会进步的关键指标；三是市场经济的扩张；四是传统文化被视为阻碍"发展"的桎梏，应给予清除。这一阶段的发展应用带有比较强烈的技术、经济至上的色彩。正因为如此，一些学者批评这一时期的发展项目忽略了当地民众的实际需求，从而导致一些发展项目失败。比如印度的"绿色革命"就是一个不成功的发展计划。

绿色革命产生于 20 世纪 60 年代，以美国一些基金会为主的组织派遣农业专家到亚非拉一些欠发达国家开展农业工作，重点研究提高这些国家农产品尤其是粮食产品的方法。印度是这场运动中的一个重要发展对象。通过绿色革命，印度从 20 世纪 50 年代的缺粮国变成 20 世纪 80 年代的低水平粮食自给国。但是与此同时，由于未能充分考虑项目带来的社会影响和环境恶化，绿色革命也给印度带来了一系列的消极影响：① 增加了政府财政负担；② 大量使用化肥、农药，导致土地污染；③ 能源消耗增加 10 倍；④ 滥垦土地，砍伐森林，导致干旱和土地沙化严重；⑤ 政策主要有利于有财力的大农场主，负担不起"绿色革命"成本的小农由于无法与大农场主竞争而破产，造成严重的两极分化。最终印度的"绿色革命"以失败而告终。①

正是为了避免类似的事情再次发生，20 世纪 90 年代中期以后，世界银行等大型发展援助机构极力倡导发展项目直接以那些受排斥的最贫困者为发展对象，让这些人一方面成为发展项目的优先受益人，另一方面也能够全面参与社会经济发展项目的设计、传递、决策过程。目前，学界对于发展项目基本达成了以下共识：一是关注农村地区的发展；二是以人为本，关注就业和收入的提高，而不是单纯的资本积累；三是关注妇女在发展中的特殊需求和地位；四是可持续发展，防止以发展经济为代价的生态环境破坏；五是提倡农村地区最贫困人群对发展过程的

---

① 李小云：《参与式发展概论》，中国农业大学出版社 2001 年版。

全面参与。这种把人放在第一位的发展模式能更好地促进发展项目在本地顺利实施。中国凉山彝族基于"礼物传递模式"的扶贫贷款管理模式就是一次成功的发展项目。

牲畜，尤其是猪、羊、牛是凉山彝族社会中极为特殊的物品，除了可以作为商品外，它们既是年节和待客中的礼物馈赠，也是彝族家庭财产的重要组成部分。世界银行贷款"中国农村贫困社区发展项目"的山羊养殖子项目实施过程中，为避免彝族村民因文化需要而把项目发放的牲畜也杀食，同时还要避免彝族老百姓因接受政府的无偿援助已成习惯，而没有按时还贷的意识，在基于彝族传统文化特点的基础上，项目设计了参与式"礼物传递"的模式来开展贷款项目的实施和管理。具体做法是采用实物放贷的方式，由于贷款羊的数量有限，羊分到村后，采用抓阄的方式。头一年领到羊的用户，养后第一年还羊一只，第二年还羊两只，第三年多生出来的羊归个人所有。还来的羊又发放给其余没有领到羊的农户，形成滚动发展，最后得到羊的农户也要归还三只羊，并集中统一销售，收入放入社区发展基金，以达到持续发展的目标。这样的做法充分利用了彝族文化价值的力量来监督项目农户对山羊的饲养，并以当地老百姓能理解和接受的方法来发放和回收贷款，因此项目贷款管理效果良好。①

在一些社区有计划的变迁过程中，发展人类学家在发展援助的过程中甚至居于核心地位。在这种情况下，人类学家不仅仅是本土文化的专家和文化的中介，他们更是社会有计划变迁的指导者。其工作的目标不仅仅是提高项目效果，更是包含关怀弱势群体、推动内源发展的努力。

三、人类学与社会管理

简单而言，公共管理（public administration）主要是政府和社会组织为促进社会系统协调运转，对社会系统的组成部分、社会生活的不同领域以及社会发展的各个环节进行组织、协调、指导、规范、监督和纠正社会失灵的过程。社会管理在广义上，是由社会成员组成专门机构对社会的经济、政治和文化事务进行的统筹管理；在狭义上仅指在特定条件下，由权力部门授权对不能划归已有经济、政治和文化部门管理的公共事务进行的专门管理。

同时，社会管理又是一个非常复杂的过程，一项政策的制定和实施，需要考虑非常多的因素。以中国为例，幅员辽阔使得不同地域在自然环境、历史和人文

① 杨小柳：《参与式行动：来自凉山彝族地区的发展研究》，民族出版社 2008 年版。

方面有着很大的差异。在中国从事人类学的应用工作，如果抛开政治因素的话，很难单纯以民族/国家的理解作为在中国开展应用人类学研究的基点。这种差异不仅仅体现在南北差异之上，具体到各省区从行政、生态、文化上也都有着很大的差异。特别是如云南、西藏这样的地区，其历史文化又与民族问题有着密切的联系。因此，区域发展和社会管理问题是一个非常复杂的问题。人类学的应用牵涉社会管理的各个方面，如文化遗产保护、旅游开发、文化建设、移民工程、城镇化进程中的拆迁、灾后重建、食品安全等。云南德钦县雨崩村通过社区参与的方式实现村落旅游的可持续发展是人类学在社区管理领域应用的极好案例。

云南德钦县雨崩村坐落在梅里雪山脚下，处于雪山、原始森林、草甸、河谷、农田环绕之中，是偏好自然生态、天然村落、藏族文化的国内外生态旅游者向往的旅游胜地。近年来，雨崩村旅游日渐火爆，大量登山爱好者、探险者、徒步者、摄影发烧友前往旅游。游客的不断增加对当地生态环境以及原有生计模式造成了一定程度的破坏。同时由于参与家庭经营的村民商业竞争意识逐渐增强，开始出现了抢客现象，并由此滋生很多矛盾和冲突。为了解决这些问题，雨崩村在一些组织的支持和干预下，制订和实施了一系列利益共享和主动保护环境的措施，包括：① 集体收入的利益共享；② 饮食收入按劳分配；③ 马匹是雨崩村最重要的交通工具，马匹经营的共同参与；④ 分段卫生包干制度。雨崩村的各项管理制度朴素而又简单，但是均来自社区内部的地方性知识，是"自下而上"的制度体系。这种内在的自我约束机制化解了人与人、人与自然之间的冲突，使雨崩村旅游生态得到维护。①

第三节　人类学的应用实践

一、社会评估

（一）社会评估的内涵及其现状

尽管社会评估与社会评价在严格意义上有细微差别，我们在此暂且倾向于使用世界银行统一使用的社会影响评估（social appraisement），以免陷入过多的概念争议。另外，本节的目的主要也是比较中国社会稳定风险评估与国外的社会影响评估这两套评估体系。

---

① 保继刚、孙九霞：《雨崩村社区旅游：社区参与方式及其增权意义》，《旅游论坛》2008 年第 4 期。

什么是社会评估呢？彼得·罗西等指出，项目评估就是运用社会科学方法，系统地调查社会干预项目的绩效。评估需要运用社会科学的概念和技术，期望对项目的改善有用，并期望通过知会社会行动来减少社会问题。现代社会评估研究起始于20世纪30年代，第二次世界大战之后，作为新的研究方法被广泛运用于迅速扩散的社会问题领域。项目评估的需求在20世纪90年代并没有减少，而是增加。人们对于稀缺资源的关注使得评估变得更为重要，甚至比社会干预的绩效更为重要。项目社会评估理论与方法的发展经历了三个阶段：20世纪50年代以前，各国推行的是项目财务评估；50年代以后，国民经济评估形成并盛行；自60年代末以来，各种社会评估的理论与方法逐步形成并得到发展。

社会影响评估是一项复杂的工作。社会评估需要人类学、社会学、发展学、伦理学、民族学、政治学等学科的理论指导，采用逻辑框架法、社会调查法、参与式分析、利益相关者分析、参与式农村评估（Particpatory Rural Appraisal，PRA）和快速农村评估（Rapid Rural Appraisal，RRA）等方法对建设项目进行分析和评估。另外，社会影响评估具有五个分析视角，即社会多样性和社会性别、制度法规和行为、利益相关者、参与、社会风险。社会评估关注社会性别、贫困人群、少数民族、非自愿移民的风险等，倡导尊重当地人的文化和观点，发挥当地人的积极性，进行合作式发展。

参与式社会评估是基于参与式发展的思想提出的，与参与式发展的思想紧密相连。参与式社会评估是从项目出发对社会发展目标的贡献和影响等方面分析其利弊得失，使项目得以整体优化，保证其顺利实施，并实现项目经济与社会效益的最优化。由于项目的实施及其效益最终通过目标群体体现出来，因此参与式社会评估的关键在于通过有效的方式将当地人的参与热情调动起来，让他们对项目产生兴趣和感想，并谈出他们的意见和看法，从而促进当地人进行调查和分析，分享调查和分析的结果，促使当地人自我分析、做出计划和采取相应的行动。参与式社会影响评估通过尊重项目当地人的参与意愿，创造公平参与的机会和环境，共享项目建设成果，可以有效地减少或者消除引发社会矛盾的风险和负面影响。参与式社会评估关注的内容包括自然环境、社区群体、地方文化、发展机会和项目可行性。

依据现有的世界银行等国际机构的投资项目的规则，所有的项目都需要进行社会影响评估。世界银行所规定的社会影响评估程序和原则是目前包括中国在内的全世界诸多国家进行重大项目的社会影响评估的重要参考。

在中国，投资项目的社会影响评估开始并没有受到中国政府的重视。随着国际性项目不断进入中国，社会影响评估逐渐出现在官方的话题体系中。2002 年，中国颁布《投资项目可行性研究指南》，该指南借鉴了国外社会影响评估的通常做法，结合中国投资项目的具体特点，提出了重大项目应进行社会影响评估的要求和开展社会影响评估的内容及方法，要求从投资项目可能产生的社会影响、社会效益和社会可接受性等方面，判断项目的社会可行性，提出协调项目与当地的各种社会关系、规避社会风险、促进项目顺利实施的对策建议。这是中国有关部门批准推广使用的文件中，首次提出在项目建设前期，将社会影响评估作为可行性研究的组成部分。在学术界，周大鸣总结了中山大学移民与族群研究中心多年来所主持和参与的多项社会评估项目经验，结合世界银行等机构的社会评估经验，完成《参与式社会评估：在倾听中求得决策》一书，对社会影响评估进行理论探讨和应用实践产生了重要影响。

（二）中国的社会稳定风险评估

社会稳定风险是指某个投资项目的决策、准备、实施和运行阶段发生群体性事件进而影响项目进展、导致社会局部不稳定的可能性；社会局部不稳定一般以群众不满情绪为背景原因，以自然灾害因素、社会因素、政策因素或者是工程技术因素等偶发事件为契机，以突发性、群体性、外显性、对抗性为行为特征，以影响项目进展、项目声誉甚至政府声誉为后果。《国家发展改革委重大固定资产投资项目社会稳定风险评估暂行办法》指出了社会稳定风险评估的内涵，即项目单位在组织开展重大项目前期工作时，应当对社会稳定风险进行调查分析，征询相关群众意见，查找并列出风险点、风险发生的可能性及影响程度，提出防范和化解风险的方案措施，提出采取相关措施后的社会稳定风险等级建议；社会稳定风险分析应当作为项目可行性研究报告、项目申请报告的重要内容并设独立篇章。

社会稳定风险评估作为社会评估的一个重要组成部分，是近年来中国政府根据当前的社会经济形势和实际情况，所制订的一项维护社会稳定、减低社会风险的重要举措。中国于 2002 年颁布的《投资项目可行性研究指南》所要求的社会评估内容中就包含有对社会稳定风险评估。进入 21 世纪，由于中国重大固定资产投资项目增多，随之出现了群体性事件上升的问题，不少地方政府也开始探索社会稳定风险评估的方法。2005 年，四川省遂宁市出台《重大工程建设项目稳定风险预测评估制度》，后经中共中央维护稳定工作领导小组（中央维稳办）在全国各地推广。深圳市也于 2008 年 2 月颁布实施《深圳市重大事项社会稳定风险评估办法》。2011 年 3 月 11 日，福建省莆田市颁布实施的《福建省莆田市人民政府办公室关于实施重大建设项目社会稳定风险评估工作的意见》。另外，陕西省对重大社会决策和重大工程项目也进行了社会稳定风险评估。① 而从国家层面进行相对系统和完善的"稳评"则是在国家发改委出台《国家发展改革委重大固定资产投资项目社会稳定风险评估暂行办法》和《国家发展改革委办公厅关于印发重大固定资产投资项目社会稳定风险分析篇章和评估报告编制大纲（试行）的通知》之后。随着中国社会经济的高速发展，利益群体的多元化，维权意识的增强，重大固定资产投资项目的社会稳定风险问题日益严重。而化工、交通等重大固定资产项目的陆续开工所带来的社会稳定风险，已经得到国家层面的关注。

目前，中国的《社会稳定风险分析篇章》由项目单位担任编制的责任主体，将社会稳定风险分析篇章工作与项目可行性研究报告同时进行，并作为项目可行性研究报告的一部分。与《社会稳定风险分析篇章》不同的是，《社会稳定风险评估报告》的评估主体是项目所在地的人民政府或者其有关部门指定的评估机构。评估主体应在对《社会稳定风险分析篇章》整体把握的基础上，根据拟建项目的实际情况，可采取公示、问卷调查、实地走访和召开座谈会、听证会等方式进行补充调查，完善风险调查相关内容，重点围绕拟建项目建设实施的合法性、合理性、可行性、可控性进行评估论证，对《社会稳定风险分析篇章》中所进行的风险调查、风险查找识别、风险估计、防范化解措施和风险等级判断进行说明和评估完善。

二、民族政策咨询

中国 55 个少数民族分布的基本特征是小聚居、大分散，除了几个较大的民族，如壮族、维吾尔族、蒙古族、藏族等民族集中在一个较大的分布区内，其余的大都是几个民族共同生活在一个空间。加上很多少数民族生活在偏远、地理环境多样的地区，这也就造成了其经济方式的多样性。如甘肃临夏，它是典型的黄土高原区，以旱作农业为主，靠天吃饭；但同样地处甘肃的甘南地区，却是青藏高原的一部分，海拔高，水源充足，又拥有大面积的草原，所以当地实行半农半牧的生产方式。

民族的多样性通常也导致了文化的多样性。以甘肃为例，甘肃现有 44 个少数民族，2 个民族自治州，7 个民族自治县和 34 个民族自治乡。② 在这片土地上，各少数民族的宗教信仰、历史文化互相影响，呈现出百花齐放的态势。首先是宗教

---

① 陕西省自 2009 年以来对全省 568 项重大社会决策和重大工程项目进行了社会稳定风险评估，否决 14 项，暂缓实施 15 项，预防和化解不稳定因素 1 232 个。

② 中华人民共和国民政部编：《中华人民共和国行政区划简册 2017》，中国地图出版社 2017 年版，第 7 页。

呈多元性。佛教由西向东发展，河西走廊是必经之路，现在河西走廊也是保存石窟造像最多最好的地方。儒家思想也在此地传播，敦煌壁画中，除了反映佛教的内容外，还有一些儒家思想的内容。伊斯兰教也同样广泛传播，如回族、撒拉族、东乡族等少数民族都信仰伊斯兰教。另一部分民族则信仰藏传佛教，还有小部分信仰基督教。除了这些大的宗教外，民间信仰也十分丰富。由于宗教的多样性，导致了各民族、各地区在禁忌、风俗习惯等方面的不同。除此之外，经济生产方式也具有多样性。

在民族地区展开人类学的应用工作需要注意以下几个问题：

第一，前往田野研究地点之前，做好案头工作，充分了解当地的历史、文化背景，避免在无意间冒犯了当地人的文化禁忌，引起不必要的麻烦。

第二，尊重当地人的饮食、宗教、文化习惯。在调查初期少提问题，多倾听、多观察，学会做一个合格的倾听者和敏锐的观察者。

第三，学会和当地官员相处，尽可能地避免由于理念不同而造成的不愉快。

三、医疗与行为

应用医学人类学作为人类学的一个重要分支，其独一无二之处在于它在社会文化背景之下把健康、疾病和治疗等要素综合起来作为研究的核心问题。在美国，医学人类学强调直接应用人类学的理论和方法到具体的公共卫生领域中，如考察公共卫生项目受益者的文化多样性，制定满足不同群体的适宜的干预措施，在项目实施时获得社区成员的支持，确认具体的危险行为和可能引起这些行为的文化和价值观念。

人类学与流行病学的合作主要始于20世纪60年代，至70年代逐渐增加，主要是因为美国政府在此期间增加了其国内与国际卫生研究的经费，而流行病学者也开始更加重视文化与社会科学对了解流行性疾病扩散与防治的意义。人类学与流行病学都强调环境对健康与疾病的影响。更重要的是，行为观察是它们发现问题的共同的重要方法，这也是两门学科得以密切合作的重要原因之一。医学人类学家在许多公共卫生计划中，担任文化的传译者。这些计划主要针对当地人对疾病症状的本质、起因与治疗所建立的许多理论。这些计划必须切合当地文化，并且被当地人所接受。在引进西方医疗体系之后，人们在接受这些新疗法的同时，大多继续保有他们的老方法。当地的治疗者可能会继续处理某些症状，现代医疗则是处理其他病症。如果病人同时求助现代专家与传统专家而且痊愈了，当地治疗者所获得的赞誉可能与医师一样多，甚至更多。

目前，越来越多的人类学家已在许多领域从事人类学的应用工作，如艾滋病防治、地方性疾病防控、优生优育、乡村医疗体系建设、公共卫生等，并发挥重要作用。

综上所述，应用人类学作为人类学的重要分支，作为理论和实践之间重要的连接桥梁，必将在未来发挥重要的作用。如果说应用人类学的一个主导理想是为人类服务的话，那么为中国人服务就将是中国人类学开展应用实践的重要基点。因此，在此之上思考"我们做了些什么"以及"什么是值得我们思考的"将是大有意义的。今后一个重要的问题就是：如何在应用实践中充分考虑中国自身的特色，这一方面有待于中国应用人类学自身的发展，另外一方面有待于在研究实践种类、深度和广度上进一步发展。

思考题

1. 简述应用人类学的发展历程与历史背景。
2. 简述人类学应用的基础理论与研究视角。
3. 简述中国应用人类学的发展与成就。

▶ 答题要点

第十一章 全球化与人类学

沃尔玛（Walmart）、家乐福（Carrefour）等超市已成为许多中国城市景观的构成部分，与城市居民的日常生活息息相关，而它们却都归属于总部在欧美的世界性连锁企业，前者属于总部位于美国的沃尔玛公司，后者属于总部位于法国的家乐福集团。这两家公司分别在数十个国家和地区开设了上万个商店，当我们走进其中一个商场所看到的是，许多商品来自遥远的异国他乡，一些商品的说明书用多种语言印刷而成。这一简单的经验，表征着当前中国人的日常生活与世界许多国家都存在着关联，我们进入了全球化时代。

作为伴随着欧洲海外扩张而出现的学科，人类学从诞生时起就与全球化存在着或强或弱，或直接或间接的联系，然而，直到20世纪80年代后期，全球化才受到众多人类学家的关注而成为调查研究的重要论题。

本章从人类学的视角，解释全球化的过程和问题，并讨论在全球化时代人类学所面对的跨国移民、跨文化交流、生态环境等问题。

第一节 全球化及其后果

所谓全球化，指的是资本无国界流动所带来的一系列变化，包括人、物流、技术、信息、符号、观念等在世界范围内大规模和高速度的流动所形成的不同社会文化之间的密切联系与频繁互动。除了资本的无国界流动之外，科技的发展和交通成本的低廉也推动了全球化进程。

全球化是一种实践，因而尽管流动的经济要素、技术、信息、体制机制乃至文化产品和价值观念具有西方的意义或普遍化的倾向，但世界各地都在其具体的地方性社会文化语境中实现，因此，全球化必然带来"地方化"（localization）。全球化实际上与地方化如影随形，全球化之所以引起地方化是因为地方对全球化的"反应"，这种反应既有积极面对，又有消极抵抗，但二者都给地方在景观上和文化上带来改变。按照费孝通的说法，全球化可分为三个阶段。第一个阶段从15世纪末的航海大发现到19世纪70年代告一段落。在这一阶段，最具典型意义的例子是大英帝国霸权的确立。以英国为代表的欧洲国家在世界范围内进行大规模拓殖，用武力摧毁了亚洲、非洲、南北美洲的古代文明中心，试图把西方的社会制度和文化强行施加于这些地区，逐渐确立起以英国为首的西方中心地位。第二个阶段大约从 19 世纪末叶到 20 世纪 70 年代初。第二次世界大战以后，英国霸权让位于美国霸权，中心地位被美国取代。在美国霸权维持的经济秩序中，全球化进程明显加快了。运输和通信技术的革新，使物资与信息的流动可以跨越种种空间障碍。经济交往的规模和频次大为提高，促进了经济组织的革新，以跨国公司为代表的经济力量对生产要素和世界市场进行新的整合。第三个阶段是从 20 世纪 70 年代直到现在。这个历史时期最突出的特点是霸权受到强有力的挑战并在事实上将逐渐淡出中心地位，全球化进程的参与者以及驱动力呈现多元化局面。许多曾经被压制的力量和众多的新兴力量纷纷登场，走向前台，在全球化进程中积极强化自身的角色分量和参与权利。在这种多元格局中，许多问题的产生和解决已经超出国界。①

一、全球化的特征

尽管人类的不同群体之间的接触和不同社会文化的交流互动古已有之，然而，只有当机械化大工业生产扩张到本国，近距离的生产原料、商品市场和劳动力不足以满足其需要而提出从更远的地区获取，并同时具备相应的交通技术时，人群、经济要素、生活方式和价值观念的大规模、高速度、远距离的流动才能实现，也才有真正意义上的全球化。

诚如马克思和恩格斯在《共产党宣言》所指出的那样："资产阶级，由于开拓了世界市场，使一切国家的生产和消费都成为世界性的了。使反对派大为愤惜的是，资产阶级挖掉了工业脚下的民族基础。古老的民族工业被消灭了，并且每天都还在被消灭。它们被新的工业排挤掉了，新的工业的建立已经成为一切文明民族的生命攸关的问题；这些工业所加工的，已经不是本地的原料，而是来自极其遥远的地区的原料；它们的产品不仅供本国消费，而且同时供世界各地消费。旧的、靠本国产品来满足的需要，被新的、要靠极其遥远的国家和地带的产品来满足的需要所代替了。过去那种地方的和民族的自给自足和闭关自守状态，被各民族的各方面的互相往来和各方面的互相依赖所代替了。物质的生产是如此，精神的生产也是如此。各民族的精神产品成了公共的财产。民族的片面性和局限性日益成为不可能，于是由许多种民族的和地方的文学形成了一种世界的文学。"②

---

① 费孝通：《经济全球化和中国"三级两跳"中的文化思考》，《光明日报》2000 年 11 月 7 日第 B03 版。

② 《马克思恩格斯文集》第 2 卷，人民出版社 2009 年版，第 35 页。

可见，全球化是以资本主义机械化大生产为基础、以远距离的运输为前提、在世界范围配置资源的经济活动，并形成超越地域、民族和国家领土边界的物质生产和精神生产方式。

地理大发现之后，随着殖民主义的扩张，资本主义经济高速发展，列强为争夺世界市场开始向世界各地进行渗透和侵略。全球化在这个阶段的后果是对世界各地民族经济的破坏和各种资源的掠夺。这一过程往往通过要求所谓的"自由贸易"来打开市场，进行商品倾销。因此在其所波及范围内人们的生活轨迹、物质生活和精神生活等带来了急剧的变化。

早在20世纪30年代末、40年代初，费孝通的《江村经济——中国农民的生活》和林耀华的《金翼——中国家族制度的社会学研究》两部民族志分别调查研究了长江下游和闽江中游的农村经济和农民生活的变迁，都呈现出了全球化对中国乡村经济的巨大影响。

《江村经济——中国农民的生活》描述与分析了开弦弓村的家庭、财产和继承、亲属关系、户与村的关系、职业分层、农户的日常生活和消费、土地的占有、农业、蚕丝业、养殖业、贸易、资金等各个领域及其受到机器工业、国际市场和金融业的巨大冲击，导致农村家庭手工业的衰落的状况。"在这个村里，当前经济萧条的直接原因是家庭手工业的衰落。经济萧条并非由于产品的质量低劣或数量下降。如果农民生产同等品质和同样数量的蚕丝，他们却不能从市场得到同过去等量的钱币。萧条的原因在于乡村工业和世界市场之间的关系问题。蚕丝价格的降低是由于生产和需求之间缺乏调节。"[1] 现代金融业在中国的兴起吸纳了农村资金，而农村资金的紧缺促使高利贷盛行，极大地增加了手工业的生产成本。"目前，由于地盘没有保证，已经出现一种倾向，即城市资本流向对外通商口岸，而不流入农村，上海的投机企业危机反复发生就说明了这一点。农村地区资金缺乏，促进城镇高利贷发展。农村经济越萧条，资金便越缺乏，高利贷亦越活跃——一个恶性循环耗尽了农村的血汗。"[2] 在全球化冲击下的中国农村经济危机如何破解？费孝通从人类学的视角做出了非常睿智的预判："不会是西方世界的复制品或者传统的复旧，其结果如何，将取决于人民如何去解决他们自己的问题。"[3]

《金翼——中国家族制度的社会学研究》叙述了闽江中游农村黄东林和张芬洲两个家族的兴衰历史。西方的机械化航运传播到福建、应用于闽江流域航运之时，

① 费孝通：《江村经济——中国农民的生活》，商务印书馆2001年版，第236页。
② 费孝通：《江村经济——中国农民的生活》，商务印书馆2001年版，第237页。
③ 费孝通：《江村经济——中国农民的生活》，商务印书馆2001年版，第20—21页。

两个家族都曾卷入其中，介入了汽船的经营业务。"早先帆船从镇里到沿海的福州市顺流而下需用三四天的时间，返程则整整一星期。现在汽船只用一天或不到两天的时间，即完成这个码头市镇与省城之间的单向航程。新技术使交通和通讯的时间都缩短了，这不仅意味着商品周转的加快，而且使各种消息和商业信息的传递也更为迅速了。"① 张芬洲的儿子茂衡与合伙经营汽船的股东不和而濒临破产，从此家业衰落，生活境况惨淡。反之，黄家的汽船经营却做得红红火火，与船主合伙组建公司，而且汽船运输的方便快捷、成本降低使其原来经营的稻米、盐、鱼生意更加兴隆，家业登上新的台阶。然而，1937 年 7 月 7 日，以卢沟桥事件为标志的日本全面侵华战争改变了中国人的正常生活秩序。"日本飞机灭绝人性地狂轰滥炸，在很多城市杀戮无辜的居民。福州也不例外。死亡每时每刻都会降临，财富将毁于一旦，社会秩序也到了崩溃的边缘。轰炸和封锁迫使人们移居内地。黄家也迁回到老家黄村。东林又重新居住在很久之前他兴建的金翼之家。他把店铺留给四哥，而生意收缩到如同刚刚开业时的很小的规模。福州和内地之间的运输时常停顿，轮船也被毁坏了，公司的股东们失去了他们所有的资本。"② 黄东林及其后人奋斗了几十年创造的兴旺发达的贸易和运输业，骤然间回落到起步时期的状况，"他仍然像年轻时一样拿着锄头又干起来。几个孙子在他身边，跟他学种地。"③ 可以说，全球化所带来的技术革命、市场经济和日本侵华战争成为决定张、黄两家命运转折的关键因素。

费孝通和林耀华非常敏锐地捕捉到 20 世纪早期中国社会变迁的核心问题并做出具有洞察力的解释和判断，但在这两部民族志中，全球化仅仅作为影响研究对象的背景而没有成为研究的对象和中心内容。

第二次世界大战结束后，美国成为资本主义世界的头号强国。全球化在这一时期除了体现为美国对世界市场的控制，建立起美元核算的国际贸易体制，还体现为美国制度理念与文化的世界性播散。

直到 20 世纪后期，"冷战"结束，在信息技术的推动下，全球化的深度和广度达到前所未有的新高度，所谓"地球村"成为人们随时随地感受得到的生活经

---

① 林耀华：《金翼　中国家族制度的社会学研究》，庄孔韶、林宗成译，生活·读书·新知三联书店 1989 年版，第 119 页。

② 林耀华：《金翼　中国家族制度的社会学研究》，庄孔韶、林宗成译，生活·读书·新知三联书店 1989 年版，第 205 页。

③ 林耀华：《金翼　中国家族制度的社会学研究》，庄孔韶、林宗成译，生活·读书·新知三联书店 1989 年版，第 206 页。

验。至此，人类学才真正把全球化作为研究的中心议题，20 世纪 80 年代后期和 90 年代最引人瞩目的趋势之一便是对全球化和跨国进程的关注在不断增加。

人类学的全球化研究涉及内容较多，其中跨国移民、文化产业、媒介生活、跨国社会网络等为传统人类学较少关注的新领域。全球化已成为当下人类生活的常态，几乎涵盖日常生活的各个方面而不易准确把握，美国人类学家阿尔君·阿帕杜莱的"全球文化景观"理论关于全球文化流动的五种"景观"即五个分析维度提供了较为明确的路径。①

一是"族群景观"（ethnoscape）。全球流动，首先是人的"去领土化"（deterritorialization）的流动。在全球化过程中，越来越多的个体和群体在"异国憧憬"和"幸福欲望"的幻想驱动下离开故土而迁徙到异国他乡，致使在世界各地随处可见旅行者、移民、难民、流亡人员、外籍劳工等与当地族群相异的人群，构成了多族群的地理景观。相对稳定的共同体或由亲族、友谊、工作、休闲、家世、邻居等形式所构成的社会网络经线与其流动的纬线交织在一起，形成了全球化的人的地理景观。

二是"科技景观"（techoscape）。在全球化时代，包括科技人员、科技成果和科技产品在内的科技资源进行着"非领土化"的配置，导致科技的全球流动，构造出参差不齐的世界科技分布景观，并在许多重要领域产生了文化流的意义。

三是"金融景观"（finanscape）。国际化的货币市场、证券交易和商品投机的发展，使得资本的配置越来越"非领土化"，大量资金快速而盲目地在不同国家穿梭，以至于细微差异的操作都会产生难以估量的结果，极大地增加了资本失控的可能性和全球性金融风险。

四是"媒体景观"（mediascape）。随着信息技术、网络技术的不断发展，媒体的信息生产能力、跨国传播的能力和速度呈爆炸式上升，构造着世界的形象和想象的生活，通过符号操纵着人们对世界的想象，制定全球消费秩序，人们经由媒体既消费着自己的想象也消费着来自远方的"他者"的想象。这种想象的生活已经构成人类共同的"生存隐喻"。

五是"意识形态景观"（ideoscape）。政治行动者将维护其合法性或持续性的基本概念如民主、自由、人权、主权、法制等，并借助媒体传播到全世界，而世界各地根据自身的社会文化逻辑建构起自己的政治文化。意识形态的跨国流动形

① ［美］阿尔君·阿帕杜莱：《消散的现代性：全球化的文化维度》，刘冉译，上海三联书店 2012 年版，第 37—92 页。

成了全球政治生活的关键议题：同一概念在不同的语境中获得了不同的解释和同一语境如何确定相同的约定性。

二、全球化与民族国家

全球化的过程实质上就是跨越民族国家边界的过程，也就是理论家们所说的"非领土化"。全球化的基点在于突破或超越以民族国家的领土边界为范围的市场体系以及法律政治和社会文化，由此，便形成了全球化与民族国家之间既相互对立又相互依存的关系。

民族国家与全球化是"孪生兄弟"，都是欧洲资本主义发展的产物，其所指为肇始于欧洲 15 世纪中期摆脱中世纪的教权控制而诞生的具有独立主权的现代国家。1618 年，以罗马天主教与新教之间的剧烈冲突为借口，西欧爆发了欧洲历史上第一次大规模的国际战争。1648 年 10 月 24 日，神圣罗马帝国皇帝与欧洲的王国、诸侯、自由城市等签订的《威斯特伐利亚条约》等一系列和约，不仅结束了持续 30 年之久的战争，确定了各国的领土边界，而且确立了国家独立、国家主权和国家领土的国际准则，标志着主权国家即现代国家的开始。资本主义发展起来之后，随着工业化进程，农村人口大量涌入城市，引起了国家社会从异质性向同质性的改变，民族国家建设成了要求。但事实上，建立一种以文化边界与政治边界重叠的政治单元，在中世纪就已开始。恩格斯指出："日益明显日益自觉地建立民族国家的趋向，成为中世纪进步的最重要杠杆之一。"[①]

民族国家的形成进一步为资本主义市场经济的发展提供了资源和保障。民族国家为其领土范围内的生产资料、生产工具、劳动力和资本的有效配置和生产、交换、分配的顺利运行，提供了法律依据、社会秩序、暴力工具和控制机构，并"画地为牢"似地对领土范围之外的介入设立了森严的壁垒，从而为资本主义在本国范围内的孕育和发展创造了有利条件。然而，民族国家领土范围内的经济要素不能满足机器大生产发展到一定程度所提出的生产资料、劳动力、市场和资本投资等需要时，以突破民族国家边界为前提的全球化就成为不可遏止的洪流。至 20 世纪初期，欧洲殖民主义将世界版图几乎瓜分完毕，而其结果却导致了两次世界大战的爆发及其后世界各地民族主义运动的勃然兴起和创建民族国家的浪潮，最终瓦解了持续近四个世纪的西方殖民主义体系。摆脱殖民统治而建立起的民族国家，为了国家的富强和国民的福祉，又纷纷放弃闭关锁国的治理理念和自我解构

[①] 《马克思恩格斯文集》第 4 卷，人民出版社 2009 年版，第 219 页。

自给自足的生计模式，转而选择融入全球经济体系的策略。正是在这种相生相克、相反相成的过程中，民族国家的含义、形式和治理逐渐转换与更新，全球化的模式不断创新，程度趋于深化。

全球化促使分布于不同国家的居民、社区、民间组织、公司及政府机构之间进行频繁而持续性的联系和共同性的活动，从而形成跨越民族国家的地理空间、政治空间和文化空间的社会场域、社会网络和互动模式，也就是所谓"跨国主义"（transnationalism）。英国牛津大学人类学教授维托维克认为，跨国主义泛指将人们或者机构跨越国界地联系在一起的纽带和互动关系。跨国主义研究一般围绕着跨国实践、跨国社会空间和跨国认同三个问题展开。跨国实践（transnational practices）指各种跨国主义的行为和活动。按照行为发生的领域划分，可以分为政治的、经济的和社会文化等跨国实践类型；按照行为主体的层级划分，可以分为个体、社区、地方政府以及跨国公司等跨国实践类型。人类学一般更关注以草根现象为主的底层跨国实践。跨国实践衍生出了跨国社会空间（transnational social space）。信息技术的快速发展突破了物质性的空间距离和国家边界对于跨国交流互动的阻隔，而全球化推进所产生的频繁密切的跨国实践的需要摆脱了传统社会空间所依托的地理空间和国家边界的束缚，虚拟性的网络空间逐渐替代了物质性的地理空间，建构起新的具有象征意义的跨国社会空间。如海外华人新移民通过互动工具和社交平台"博客"建构起跨国社会空间，及时而全面地获得中国的信息、了解中国人的思维和心态的变迁，与原住地的原有社会关系保持着密切的联系，有时甚至参与了原住地的发展进程。而通过跨国社会空间，移民及其他跨国实践主体与居住国之外的国家的个体、群体或机构保持密切的关系，从中获得情感、思想和经济等各个方面的支持。在两个或两个以上的国家的跨国行动者共时嵌入的过程中，身份归属逐渐出现脱离地域、国家和族群的限定，出现由一元转向二元甚至多元的混杂性和碎片化以及相互对立、冲突由此形成"非领土化"的"跨国认同"（transnational identity）的问题。

在民族国家的创建过程中，民族的形成与国家的创立之间存在着密切的相关关系。尽管各国的具体情况不完全相同，在时间顺序上存在着民族形成在前、国家成立在后和国家成立在前、民族形成在后两种情形，在因果关系上存在着民族建设国家和国家缔造民族两种类型，然而，从总体上看，它是民族的形成与国家的创立齐头并进、相互建构、相互依存的过程和统一的形态。正因为如此，在这一过程中形成的国家被称为民族国家。

在民族国家的创建结果中，民族与国家之间的关系复杂多样。民族与国家的组合大体可分为如下三种类型：第一种是一族一国，即单一民族国家；第二种是多族一国，即多民族国家；第三种是一族多国，如俄罗斯族等。单一民族国家基本属于理想型国家，其实现的现实性较低，因而数量极为有限，如日本等，且并非严格意义上的一族一国。民族国家建构的实际结果却是世界上绝大多数国家均为多民族国家，致使多族一国和一族多国成为民族与国家关系的基本状态，由此形成了在一个国家之内存在着人口绝对数量占多数的民族和人口绝对数量不占多数的少数民族、主体民族与非主体民族的区别。因此，在民族国家的统一形态之中，民族与国家不可避免地存在着一定的张力，获得民族国家的主体民族地位和统治权力的统治集团利用媒体等各种手段努力建构全体国民的共同体意识以维护国家的完整统一，而对自己的生存现状不满意的非主体民族或族群则通过媒体强调自身文化的特殊性与散布民族主义甚至民族分离主义以谋求独立建国，民族主义在一定程度上是全球化时代的意识形态景观。

一些人类学的媒体研究表明，许多国家的政府主导着媒体网络的生成与运行，甚至对报纸、广播、电视等受众面较大的媒体实施管制，对新闻节目、电影、电视剧等实行审查，主导媒介的宣传导向，传播其意识形态，努力型塑国民的国家认同意识，屏蔽与其所倡导的意识形态和舆论导向不尽吻合的信息和观念的传播，媒体被当作统治者的工具。而从媒体的发展状况及其传播内容的变化，直接折射出国家意识形态和媒体政策的变化。还有一些国家的政府通过媒体专业人士向其他国家输出其意识形态，如英国广播公司在英国专业技术基金会资助下派出一批经过英国现实主义戏剧类型训练的专家到从苏联解体出来的哈萨克斯坦去培训编剧，隐含着"将资本主义传授给共产党人"的政治意图。美国威斯康辛大学人类学教授周永明的《中国网络政治的历史考察：电报与清末时政》通过叙述中国晚清以来电报、报纸和互联网传入中国的过程，呈现了晚清以来中国政府的媒体政策、民族主义动员、社会各阶层政治参与等的政治生态，梳理出源于西方的传媒技术传播到中国后在具体的历史背景中所形成的技术与社会之间、新技术的应用与政治结果之间的复杂关系，揭示出技术决定论的谬误。①

人类学的媒体研究还表明，自20世纪末期以来，许多国家的族裔性、宗教性或地域性的群体开始将其文化媒体化和客体化，进行身份认同的动员。如美国人类学家路易莎·施恩研究发现了越南战争结束后一些苗族去到了美国，他们发展

---

① ［美］周永明：《中国网络政治的历史考察：电报与清末时政》，尹松波、石琳译，商务印书馆2013年版。

出自己的流行音乐和录像产业，利用这些媒体形成了族群的记忆和欲望，创造族群共同体。有的群体利用媒体纪录传统仪式以推动文化复兴，有的群体将录像、电影及媒体事件作为政治主权申诉的依据或政治抗争的工具，有的群体努力将体现其文化的录像在国家的电视频道播映以维护其在国家体制中的存在等。①

三、全球化与文化多样性

文化多样性是人类社会的基本特征，世界各地和人类各个群体在其特殊的自然、社会环境和漫长的历史长河中形成了自己独特的语言、信仰、生活方式、共享意义和价值观念。多样性的文化，是人类社会在漫长的历史和复杂的环境中积累而成的宝贵财富，也是人类社会未来可持续发展不可或缺的动力来源。文化多样性能够促进经济有效增长，实现个人和群体享有更加令人满意的智力、情感和道德精神生活，激发起人们永不枯竭的创造激情和灵感，并为进行文化反思或"文化批评"提供不可或缺的参照。因此，文化多样性对人类犹如生物多样性对维持生物平衡一样必不可少。

然而，以统一性为主导的全球化和以差异性为基础的文化多样性之间存在着一定的张力。费孝通曾说："现在的困难是，在一个统一的世界市场、一个统一的经济环境中，要求有一个共同的道德规范、共同的价值标准，因此，所有文化都面临一个转型的问题，它们都要无条件地交出自己的历史和传统，这在感情上是很难做到的，从客观规律上来看，也很难说是正确的。所以，人类遇到了一个进退两难的尴尬境地。"② 发轫于西方的科学技术、市场体制和经济理性凭借其在经济、政治和文化等各个领域的霸权向全球扩散，"西方化"或"美国化"的文化符号传播到世界各地，改变了非西方世界的文化生态，致使全球化影响所到之处不可避免地发生文化变迁，许多地域性和族群性的文化濒于消亡。

人类的文化多样性正面临着前所未有的严峻挑战，这是当下有目共睹的事实，由此，保护文化多样性的呼声越来越高，转化为许多国家的政策、各种群体和团体的行动，并纳入国际社会的重要议事日程，联合国教科文组织于 2001 年 11 月通过了《世界文化多样性宣言》，又于 2005 年 10 月通过了《保护和促进文化表现形式多样性公约》，认为捍卫与保护文化多样性与尊重人的尊严密切相关，要求各国

---

① ［美］路易莎·施恩：《流散空间中苗族媒介的位置绘制》，载［美］费·金斯伯格、里拉·阿布-卢赫德、布莱恩·拉金编：《媒体世界：人类学的新领域》，商务印书馆 2015 年版，第 313—337 页。

② 费孝通：《费孝通九十新语》，重庆出版社 2005 年版，第 145 页。

从当代人和子孙后代的利益考虑承认与肯定文化多样性。

保护文化多样性，不能简单地等同于固守"传统"或"复古"，不是要人们完全延续原有的生活方式和意义体系。文化不是静止不动的死潭，而是生生不息的绵延过程，是奔流不息的河流，在历史的长河中"海纳百川"与汇聚涓涓溪流以实现"川流不息"和吐故纳新，随河床的宽窄与曲直而"随物赋形"地不断改变自我以适应环境和奔腾向前。任何地域和任何民族的文化，都是在流动的历史时间长河中和适应各时期社会文化过程中不断创造的结晶，既包含着继承历史的传统内容，也包含着适应各个历史时期的自然环境和社会环境以及吸纳其他民族或地域文化而再创造的内容。与当下社会文化环境相隔绝的文化，是没有生命力的，因而是难以存续的。因此，应当破除静止的或僵死的文化观，确立过程的、变化的动态文化观。

保护文化多样性，必须确立"文化自觉"的理念、态度和行动。第一，要深入认知与反思自己的文化。费孝通指出："文化自觉只是指生活在一定文化中的人对其文化有'自知之明'，明白它的来历，形成过程，所具的特色和它发展的趋向……。自知之明是为了加强对文化转型的自主能力，取得决定适应新环境、新时代的文化选择的自主地位。"[①] 只有做到对自己文化的"自知其明"，才能清楚保护什么和传承什么，也才有可能在继承之中更新创造。第二，要公正理解其他文化。在全球化条件上，任何一种文化都难以完全隔绝于其他文化而自我封闭地存续与发展，文化之间不可避免地会发生接触、交流与互渗。只有以尊重和宽容的态度去理解"异文化"，才能真正认识本文化、确立本文化在世界文化中的位置和价值，也才有可能吸收"异文化"之长以补本文化之短。第三，建立文化之间的对话机制和共处合作机制，也就是费孝通设想的"共同建立一个有共同认可的基本秩序和一套各种文化能和平共处，各抒所长，联手发展的共处守则"[②]。第四，发展中国家要重视文化多样性传承保护的法制建设、政策扶持和资源投入，培育具有竞争力的民族文化产业。第五，加强国际合作与国际团结，以消除文化物品交流与交换过程存在的失衡现象，增强文化多样性在世界范围内的传播能力。第六，发挥现代信息技术和网络技术的作用，增强非主体文化的传播能力和受众范围，培育热爱与传承文化多样性的年轻群体。

总之，协调全球化与文化多样性之间的关系，是关系当今世界和平的重大问题。

---

① 费孝通：《反思·对话·文化自觉》，《北京大学学报（哲学社会科学版）》1997 年第 3 期。

② 费孝通：《反思·对话·文化自觉》，《北京大学学报（哲学社会科学版）》1997 年第 3 期。

费孝通从全球视野出发、运用中国智慧提出的"各美其美，美人之美，美美与共，天下大同"的"十六字箴言"，为这一问题的解决提供了弥足珍贵的思想和路径。

与此同时，我们还应看到，全球化并不简单地等同于同质化。早在 20 世纪 30 年代英国人类学家拉德克利夫-布朗就曾敏锐地意识到："我们很少发现一个社区与世隔绝，同外界没有任何联系。在现代，社会关系网络已延及整个世界，但是任何地方的延续性又没有被完全中断。"① 族群文化或地域文化延续的主要方式，就是把来自他者、异域的异文化置于自己的文化语境中进行再生产，文化的全球化跟同质化不一样，不过全球化确实会运用到一系列化的手段（军火、广告手法、语言霸权和服装风格等），一旦地方性的政治经济和文化经济吸收了它们，又会再次将之遣回其祖国。也就是说，文化的全球流动结果不是同质化，而是"地方化"（localization）或"本土化"，世界各地的地方主体在与外来文化的接触过程中不断进行着文化的发明与创造，型构出多文化交织的景观。

家喻户晓的"好莱坞"（Hollywood）可谓是美国文化的标志，也是文化全球化最具代表性的结果。然而，在遥远的东方，印度将其进行了"本土化"再生产，创造出印度化的"宝莱坞"（Bollywood）。美国纽约大学的甘提研究印度"宝莱坞"电影工作者在把美国好莱坞电影改编为印度化的电影过程及其中的争论，生产者从观众的喜好即吸引票房成功的角度出发，围绕着是否添加印度元素与添加哪些印度元素等展开争论，揭示商业影片制作为何是一种充满制片人和观众之间"差异制造的关系"的实践。

同样，麦当劳以其快捷、价廉适应美国民众快节奏、高效率生活的饮食需要而迅速发展起来，并向世界各国扩张。但在美国之外，麦当劳往往被赋予当地文化意义而形成美国文化的"地方化"。美国人类学家华生编著的《金拱向东：麦当劳在东亚》研究了麦当劳在北京、香港、台北、首尔、东京的"地方化"过程。② 其中，由阎云翔完成的第一章《麦当劳在北京：美国文化的地方化》呈现了麦当劳在北京如何被再生产成具有中国特色的"美国文化"的。麦当劳在其原产地美国完全按照尽量节省用餐时间的快餐设计，在较短的时间完成用餐或带到旅途中吃，甚至可以不下车购买；在北京，麦当劳的"快"彻底"慢"了下来，不仅中国顾客的平均用餐时间远远长于美国，而且当作聊天、会友、聚会甚至举办庆典的场所，广告词是"欢聚麦当劳，共享家庭乐"。在美国，麦当劳以"便宜"著

---

① ［英］拉德克利夫-布朗：《原始社会的结构与功能》，潘蛟等译，中央民族大学出版社 1999 年版，第 216 页。

② ［美］詹姆斯·华生主编：《金拱向东：麦当劳在东亚》，祝鹏程译，浙江大学出版社 2015 年版。

称，以满足人们最基本的进食需要为目标；而在 20 世纪 90 年代的北京，麦当劳因被想象为美国文化的符号而成为中产阶级的就餐选择和重要活动场所。

第二节 全球化时代的移民

"每一种特殊的、历史的生产方式都有其特殊的、历史地发生作用的人口规律。"① 跨国移民，成为全球化时代重要的劳动力和技术的空间配置方式之一。

一、移民与跨国移民

一定数量的人群从原来居住的地方迁移到另外相距较远的地方长期居住，这一过程和这一人群即为"移民"。

移民的形成原因非常复杂，涉及环境、经济、政治、社会、心理等诸多因素。当居住地的自然条件变化而不适宜人类生存或不能满足人类生存需求之时，人们便不得不迁往更适宜生存的地方；居住地发生外敌入侵、卷入战争、社会动荡、政治迫害等情况时，人们往往会逃往安全之地；在历史上，曾多次发生政治组织或族群占领某地之后掳掠、驱赶当地居民到其他地方的事件；在本地或本国劳动力不足以满足本地或本国需求时，企业或国家则会面向外地或外国招募移民，有时会采取颁布优惠政策的方式吸引外地或外国移民；如果人们不满意于现有居住地或居住国的生存条件、发展机会并认为其他地方或国家更适宜于生存与发展时，他们就有可能选择移居。"推拉理论"提出，移民是由移出地的"推力"（push）与移入地的"拉力"（pull）两方面作用或共同作用的结果。

15 到 17 世纪欧洲航海者开辟新航路、发现美洲"新大陆"与欧洲资本主义的迅猛发展，拉开了全球化的序幕，掀起大规模海外移民浪潮。首先是一批又一批被探索未知世界、寻找奇珍异宝、暴富梦想驱使的王公贵族离开欧洲的家园踏上新发现的陌生土地，构建出新大陆和陌生世界的梦幻式的图景；随即是破产的农民、手工业者以及无产者远渡重洋奔向美洲大陆和大洋洲以寻求新的生计，掀起了海外移民的热潮。随着一块又一块处女地的开发和资本主义的扩张，殖民者自 16 世纪起开始经营贩卖黑奴的罪恶行当，到 19 世纪有 3 000 多万非洲黑人被贩运到美洲、大洋洲、西亚和南亚；同时，一批批亚洲劳工被迁移到美洲、大洋洲等

---

① 《马克思恩格斯文集》第 5 卷，人民出版社 2009 年版，第 728 页。

地。在民族国家的体系下，人口被赋予了国籍而归属于不同国家，离开国籍归属国的领土范围而迁移到其他地方的移民便被称为跨国移民或国际移民。

国际移民因与自己的国家相分离，散布至其他民族当中，但却延续着自身的民族文化而被称为"离散"（diaspora）群体①。该群体及其所再生产的社会文化具有以下主要特征：一是保持着较强的族群意识和原住地社会文化的集体记忆；二是维持着与祖籍国的情感和联系；三是进行着与同源族群互动的社群生活。

台湾人类学家李亦园在 20 世纪 60 年代曾调查研究了马来西亚佛州麻县麻坡市的华人。麻坡的华人分别属于闽南人、潮州人、客家人、广府人、海南人、兴化人、雷州人、福州人、广西人和上海人等，人口仅 24 000 多人，但所成立的社团组织却多达 65 个，分别属于全社区性的社团和非全社区性的社团。前者服务于全社区华人，包括以解决社区内外一般性问题的社团和以教育为中心的社团两种类型。后者则主要服务于特定地域、方言、职业、兴趣和信仰的华人群体的社团，包括有地方性及方言性社团（如漳泉公会、永春会馆等）、宗亲会及地区性宗亲会（如陈氏宗祠、陶唐公所等）、职业公会（如中医中药公会、出租车公会、华人树胶商会等）、俱乐部及文化社团（如国乐社、国术社、音乐社、华人体育会等）和宗教及慈善团体（如佛教寺、神庙、基督教堂等）五种类型。这些华人社团分别组织其服务群体开展相应的经纬交织的各种活动，在马来西亚建构华人及其内部不同群体的社会关系和群体认同，延续中华文化和地域文化，强化历史记忆。②

二、海外移民社区

在美国纽约和洛杉矶等许多大都市，都会看到建筑为琉璃瓦顶和紫红色墙壁、经营的店铺和居住的家屋混为一体、沿街杂货店和中餐馆鳞次栉比、黄皮肤的亚洲人种穿梭其中的街区，这就是被称为"唐人街"的移民社区。在世界各大城市，除了华人聚居的"唐人街"外，还有无数类似的移民社区，如"小东京""小西贡""犹太城""德国城"等。

跨国移民社区是由移民自身的需求即内部拉力与移入国社会文化的排斥（即外部推力）两方面交互作用的结果。一方面，迁移到新的国度之初，甚至在相当长的时间里，移民都会面临文化适应困难、社会支持网络断裂和归属感缺乏等问

---

① "Diaspora"（离散）概念的演变与理论的内涵，详见段颖《diaspora（离散）：概念演变与理论解析》一文，载《民族研究》2013 年第 2 期。

② 李亦园：《马来亚华人社会的社团组织与领袖形态》，载李亦园：《李亦园自选集》，上海教育出版社 2002 年版，第 100—150 页。

题，如对移入国语言的沟通能力缺乏或不足、生活方式不适应等，而在来自同一国家或同一文化的群体中生活与工作，则可以在一定程度上化解这些问题和困难，比如可以用母语交流、在同乡经营的店铺中工作等，从而能够相对安心地生存下来。文化归属的情结和社会网络的需要吸引着来自同一国家或同一文化的移民不断聚集到一起。另一方面，移民往往遭受到移入国及其主流社会程度不等、形式各异的排斥和歧视。比如，美国联邦政府从 1882 年开始施行至 1943 年才废止的《排华法》以及其他联邦和地方的法律法规和社会行为使华人蒙受各个方面的限制与排斥。在政治上，不允许华人在法庭上做证、不允许已经获得美国国籍的华人投票；在经济上，《外国矿工税》、《执照税法》、人头税及其他歧视性税款夺走了华人收入的主要部分，洗衣条令和渔业限制迫使华人不得不放弃他们喜爱和擅长的行业，纽约州曾通过法律禁止华人从事 20 多种职业；在社会生活上，反人种混杂法律阻止华人与白人妇女通婚，同时禁止华人妇女入境。移民需要生活和工作于来自同一国家人群或同一文化群体之中的拉力与移入国排斥移民的推力两者交互作用，致使移民"聚族而居"，形成带有浓厚的移民祖籍国社会文化特征的移民社区。随着全球化进程的加快和移民规模的扩大，具有族裔文化和经济特色的移民社区星罗棋布般地散布于世界各地。

长期在移民社区中生活与工作的群体大多为早期移民和新移民。他们因受教育程度有限而缺乏人力资本，与居住地语言沟通的能力非常有限，也没有适应当地劳动力市场所需要的熟练技术、技能和工作经验，同时因属于劳工移民、非法移民或新移民而缺乏应有的资金、财产等金融资本以及获取某种物质和精神资源以达到某种目的的社会关系和社会网络等社会资本，加之遭到移居国的歧视与排斥，他们不得不把自己蜷缩于几乎与外界隔离的狭小族裔社区之中，凭借文化赋予的特殊技能和以血缘、亲缘、地缘、族缘为基础形成的社会网络和宗亲团体，从事着主流社会不愿意做或不擅长做的具有族裔特色的行业，过着收入拮据和居住拥挤的生活。比如，欧美"唐人街"的早期居民和从业者主体来源于 19 世纪后半叶中国东南沿海的劳工移民，主要从事餐饮、理发、缝补以及小百货等服务业，即所谓"三把刀"（菜刀、剃刀和剪刀）。随着旅游业在 20 世纪 70 年代兴起，移民社区因能够满足游客具有族裔文化特色的餐饮、购物等服务需求和新移民谋生的需求而得以存续和发展。

移民社区大多具有区别于其他社区的特征。首先是族裔文化特征鲜明，从社区的建筑风格、居住格局、经营业态到生活方式、交际语言、宗教信仰等，都保留着鲜明的移出国文化；其次是社会结构封闭，移民社区的居民以同一族裔为主，由亲缘、地缘和族缘为纽带结成的社会网络为移民社区的核心社会关系并成为社区管理的基础社会资源，而实现了社会流动的人群大都离开聚族而居的移民社区而散布于其他社区之中；最后是经济结构单一，移民社区主要经营本族裔擅长而移居国主体居民不擅长或不愿意从事的行业，消费群体主要定位于本族裔或来自移出国的群体，形成同质化的经济活动、经营项目和服务内容。

三、移民与认同

从熟悉的环境迁移到陌生的环境，难免产生未知感和不安全感。跨越社区、文化乃至国家的移民不仅会感受到移入地与移出地在自然环境上的差异，而且会体验到自身的文化和身份与移入地多数群体的差异，从而产生疏离感；倘若遭遇移入地主流群体对移民的歧视性态度和行为、体制或法律对移民的排斥和限制，存在明显的移民与非移民之间的隔离机制和社会边界，就会导致移民的认同困境，唤起他们的集体意识。为了寻求生存、发展、平等权益和情感归属，移民往往开展以认同为目的或以认同为工具的社会实践，因此，移民的认同问题是移民的自我建构与社会建构共同作用的结果。

认同是移民谋求生存条件的策略。各国移民都存在着受教育程度低、缺乏专业技能、掌握移居国语言能力不足或尚未获得合法身份等的移民群体，为了解决生存、就业等诸多困难，他们只能凭借文化认同或族裔认同的资本，寻求同宗、同乡、同族等群体的同情、信任、接纳和帮助，以获得移居地的就业机会和生存资源。城市新移民，即进城务工农民常常按来源地集中就业于某一行业、某一地域或某一企业，跨国移民形成的聚族而居的移民社区，都是移民运用文化认同资本谋生的结果。

认同是移民争取平等权益的工具。由于文化差异和就业机会等资源竞争，移入地的主流群体对于移民会持有无意或有意的歧视和偏见；移入地政府或国家基于种族或民族偏见、满足主流群体的诉求等原因往往制定限制移民权益的排斥性政策和法律，构筑移民与非移民之间的区隔，形成经济、政治、社会、文化等领域的不平等关系。为了维护自身权益和争取平等地位，移民经常运用文化认同或族裔认同工具，创办"同乡会""商会"等组织以"抱团取暖"，向主流群体或政府争取平等权益。

认同是移民满足情感需求的途径。获得他人和他群的尊重、归属、肯定等是人的基本心理需要，客居他乡的移民在原籍所拥有的许多亲情、乡情和友情割断之后渴望得到认同的情感需求更为强烈。因此，认同对于移民不仅具有克服生存与发展障碍的实用功能，而且还具有满足情感需求的心理功能。比如，一些未能融入移居国主流社会的华人华侨经常返乡捐资助学、修缮祖坟和宗祠、举办恳亲活动等，其动力往往来自补偿在移居国欠缺的尊重感和肯定感；再如，已经获得工程师、会计师和大学教师资格而融入主流社会的移民，尽管居住于高尚社区，但仍然与同文化或同族裔群体保持着密切联系，形成以文化认同为纽带的社会网络，以满足其归属感和亲近感。

跨国移民的跨国主义实践和跨国社会空间的生产使原有的国家认同面临新的挑战。国家认同是指一个国家的公民对自己归属国家的认知以及对这个国家的政治、经济、文化、族群等构成要素的评价和情感。跨国移民具有迁出国和迁入国、祖籍国和居住国两个及两个以上国家的记忆、情感和评价，加之因在居住国属于少数族裔群体而形成民族与国家之间的张力，由此导致国家认同的混杂性与归属的摇摆性，也就是说，认同不再与特定的文化、族群或国家保持排他性的对应关系。在第二次世界大战中的太平洋战争爆发后，美国政府之所以对日本裔移民采取集中管治、限制自由的举措，就是顾忌日本裔移民可能会因认同日本而成为美国的敌人。日本裔移民表现出强烈的美国认同感并提出参战要求等举动在一定程度上消除了美国政府的顾虑，但美国政府仍然没有把参战的日本裔移民安排在太平洋战场，而是派往欧洲。跨国移民的国际比较表明，存在歧视、排斥、限制移民的国家，移民的国家认同感较弱；移民享受平等的经济、政治、文化权力的国家，移民的国家认同感较强。再如，瑞士文学家迈得森在分析加拿大华裔文学中发现，近年来的华裔离散文学的身份认同，开始从过去的那种"非此即彼"向"既此亦彼"的模式转变。"非此即彼"的模式，即遵循民族主义的逻辑，以对血缘关系的信仰为基础，单一性地忠诚"家"和"国"；而"本土—全球"的互动循环形塑摆脱了血缘、地域和族群的身份约束，导致"既此亦彼"的离散身份认同。

第三节 迈向未来的人类学

人们正生活在全球化的世界中，并且将继续生活在全球化世界中。未来的全球化世界将会提出什么问题？人类学又应该如何面对？

一、跨文化交流与理解

全球化的进一步深化，必将带来世界各国之间基础设施、法律法规、人流物流、投资金融、社会文化的更加密切的互联互通，而其中最为基本的前提是不同国家、不同文化背景的人群之间的交往，由此，跨文化交流将越来越成为人们生活的常态。

跨文化交流就是不同文化背景的人群之间相互传递信息、分享思想、交换观点、沟通情感、寻求共识的过程，其意义远远超出话语的表层意义层面。费孝通曾深有感触地说："用甲文化的名词来叙述乙文化中的事实，时常会发生困难，因为甲文化中的名词的意义是养成在甲文化的事实之中，甲乙文化若有差别之处，乙文化的事实就不易用甲文化的名词直接来表达了。这就是做文字翻译工作的人时常碰着的'无法翻译'的地方。"① 各个文化不仅创造出独特的表述系统和意义系统，而且作为一种社会过滤机制型塑出其成员的行为、观念、利益、权力等各个方面的好恶、取舍等价值取向，因此，无论是基于何种目的的跨文化交流，理解彼此文化的异同之处成为无法逾越的基本前提。

如何才能准确理解对方的文化呢？首先要确立文化相对性的观念以形成理解的意向。在跨文化交流过程中，极易出现"文化中心主义"和"文化虚无主义"两种极端的态度和思维。前者持有文化优越感，认为自己的文化价值优于对方，以居高临下的态度进行交流，轻易否认甚至鄙视对方的表达方式和价值观念，以"话语霸权"的态度进行交流；后者表现为文化自卑感，全盘否定自己的文化，过高评价对方文化，丧失了交流的主体性。跨文化交流的意义在于文化差异性的相互依存与相互补充，只有树立文化相对性的观念进行平等交流，形成理解对方文化的意向，才能认知"他者"的"他性"，并通过"他者"重新认识自我的特性，发现价值、谋求共识、达成互补。其次要知晓对方文化符号以理解其意义指向。每个文化都是一套由言语符号、形体符号、行为符号、仪式符号等构成的符号体系，形成复杂的能指—所指关系及意义编码。跨文化交流的各个主体以各自的文化符号为工具传递信息、交换意见、表达情感，倘若习惯性地用自己文化的编码"推己度人"，极易出现"误读"并有可能导致误解，因而必须知晓对方的文化符号特别是礼仪、信仰、禁忌等重要符号，才能领悟其意义所指，顺利进行交流。再次要了解对方的社会结构以理解其文化语境。文化之间的差异常常固化为社会关系、社会制度、社会分层等社会结构的差异，通过社会结构整体性地表达文化价值，换言之，社会结构的差异构成文化差异的语境。作为跨社会的互动，跨文化交流需了解"他者"社会与自我社会之间的差异，将交流过程及其细节置于文

---

① 费孝通：《生育制度》，天津人民出版社 1981 年版，第 70 页。

化语境之中进行理解。最后要体察对方的思维方式以理解其行为逻辑。每个文化都形成了看待自然、社会、自我和他人及其关系处置的内在程式即思维方式，因此，文化差异表达于日常行为和生活方式之中，而根源于思维方式的差异之内。跨文化交流若欲推向深层，不仅知其然，而且知其所以然，也就是说，不仅知道对方传递出的信息和态度、呈现出的意向和情感，而且要理解对方表述内容和表述形式的根源和脉络，则需体察对方的文化思考方式。

二、生态文明与和谐社会

全球化的实质在于以无止境的生产和消费增长为基本特征的生活方式在世界范围内的不断扩散过程，其显性后果表现在世界各地生态环境污染范围的扩大和程度的加深、国家之间和群体之间的对立冲突的频繁化与深化。

工业化生产方式和消费主义文化意识形态的全球性扩散导致环境危机在世界各地不断爆发。科学技术的进步不断增强了人类开发利用自然资源的能力，资本主义生产方式及其消费文化迅速增大了自然资源开发利用的规模和速度，资源消耗的速度远远超过自然生物或地质的生产过程，通过大规模地干扰自然循环、简化生态系统、源源不断的废物破坏了自然循环。在过去的一百多年里，生物圈产生了史无前例的退化。卷入全球化"发展"轨道的国家和地区，举目所见常常是森林减少、物种灭绝、水土流失、水资源短缺、农田退化、土地沙漠化、大气和水污染。驱动无限制的生产扩张和财富积累的动力来自于资本主义精神，这就是"认为个人有增加自己的资本的责任，而增加资本本身就是目的"①。不仅如此，资本主义致力于鼓励商品的生产和消费。它构建的文化鼓励资本家积累利润，鼓励劳动者积累工资，鼓励消费者积累商品。换句话说，资本主义让人们按照学到的一组规则去做事，做他们必须做的事情。生产、工作、积累、交换不再与生存等实质性的需求相关联，而被消费主义的文化意识形态推到"永远都不够"的反复循环之中，而永无止境的经济增长和无法穷尽的商品消费必然导致无限制的资源消耗，也就是说，生态危机根源于消费主义的文化意识形态。

祛魅与批判无限制的消费主义文化意识形态以建构平衡人与自然的文化价值和生活方式、解构与揭露权力及分配的不平等的罪恶以寻找公平正义的社会秩序和国际秩序，建构生态文明、和谐社会与和谐世界，是人类学不可推卸的

---

① ［德］马克斯·韦伯：《新教伦理与资本主义精神》，于晓、陈维纲译，生活·读书·新知三联书店 1987 年版，第 35—36 页。

责任。

三、人类学与人类命运共同体的构建

在全球化不断深化的今天，各个国家追求的经济发展、民生改善、环境保护、社会稳定、国家安全等目标以"孤立主义"的理念和途径难以实现，世界各国面临的持续发展、气候变化、恐怖主义、矛盾冲突等挑战仅凭某一国家或某些国家难以解决，因为人类社会已经形成了你中有我、我中有你的相互依存关系和利益相关、命运相连的共同体，只有世界各国通力合作才能有效应对全球性的问题，全球化时代需要创新世界治理理念和治理模式。

在全球化持续深入的关键时刻，中国共产党继承与发展中国传统文化的智慧和马克思主义，创造性地提出了构建人类命运共同体的理念和倡议。中国共产党第十八次全国代表大会在报告中提出了"人类命运共同体"概念，指出"要倡导人类命运共同体意识，在追求本国利益时兼顾他国合理关切，在谋求本国发展中促进各国共同发展，建立更加平等均衡的新型全球发展伙伴关系，同舟共济，权责共担，增进人类共同利益"[1]。之后，习近平总书记在多次演讲中也阐述了"人类命运共同体"。2015年9月28日，他在联合国成立70周年系列峰会上明确提出了"人类命运共同体"建设的伙伴关系、安全格局、经济发展、文明交流、生态体系五大任务[2]。2017年1月17日，他在联合国日内瓦总部发表题为《共同构建人类命运共同体》的主旨演讲中进一步阐明了"人类命运共同体"的内涵理念和构建路径，提出建设人类命运共同体应坚持对话协商，建设一个持久和平的世界；坚持共建共享，建设一个普遍安全的世界；坚持合作共赢，建设一个共同繁荣的世界；坚持交流互鉴，建设一个开放包容的世界；坚持绿色低碳，建设一个清洁美丽的世界[3]。中国共产党第十九次全国代表大会报告进一步阐释了"人类命运共同体"的理念，把"推动构建人类命运共同体"作为新时代坚持和发展中国特色社会主义的基本方略之一，并呼吁各国人民同心协力，构建人类命运共同体，建

---

[1] 胡锦涛：《坚定不移沿着中国特色社会主义道路前进 为全面建成小康社会而奋斗——在中国共产党第十八次全国代表大会上的报告》，人民出版社2012年版，第47页。

[2] 习近平：《携手构建合作共赢新伙伴 同心打造人类命运共同体——在第七十届联合国大会一般性辩论时的讲话》，《人民日报》2015年9月29日，第2版。

[3] 习近平：《共同构建人类命运共同体——在联合国日内瓦总部的演讲》，《人民日报》2017年1月20日，第2版。

设持久和平、普遍安全、共同繁荣、开放包容、清洁美丽的世界①。构建"人类命运共同体",不仅是党和国家处理国际关系的理念和方略,而且应该成为世界各国的共同目标。

作为以解释人类社会文化、促进不同文明和文化彼此理解与尊重、增进世界和谐与人民福祉的学科,构建人类命运共同体必将是人类学研究的重要主题,更是中国人类学义不容辞的使命担当。以马克思主义为指导、以中国道路和中国制度为支撑、以中国文化和中国思想为底蕴的中国特色人类学,将顺应全球化的历史潮流、响应"一带一路"倡议,走出国门、迈向世界各地的广袤"田野",深入调查研究各个国家、文明、文化及其互动互鉴,为全球社会的对话协商和合作共赢机制建设提供中国经验和中国思想,为持久和平、普遍安全、共同繁荣、开放包容、清洁美丽的"人类命运共同体"贡献力量。

思考题

1. 何为全球化?全球化的过程可以划分为哪几个阶段?各个阶段有什么特征?

2. 全球化对文化多样性的挑战有哪些?全球化时代如何保护文化多样性?

3. 跨国移民社区的形成原因和主要特征是什么?

4. 跨文化交流应当遵循哪些基本原则?

5. 什么是"人类命运共同体"?人类学如何为"人类命运共同体"的构建做出贡献?

▶ **答题要点**

---

① 习近平:《决胜全面建成小康社会　夺取新时代中国特色社会主义伟大胜利——在中国共产党第十九次全国代表大会上的报告》,人民出版社 2017 年版,第 58—59 页。

阅读文献

■ 马克思、恩格斯：《德意志意识形态》，人民出版社 1979 年版。

■ 马克思：《马克思古代社会史笔记》，人民出版社 1996 年版。

■ 恩格斯：《家庭、私有制和国家的起源》，人民出版社 2003 年版。

■ 费孝通：《生育制度》，天津人民出版社 1981 年版。

■ 吴汝康：《古人类学》，文物出版社 1989 年版。

■ 吴汝康：《今人类学》，安徽科学技术出版社 1991 年版。

■ 李亦园：《人类的视野》，上海文艺出版社 1996 年版。

■ 林耀华主编：《民族学通论》（修订本），中央民族大学出版社 1997 年版。

■ 王铭铭：《社会人类学与中国研究》，生活·读书·新知三联书店 1997 年版。

■ 费孝通：《江村经济——中国农民的生活》，商务印书馆 2001 年版。

■ 周大鸣：《中国的族群与族群关系》，广西民族出版社 2002 年版。

■ 吕大吉主编：《宗教学纲要》，高等教育出版社 2003 年版。

■ 费孝通：《论人类学与文化自觉》，华夏出版社 2004 年版。

■ 费孝通、张之毅：《云南三村》，社会科学文献出版社 2006 年版。

■ 胡鸿保主编：《中国人类学史》，中国人民大学出版社 2006 年版。

■ 庄孔韶主编：《人类学概论》，中国人民大学出版社 2006 年版。

■ 杨庭硕等：《生态人类学导论》，民族出版社 2007 年版。

■ 杨小柳：《参与式行动：来自凉山彝族地区的发展研究》，民族出版社 2008 年版。

■ 纳日碧力戈：《语言人类学》，华东理工大学出版社 2010 年版。

■ 何星亮：《文化人类学：调查与研究方法》，中国社会科学出版社 2017 年版。

■ ［美］克莱德·M. 伍兹：《文化变迁》，何瑞福译，河北人民出版社 1989 年版。

■ ［美］比尔斯等：《文化人类学》，骆继光等译，河北教育出版社 1993 年版。

■ ［美］克利福德·格尔兹：《文化的解释》，纳日碧力戈等译，上海人民出版社 1999

年版。

■［美］弗朗兹·博厄斯：《人类学与现代生活》，刘莎、谭晓勤、张卓宏译，华夏出版社1999 年版。

■［美］马凌诺斯基：《西太平洋的航海者》，梁永佳、李绍明译，华夏出版社 2002 年版。

■［英］拉德克利夫-布朗：《社会人类学方法》，夏建中译，华夏出版社 2002 年版。

■［美］埃里克·沃尔夫：《欧洲与没有历史的人民》，赵丙祥、刘传珠、杨玉静译，上海人民出版社 2006 年版。

■［美］威廉·A. 哈维兰：《文化人类学》（第十版），瞿铁鹏、张钰译，上海社会科学院出版社 2006 年版。

■［法］爱弥尔·涂尔干：《宗教生活的基本形式》，渠东、汲喆译，上海人民出版社 2006年版。

■［挪威］弗雷德里克·巴特等：《人类学的四大传统——英国、德国、法国和美国的人类学》，高丙中等译，商务印书馆 2008 年版。

■［美］露丝·本尼迪克特：《文化模式》，王炜等译，社会科学文献出版社 2009 年版。

■［英］特德·C. 卢埃林：《政治人类学导论》，朱伦译，中央民族大学出版社 2009 年版。

■［美］罗伯特·F. 墨菲：《文化与社会人类学引论》，王卓君译，商务印书馆 2009 年版。

人名译名对照表

[美]	阿帕杜莱，阿尔君	Arjun Appadurai
[英]	埃文斯-普里查德	Evans-Pritchard
[美]	奥格本	William Fielding Ogburn
[瑞士]	巴霍芬	Johann Jakob Bachofen
[挪威]	巴斯	Fredrik Barth
[美]	贝尔，丹尼尔	Daniel Bell
[美]	本尼迪克特	Ruth Benedict
[美]	宾福德，刘易斯	Lewis Binford
[美]	博厄斯	Franz Boas
[英]	波兰尼	Karl Polanyi
[古希腊]	柏拉图	Plato
[英]	布恩	James Boon
[英]	达尔文	Charles Robert Darwin
[德]	达伦多夫	Ralf G. Dahrendorf
[法]	杜蒙，路易	Loui Dumon
[美]	凡勃伦	Thorstein B. Veblen
[美]	费舍尔	Michael M. J. Fischer
[英]	弗里德曼	Maurice Freedman
[奥地利]	弗洛伊德	Sigmund Freud
[法]	戈德里埃	Maurice Godelier
[美]	格尔茨	Clifford Geertz
[美]	葛学博	Daniel Harrison Kulp
[英]	哈登	Alfred Court Haddon
[美]	哈里斯	Marvin Harris
[美]	哈维兰	William A. Haviland
[英]	赫胥黎	Thomas Henry Huxley
[德]	黑格尔	Georg Wilhelm Friedrich Hegel
[德]	洪堡特	Wilhelm Humboldt
[美]	怀特	Leslie A. White
[美]	霍根，约翰	John Horgan

[美]	霍华德	Michael C. Howard
[美]	霍姆斯	William Henry Holmes
[英]	克拉克，戴维	David L. Clarke
[美]	克拉克洪	Clyde Kluckhohn
[美]	克鲁伯，阿尔弗雷德	Alfred Louis Kroebe
[美]	科塔克	Conrad Kottak
[英]	库珀	Adam Kuper
[英]	拉德克里夫-布朗	Alfred Radcliffe-Brown
[美]	朗格	William Longacre
[英]	利奇，埃蒙德	Edmund Leach
[法]	列维-斯特劳斯	Claude Lévi-Strauss
[美]	林顿	Ralph Linton
[瑞典]	林奈，卡尔·冯	Carl Von Linné
[美]	罗杰斯	Carl Ransom Rogers
[美]	马库斯	George Marcus
[英]	马尔萨斯	Thomas Robert Malthus
[英]	马雷特	Rober Ranvlph Marett
[英]	马林诺夫斯基	Bronislaw Kaspar Malinowski
[美]	马斯洛	Abraham Harold Maslow
[英]	麦克伦南	John Ferguson McLennan
[美]	孟阿塞	Arthur Monn
[美]	米德	Margaret Mead
[英]	缪勒，麦克斯	Friedrich Max Muller
[美]	默多克，乔治	George Murdoch
[美]	摩尔根	Lewis Henry Morgan
[美]	墨菲	Robert F. Murphy
[法]	莫斯	Marcel Mauss
[瑞士]	皮亚杰	Jean Piaget
[美]	萨皮尔	Edward Sapir
[德]	施莱登	Matthias Jakob Schleiden
[德]	施旺	Theodor Schwann
[英]	斯宾塞	Herbert Spencer
[美]	斯科特	James C. Scott
[美]	斯图尔德	Julian H. Steward

［瑞士］	索绪尔	Ferdinand de Saussure
［英］	泰勒	Edward Burnett Tylor
［英］	特纳	Victor Turner
［法］	涂尔干	Émile Durkheim
［德］	韦伯，马克斯	Max Weber
［美］	威廉姆森	Oliver Williamson
［美］	沃尔夫，艾瑞克	Eric Wolf
［美］	沃尔夫，本杰明	Benjamin Lee Whorf
［美］	伍兹，克莱德·M.	Clyde M. Woods
［美］	西敏司	Sydney Mintz
［俄］	雅各布森	Roman Jakobson
［美］	詹姆斯，威廉	William James

后 记

《人类学概论》是马克思主义理论研究和建设工程重点教材，由教育部组织编写，经国家教材委员会审查通过。

在教材编写过程中，得到了国家教材委员会高校哲学社会科学（马工程）专家委员会、思想政治审议专家委员会以及教育部原马工程重点教材审议委员会的指导。同时，广泛听取了高校教师和学生的意见建议。

本教材由周大鸣主持编写，何明、刘夏蓓任副主编。绪论，周大鸣撰写；第一章，范可撰写；第二章，刘志扬撰写；第三章，刘朝晖撰写；第四章，刘夏蓓撰写；第五章，杨小柳撰写；第六章，马翀炜撰写；第七章，韩俊魁撰写；第八章，王越平撰写；第九章，色音撰写；第十章，程瑜撰写；第十一章，何明撰写。

2018 年 12 月 28 日

读者意见反馈

为收集对教材的意见建议，进一步完善教材编写并做好服务工作，读者可将对本教材的意见建议通过如下渠道反馈至我社。

咨询电话　400-810-0598
读者服务邮箱　gjdzfwb@ pub.hep.cn
通信地址　北京市朝阳区惠新东街4号富盛大厦1座
　　　　　高等教育出版社总编辑办公室
邮政编码　100029

防伪查询说明

用户购书后刮开封底防伪涂层，使用手机微信等软件扫描二维码，会跳转至防伪查询网页，获得所购图书详细信息。

防伪客服电话　（010）58582300